绢云母选矿与材料化加工：
原理、技术和应用

丁浩　梁玉　孙思佳　等　著

中国建材工业出版社

图书在版编目（CIP）数据

绢云母选矿与材料化加工：原理、技术和应用/丁浩等著．--北京：中国建材工业出版社，2023.1
ISBN 978-7-5160-3602-0

Ⅰ.①绢⋯　Ⅱ.①丁⋯　Ⅲ.①云母矿床—选矿②云母矿床—加工利用　Ⅳ.①TD877

中国版本图书馆 CIP 数据核字（2022）第 209546 号

内 容 简 介

本书阐述了绢云母选矿和绢云母材料化加工的原理、技术内涵及工程背景，系统介绍了作者团队以解决上述领域制约问题为导向所开展的一系列研究工作及其成果，包括绢云母单一重选法和浮选法选矿、绢云母结构改造、层间插层、填充聚合物制备纳米复合材料和绢云母负载微纳米二氧化钛制备复合颜料和光催化剂等。

本书可作为高校、科研院所和生产企业材料、化工、矿物加工等专业的教师、研究生和工程技术人员的参考用书。

绢云母选矿与材料化加工：原理、技术和应用

Juanyunmu Xuankuang yu Cailiaohua Jiagong：Yuanli，Jishu he Yingyong

丁浩　梁玉　孙思佳　等　著

出版发行：中国建材工业出版社
地　　址：北京市海淀区三里河路 11 号
邮　　编：100831
经　　销：全国各地新华书店
印　　刷：北京印刷集团有限责任公司
开　　本：787mm×1092mm　1/16
印　　张：13.25
字　　数：300 千字
版　　次：2023 年 1 月第 1 版
印　　次：2023 年 1 月第 1 次
定　　价：68.00 元

前　言

　　绢云母是物理和化学性能优良的层状硅酸盐矿物，与许多非金属矿物相比具有明显的特点和优势，目前已成为诸多工业领域应用的重要矿物原材料。对天然绢云母进行选矿以获取高品位绢云母和以材料化为目的对绢云母进行高效率、低成本、绿色化的加工和功能材料制备，是充分发挥绢云母的矿物属性、提高材料功能、拓展新的应用领域、提高产品附加值和资源利用价值的重要手段，对促进绢云母产业的发展与进步，实现绢云母资源的高效、高价值利用和产品的清洁化生产均具有重要的作用。

　　20多年以来，笔者研究团队针对绢云母选矿中存在的制约问题和以绢云母材料功能化为导向，依托国家自然科学基金、国家科技支撑、北京市自然科学基金和企业委托等项目的支持，对绢云母选矿、绢云母结构改造和纳米化加工以及以绢云母为基体制备复合二氧化钛（TiO_2）颜料和光催化剂技术开展了深入研究，在应用基础研究、产品开发和应用技术等方面取得了若干有价值的研究成果。在此基础上，我们撰写了《绢云母选矿与材料化加工：原理、技术和应用》一书，旨在对上述科研和技术开发工作进行系统总结，以便为今后的研究和应用向纵深发展奠定基础。希望本书的出版能够对我国非金属矿物材料、矿物加工和无机新功能材料等方面的研究与技术开发提供借鉴与参考。

　　本书共9章，由丁浩、梁玉、孙思佳、陈婉婷、张涵和侯喜锋著写，各位作者的工作单位分别为中国地质大学（北京）（丁浩，孙思佳，张涵）、沈阳化工大学（梁玉）、安徽工程大学（陈婉婷）和北京天科合达半导体股份有限公司（侯喜锋）。本书具体内容和人员分工如下：第1章，绪论（丁浩，孙思佳）；第2章，绢云母单一重选法选矿技术和产物性能研究（丁浩2.1，2.2，2.5；陈婉婷，丁浩2.3，2.4）；第3章，湖北绢云母浮选法选矿技术研究（丁浩3.1～3.3，3.5；陈婉婷3.4）；第4章，绢云母结构改造及其表征（丁浩4.1，4.2，4.6；梁玉4.3；梁玉，丁浩4.4，4.5）；第5章，结构改造绢云母的有机插层改性研究（丁浩5.1，5.2，5.4，5.6；梁玉，丁浩5.3；梁玉5.5）；第6章，插层改性绢云母填充制备纳米复合材料的研究（丁浩6.1，6.2，6.5；梁玉，丁浩6.3；梁玉6.4）；第7章，化学沉积法制备绢云母-TiO$_2$复合颜料及表征（丁浩 7.1～7.3；张涵 7.4；孙思佳 7.5，7.6）；第 8 章，机械研磨制备绢云母-TiO$_2$复合颜料及其表征（丁浩 8.1，8.2，8.6；丁浩，陈婉婷 8.3；孙思佳，张涵 8.4；侯喜锋 8.5）；第 9 章，绢云母负载纳米 TiO$_2$复合光催化剂制备及其性能（丁浩 9.1，9.2，9.5；孙思佳 9.3；梁玉 9.4）。全书由丁浩进行统稿和审订。

笔者衷心感谢国家自然科学基金项目（编号 50674080）、国家科技支撑项目（编号 2008BAE60B06）、北京市自然科学基金项目（编号 2032008）和企业委托项目对本书研究工作的资助，感谢笔者所在单位中国地质大学（北京）材料科学与工程学院吕国诚院长/教授、邓雁希教授、梅乐夫教授、杜高翔副教授、陈代梅老师、敖卫华老师和北京科技大学林海教授对本书出版与所开展研究工作的大力支持。感谢笔者曾经工作单位北京建筑材料科学研究总院、原国家建筑材料工业局地质研究所和项目协作单位北京古生代粉体科技有限公司、北京天之岩健康科技有限公司、湖北米南矿业有限责任公司领导和同事们的支持。笔者所指导的研究生闫伟、叶灿、冉君、王公领、陈芬、姜玮、梁宁、王柏昆、王钺博和贝保辉等同学对研究工作做出了重要贡献，王炫、周润、涂宇同学参与了图片的绘制和书稿校对工作，在此特别予以感谢！由于笔者能力和水平有限，加之撰写过程仓促，所以难免存在不当，甚至错误之处，敬请各位读者批评指正。

丁　浩

2022 年 10 月

目 录

第1章 绪 论

1.1 绢云母矿物性质与理化性能

1.1.1 绢云母的组成与结构

绢云母（Sericite）是化学式为 $KAl_2[AlSi_3O_{10}](OH)_2$ 的天然矿物，化学成分一般为 SiO_2 48%～55%，Al_2O_3 28%～36%，K_2O 6%～10%，Fe_2O_3 0.5%～3%。绢云母在黏土矿物学中归属于水云母类，存在与白云母（Muscovite）相似的化学组成和晶体结构[1,2]，可视为白云母或钠云母呈致密微晶集合体的亚种，是颗粒细小的白云母或钠云母。

绢云母作为 2∶1 型层状硅酸盐矿物，其基本结构单元为两层硅氧四面体夹一层铝氧八面体构成的片层，相邻片层间距为 1nm。绢云母晶体属单斜晶系，单位晶胞的 c 轴长 2nm。由于结构单元层中（主要是硅氧四面体中）存在 Si^{4+} 被 Al^{3+} 的置换现象而导致呈负电性，所以在单元层与层之间的空隙，即层间域内充填 K^+ 以维持整个晶体的电价平衡。绢云母中 Si^{4+} 被 Al^{3+} 的置换相对白云母较少，所以充填于层间的 K^+ 数量少于白云母层间的 K^+（绢云母属于层间阳离子亏损云母），因而其化学成分中 K_2O 较白云母略低。另外，绢云母因颗粒细和极易水化，所以通常较白云母含水率高。图 1-1 为绢云母的晶体结构。

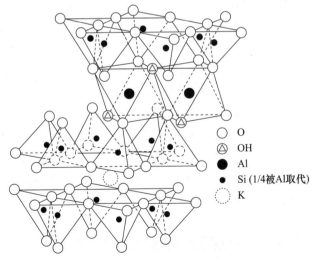

图中图例：
○ O
△ OH
● Al
· Si（1/4被Al取代）
⬚ K

图 1-1 绢云母的晶体结构

和白云母相比，绢云母结构层常作无序堆积，在垂直于 C 轴的二维平面上难以连成大片，在（001）面上解理极完全，沿解理面可以剥成极薄的薄片，并且薄片的径厚比

1

大，薄片有弹性、可挠曲。

1.1.2 绢云母的物理化学性能

绢云母的矿物集合体一般呈灰色、灰绿色、浅灰色、紫色等颜色，但粉末均为白色。绢云母白度因铁进入其晶格而一般较低。绢云母的密度为 $2.78 \sim 2.88 \mathrm{g/cm^3}$，容积比 $3.4 \sim 5.5 \mathrm{mL/g}$，硬度为 $2 \sim 2.5$，弹性模量为 $1.505 \sim 2.134 \mathrm{MPa}$，拉伸强度为 $170 \sim 360 \mathrm{MPa}$，剪切强度为 $215 \sim 302 \mathrm{MPa}$[3]。绢云母矿物的组分与结构、解理特性决定了它具有比其他层状硅酸盐矿物更优良的物理和化学性能，主要表现为：

（1）以抗压、抗张、抗磨、抗剪切为主要特征的力学性能。绢云母沿其晶体（001）或（002）面解理极完全，所以可剥离成极薄的细鳞片，耐挠曲并富有弹性。

（2）以强烈丝绢光泽、适度光透射与遮盖、强烈吸收紫外线为特征的光学性能。绢云母具有极强的消光屏蔽功能，可吸收 80% 以上的紫外线，绢云母对紫外线的屏蔽作用主要与三个因素有关[4]：

第一，强烈的消光作用。无机矿物的消光作用程度与光轴角有关，光轴角越大，灰暗度越浅，干涉色越高；光轴角越小，灰暗度越高，消光作用越好。绢云母矿物结构属单斜晶系，有三个结晶轴，光轴角仅为 $15° \sim 30°$，所以有很好的消光作用和光吸收效应。

第二，排列时的高度定向特性。遮光效应与矿物的排列有序度相关，颗粒状、纤维状矿物在涂膜中排列无序，取向随意。而片状绢云母在涂膜中具有高度的定向性，一般为平行排列，上下重叠，当上下两薄片的光轴面相互垂直时将会产生全消光效应，斜交时产生干涉色。

第三，绢云母结构中单元层与层之间距离约为 1nm，小于紫外线和微波的波长。当光线穿过绢云母晶体时，晶体即产生偏光振动使光能量逐次衰减，当衰减至零时，则形成完全屏蔽效应而出现消光。

（3）以抗酸、抗碱为特征的化学稳定性。绢云母在常温盐酸中几乎不与之发生作用，只有当温度升高至 $300℃$ 时才发生一定程度的变化。绢云母在浓度 10% 硫酸中的耐酸度为 97.87，在浓度 30% 硫酸中被加热至沸腾状态可失重 30%。绢云母在浓度 30% 氢氧化钠溶液中的耐碱度为 80.67。绢云母在水和空气中不发生变化。

（4）细鳞片状及明显滑感的外表特征。

（5）优良的热学性质、电学性质和药学性质。绢云母在 $550℃$ 高温下性能不改变，且热膨胀系数小，耐热性能好。绢云母的熔点高达 $1260℃$ 以上。绢云母矿物具有特殊的层状晶体结构，晶格十分稳定，它的体积电阻和表面电阻均较高，电介质损耗较低，能抗电弧和耐电晕，具有较高的绝缘强度。

1.2 绢云母选矿与材料化加工的研究现状和展望

1.2.1 绢云母选矿与材料化加工的主要研究内容

绢云母作为天然层状硅酸盐矿物，一般赋存于石英岩、石英片岩和石榴石石英片岩中，除绢云母外，其他组成矿物还有石英、长石、白云母、高岭石和赤铁矿等[5]。上述各类型绢云母一般呈鳞片粒状变晶结构，片状构造。绢云母在矿石中品位较低，一般达不到对绢云母矿物的应用要求，只有通过选矿提纯，才可使之与脉石矿物分离而富集。获得高品位绢云母精矿是实现包括绢云母材料化加工在内的绢云母高功能、高价值利用和扩大绢云母应用范围的必要前提。

绢云母选矿研究主要包括对原矿性质、选矿方法和具体工艺等方面的研究。原矿性质主要指矿石的矿物质组成（物相组成）、赋存状态和嵌布特征等，据此再结合主要组成矿物的性质确定其选矿方法。由于绢云母矿石的物相组成一般较复杂，且绢云母粒度微细，因此，目前主要采用以重选和浮选为中心的综合选矿方法和工艺，根据具体原矿类型的不同，有时也结合磁选方法。重选方法以绢云母与脉石矿物在赋存粒度和可加工性等方面的差别为依据，浮选方法以绢云母与脉石矿物在成分、晶体结构和表面性能方面的差别为依据。磁选方法主要用来去除绢云母矿石中的铁质矿物。

绢云母的材料化是指通过对绢云母矿物实施现代加工，如结构改造、表面处理或与其他物质进行具有化学结合性质的复合等实现对绢云母结构单元层性质的利用，或改善其与有机基体的相容性和外观特性以及在结合绢云母矿物性质的基础上，附加新的功能特性，以此提高其使用价值和拓展新的应用领域。对绢云母进行材料化加工并加以应用，可在很大程度上解决绢云母传统应用中存在的问题，这也是当今技术条件下实现绢云母高价值利用的重要途径。

绢云母的材料化及其手段主要包括：（1）绢云母表面改性，包括有机和无机改性。其目的是提高绢云母在树脂等有机基体中的相容性、改善绢云母的外观性能并赋予所填充复合材料新的功能。（2）以绢云母结构单元层或厚度为纳米尺度的单元层集合体为基本单元形成具有优良特性的广义上的二维纳米材料，或者形成通过填充聚合物等而发挥绢云母结构单元优良性能的功能材料，这是当前实现绢云母纳米功能化的重要加工技术。（3）以绢云母为基体（载体）复合其他物质制备功能材料。主要是在绢云母原有性质的基础上附加新的功能，或者使绢云母的原有功能得到改善和提高。如在绢云母表面包覆亚微米级 TiO_2 制备复合颜料、负载纳米 TiO_2 制备复合光催化剂等。

1.2.2　绢云母选矿研究现状和发展

1. 主要选矿方法的原理

（1）重力选矿方法的原理

重力选矿（重选）是根据各种矿物的密度或粒度的差别，借助流体动力和各种机械力作用，实现矿物间彼此分离的工艺方法[6]。水力分级是某些含黏土的非金属矿最重要的重选方法之一，在这类矿石中，黏土矿物与其他矿物尽管密度接近，但其密度和赋存形态存在明显差别，所以在粉碎和研磨后往往能形成粒度差别，并由此形成沉降速度的不同。因此，在单体解离与合理的分散状态下，借助分级手段便可实现分离。

绢云母密度为 2.63g/cm³，主要伴生脉石矿物石英和长石的密度约 2.65g/cm³，差别较小。但绢云母与石英和长石在矿石中赋存粒度差异明显（绢云母粒径＜0.05mm，石英粒径最大 0.20～0.50mm），且因硬度差异大而存在粉碎行为的不同，因此，在合理的粉碎条件下，在使各矿物彼此间实现单体解离的同时，即可形成以解离后各矿物单体的自然赋存形态为基础的粒度间的差别。因而，采用重选分级方法即可对绢云母矿石进行分选。

国内外绢云母矿石的选矿实践也表明，重选是绢云母选矿工艺中的主要方法之一，但单一重选的实例不多，目前主要是作为粗选手段再与浮选方法结合形成联合流程。基于单一重选法在环保、处理成本和流程简化等方面的特点，作者研究团队以湖北绢云母矿石为对象，开展了绢云母单一重选法选矿技术的研究[7]，有效实现了绢云母的选别和富集，为采用清洁化选矿工艺获取高品位绢云母精矿进行了有益的探索。

（2）浮选方法原理

由于石英是绢云母的主要伴生脉石矿物，因此绢云母和石英的浮选分离成为浮选方法选别绢云母的关键。与其他矿物的浮选分离相似，浮选分离绢云母和石英，也同样是以两矿物晶体结构与物质组成的差别为依据，并借助浮选药剂及其使用条件的调节来实现。

绢云母与石英虽均为含 SiO_2 矿物，但两者结构不同，绢云母（白云母）为层状结构，而石英为架状结构，两者在碎解和磨矿（擦洗）等外力作用下，解理与断裂形式及所形成颗粒的表面状态截然不同。在浮选体系中，这首先导致颗粒表面与水介质反应行为的不同，进而呈现表面活性基团种类和数量的分布差异，其次也形成表面电位的差异，这些差别将导致浮选药剂与两矿物间形成不同的作用，并最终导致可浮性的差异而实现分离。

在绢云母与石英的浮选体系中，经过 pH 等条件的调节，两矿物可呈现出表面荷电性的差别，体系中难免离子（如 Ca^{2+}）也会影响表面电荷的分布，因而将出现显著的表面电位的差别，并成为使用阳离子捕收剂浮选时二者彼此分离的依据。另外，绢云母和石英表面的离子和活性基团不同，这也使得它们和捕收剂之间的作用存在差别。

绢云母是 2∶1 型层状硅酸盐矿物，其结构单元层由两层 Si—O 四面体中间夹一层 Al—O（OH）八面体组成，由于四面体中部分 Si^{4+} 被 Al^{3+} 取代，所以结构单元层带负电。为保持晶格的电中性，绢云母的单元层与层之间由 K^+ 充入并固定。当绢云母矿物解理时，层面带负电荷，并暴露强不饱和键，因此绢云母呈亲水性质[8]。石英断裂后，表面产生 Si— 和 SiO— 不饱和体并在介质中吸附 OH^- 和 H^+，这也使石英表面带负电荷，但和云母相比，这一作用相对较弱。R. M. Manser 通过研究认为[9]，白云母的零电点为 pH＝0.95，而石英则为 pH＝2.5 左右。显然，调整 pH 在 0.95～2.5 进行浮选，以静电作用为主，带正电的胺类捕收剂便可选择性地吸附在绢云母表面，石英则吸附很少，由此将导致两者呈现浮选性能的差异。

除表面电荷的差异外，体系中难免离子也对绢云母和石英的分离产生影响。研究表明，Ca^{2+} 等[10]在使用阴离子捕收剂的浮选体系里因在石英表面吸附而对其浮选产生活化，并破坏体系的选择性。但在使用阳离子捕收剂的体系里，石英表面吸附 Ca^{2+} 则使表面负电荷减少而对石英产生浮选抑制作用[11]。难免离子对云母的作用极小。所以，难免离子的存在有利于绢云母和石英的分离。

胺等阳离子捕收剂在矿物表面的吸附除靠静电外，还可解释为表面阳离子与胺离子的交换作用[11]。结构分析和可浮性测定结果表明[11]，在其他条件相同时，只有捕收剂的离子半径近于相等或小于矿物表面的离子半径时，才能被矿物表面很好地吸附。根据有关文献[11]，NH_4^+ 的半径为 1.43 Å（1Å＝0.1nm），K^+ 和 Ca^{2+} 的半径分别为 1.3 Å 和 0.99 Å。由于 K^+ 和 NH_4^+ 半径接近，而和 Ca^{2+} 半径的差距较大，因此，十二胺捕收剂阳离子更易与绢云母表面的 K^+ 进行交换，从而产生吸附，而吸附 Ca^{2+} 的石英则难以与捕收剂实现这种交换，因而不能产生吸附。

综上分析，矿物表面电性、难免离子的影响以及表面活性质点与捕收剂离子交换作用等因素在绢云母和石英之间均存在差别，因此，两矿物表面对捕收剂的吸附作用也有明显差异，并由此呈现可浮性的不同，从而为两者的分离提供条件。

除矿物表面特性和矿物与捕收剂的作用外，体系中使用调整剂对提高浮选效果也至关重要。调整剂的合理加入，将导致浮选体系进入使目的矿物与脉石矿物出现可浮性差别的状态，或使原有的差别扩大。日本 Nakazawa 等人对胺浮选法从石英中分离绢云母的研究验证了这一分析[12]。采用醋酸胺（DAA）作捕收剂，在 pH＝2.5 的酸性条件下可实现绢云母与石英的分离，但 DAA 用量较大。在体系中添加 Al^{3+} 能够降低浮选所需的 DAA 量。在 pH＝10.5 的碱性溶液中，绢云母也可从石英中选择性分离。

2. 选矿研究与应用实践

对绢云母开展的选矿工作已涵盖了含不同脉石矿物的绢云母矿石。典型的有针对我国内蒙古绢云母石榴石石英片岩[13]，中国台湾由叶蜡石、石英及少量黄铁矿等为脉石的绢云母矿石[14]和山西五台[15]、四川冕宁地区绢云母[16]的选矿研究工作，比较系统的还有安徽滁州、安徽庐江绢云母矿石的选矿研究。此外，从一些选矿尾矿[17]，包括从金矿尾矿[18]和石墨选矿尾矿[19]中回收绢云母也是绢云母选矿的重要内容。

内蒙古乌拉特后旗绢云母矿石为绢云母石榴石石英片岩，矿石呈鳞片粒状变晶结构、片状构造、主要矿物成分为绢云母 45%～50%，铁铝石榴石约 15%，石英约 35%以及共约 5% 的蚀变铁矿物、电气石和十字石。其中绢云母呈片状，解理发育，片长 0.09～1.52mm，宽 0.047～0.29mm；石英粒径 0.05～0.82mm，石榴石粒径 8～20mm。原矿化学分析结果为 SiO_2 63.70%，Al_2O_3 18.51%，Fe_2O_3 8.59%，FeO 2.08%，K_2O 3.27%，Na_2O 0.56%，CaO 0.73%，MgO 0.86%，TiO_2 0.46%[13]。采用浮选-磁选方法对该矿石进行选矿[13]，最终获得绢云母、石榴石、石英三种精矿，实现了该矿石中有价成分的综合回收。原矿磨矿后，首先采用浮选方法得到绢云母精矿，浮选尾矿经脱泥、浮选（石榴石）获得石英和石榴石粗精矿，两粗精矿再分别经强磁选除铁，最终得到合格的石英和石榴石精矿。其中浮选绢云母的捕收剂为十二胺，调整剂为氟硅酸钠，浮选石榴石的捕收剂也为十二胺，氟化钠为石榴石的活化剂。所得绢云母精矿的成分为：SiO_2 49.89%，Al_2O_3 31.52%，Fe_2O_3 3.25%，K_2O 7.39%，Na_2O 1.52%，TiO_2 0.599%。精矿指标符合外贸出口要求，但铁含量偏高，售价较低。

中国台湾向阳地区绢云母矿石主要由绢云母、叶蜡石、石英和少量黄铁矿、绿泥石、方解石组成，原矿化学分析结果为 SiO_2 74.2%，Al_2O_3 17.42%，Fe_2O_3 1.54%，CaO 0.31%，MgO 0.07%，Na_2O 0.54%，K_2O 3.08%，S 0.76%，烧失 2.04%。蔡敏行[14]研究了该绢云母矿石的选矿方法，原矿经磨矿后，除去+0.074mm 物料（主要为石英等杂质），然后加起泡剂浮出易浮的叶蜡石矿物。浮选尾矿再加黄药浮出部分黄铁矿，浮选黄铁矿尾矿加捕收剂 armact 浮出绢云母得粗精矿，再分散沉降除去石英及黄铁矿得最终精矿。最终绢云母精矿含 SiO_2 49.74%，Al_2O_3 35.38%，Fe_2O_3 0.45%，K_2O 8.16%，S 0.025%，符合焊条用绢云母的质量标准。

安徽滁州绢云母矿石主要由绢云母和石英组成[20]，含量分别为 55%～60% 和 35%～42%，另含少量的伊利石。原矿化学分析结果为 SiO_2 75.98%，Al_2O_3 14.19%，Fe_2O_3 0.89%，CaO 0.24%，MgO 0.09%，Na_2O 0.40%，K_2O 4.30%，TiO_2 0.17%，烧失 2.89%。采用重选和浮选联合方法对该绢云母矿石进行了选矿处理。根据石英赋存粒度大、绢云母粒度小的特点，首先将原矿破碎，然后作捣浆—筛分—沉降处理，得到粒度小于 20μm、20～45μm 和大于 45μm 三种产物。其中小于 20μm 产物为绢云母精矿，含 K_2O 7.80%～8.20%，SiO_2 53.00%～60.00%，Al_2O_3 25.00%～30.00%，Fe_2O_3 1.00%；20～45μm 产物为绢云母和石英的混合物，含 SiO_2 84.38%，Al_2O_3 7.90%，Fe_2O_3 0.60%，K_2O 7.8%；大于 45μm 产物主要由石英构成，含 SiO_2 95.37%，Al_2O_3 2.59%，K_2O 1.00%。

由上述重选方法获得的绢云母精矿（小于 20μm 产物）再经浮选处理（胺为捕收剂，硫酸为 pH 调整剂，水玻璃为抑制剂），绢云母含量进一步提高，主要指标为 SiO_2 48%，Al_2O_3 35%，K_2O 10.5%。另外，还采用化学漂白方法对浮选精矿进行了增白处理，白度由处理前的 73% 提高至 86%。

对安徽庐江绢云母矿石，采用捣浆、沉降分级、漂白、高梯度磁选、超细磨矿等方法进行处理，生产出了白度 75%～85%、绢云母含量最高 90% 的精矿产物[21]。

除对原生绢云母矿石进行选矿外，对含绢云母的金矿、有色金属矿伴生矿或选矿尾矿也开展了回收绢云母及尾矿综合利用的研究[22]。河北某金矿绢云母片岩主要由绢云母（20%）、石英（18%）、钠长石（43%）与褐铁矿（11%）组成。对其进行了选矿研究[23]，首先采用浮选方法脱去和绢云母嵌布紧密的褐铁矿泥，再用十八烷基胺、煤油和 BK-204 组合药剂在 pH＝3 条件下浮选绢云母，所得绢云母精矿品位（纯度）为 81.49%，回收率 32.43%，白度 62%，精矿含砂量小于 1%，平均粒度为 5.84μm，达到了橡胶补强填料二级产品标准。

从千枚岩型有色矿选矿尾矿中也可回收得到高附加值的绢云母系列产品[24]，千枚岩有色矿选矿尾矿主要由绢云母、石英、绿泥石、高岭石等矿物组成，其中绢云母含量一般为 31%～37%，石英含量为 50%～60%。经选矿试验研究，最终确定从该尾矿中回收绢云母的方案为：以醇胺类捕收剂（3ACH）与高效硅氟类调整剂（F-1）相结合，用浮选方法使超细绢云母与石英等进行分离获得绢云母一级品，再采用两段水力旋流器串联分级方法获得绢云母三级品。

3. 存在问题

绢云母的选矿，虽历经几十年的研究和发展取得了很多成果，但目前仍存在一些问题。第一，绢云母选矿一般采用多种方法组成的联合流程，工艺复杂，成本高。当含有浮选工艺时，还对环境产生一定程度的污染。为简化流程，降低成本，实现绿色化选矿生产，应对单一选矿流程，特别是无污染和不使用化学药剂的单一重选法流程开展研究。第二，绢云母选矿作为绢云母材料化的必要前提和重要环节，其方法和工艺对绢云母精矿的应用和制备矿物材料影响较大。如浮选精矿若残留药剂会对其在化妆品中使用不利。第三，绢云母矿石中的铁很大部分来自绢云母矿物晶格，因此通过绢云母选矿除铁予以增白的程度十分有限。

1.2.3　绢云母表面改性研究现状

1. 目的和方法

表面改性是非金属矿物重要的加工技术之一，依靠粉体的表面改性和修饰，可改变非金属矿物颗粒的表面性质，改善非金属矿物材料的应用性能，拓宽应用领域[25]。对绢云母而言，表面改性是其材料化加工的主要内容之一。

目前，绢云母表面改性主要有两个目的：一是对绢云母表面进行有机改性以提高其在树脂等有机基体中的分散性，使用偶联剂进行改性还能提高绢云母与有机基体界面的结合程度。这些作用可最大限度地发挥绢云母的功能并提高所填充塑料、橡胶等制品的力学性能，同时有利于制品的加工过程；二是对绢云母表面进行无机改性，可改善绢云母的外观性能并使改性复合材料增加新的功能。

绢云母表面有机改性主要采用传统的表面化学方法，即通过表面改性剂与颗粒表面进行化学反应或通过化学吸附的方式使改性剂附着在绢云母表面。表面化学改性一般采用干法工艺，在带有加热装置的高速搅拌器内喷洒改性剂或其稀释体（溶液或乳化物等），然后与绢云母粉体混合以使二者均匀接触和反应。为提高改性剂与绢云母表面的作用并最终增强改性效果，也可采用机械力化学改性方法，即利用粉碎过程产生的固体表面机械力化学效应对绢云母表面的有机改性形成促进。机械力化学改性往往采用矿物粉体表面改性与超细粉碎工艺两者结合的方式，改性后，不仅使产物的表面性质改性，而且其粒度特性都能更好地满足应用的需要[26]。

2. 改性研究实践

雷芸[27]对产于安徽滁州地区的绢云母进行了表面改性研究，表明采用硅烷（KH-550 和 KH-570）为改性剂时干法改性效果优于湿法。采用硅烷湿法与硬脂酸干法复合改性，可结合硬脂酸和硅烷单独改性的优势，而硅烷与硬脂酸复配干法改性可进一步使工艺简化。改性绢云母最佳指标为水接触角 145°，渗水时间 220min，吸油值 28.2%，分散度 18.0mL。研究改性剂与矿物表面作用机理认为，硬脂酸改性绢云母以物理吸附为主，吸附强度较弱，容易脱附；硅烷则与绢云母表面的羟基形成氢键，以化学吸附为主；硅烷与硬脂酸复合改性，既存在硬脂酸在绢云母表面的物理吸附，也存在硅烷的化学吸附。张敬阳等[28]研究了硅烷偶联剂对超细绢云母粉（鳞片，超音速气流粉碎制得）的改性，表明有机溶剂法的改性效果优于干法改性。高惠民[29]也对硬脂酸和硅烷改性绢云母进行了研究。

张军等[30]研究了钛酸酯偶联剂对绢云母的表面改性及改性绢云母在天然橡胶中的应用。按绢云母100份、钛酸酯偶联剂（NDZ-201）1份、液化石蜡（白油）1份（质量份）的比例进行改性制得活性绢云母，发现它对天然橡胶硫化胶具有较好的补强效果，且随其粒径的减小（目数增大）而增强。相比较而言，改性绢云母的补强效果优于轻钙和重钙，与陶土相当，但低于半补强炭黑、喷雾炭黑和滑石粉。冉松林等[31]对超细绢云母进行了干法改性并将改性产品充填于丁苯橡胶中，通过改性预评价及充填丁苯橡胶性能测试，优选了改性剂和改性条件，显示铝酸脂改性效果最佳，说明改性超细绢云母用作丁苯橡胶的补强剂是可行的。陈正年等使用树脂酸改性的绢云母为填料，使回收高密度聚乙烯的力学性能得到显著提高[32]。

在机械力化学表面改性方面，林海等[33]使用搅拌磨，通过湿法机械力化学方法对绢云母质二维纳米薄片材料进行了以钛酸酯为改性剂的表面改性，表明钛酸酯用量、介质物料比、料浆浓度、改性时间以及温度和pH对改性效果有重要影响。最终改性产物填充聚丙烯（PP）后，其产物抗紫外线耐老化性能得以明显提高。

采用改性与复合技术制备具有高吸水性的聚丙烯酸钠/绢云母复合材料[34]和具有高吸水、高贮水性的含绢云母复合材料[35]也是绢云母改性研究的重要实例。聚丙烯酸钠/绢云母超吸水性复合材料的制备方法是[34]：在适当摩尔比的净化工业纯丙烯酸单体中加入氢氧化钠溶液，在一定温度下搅拌使之完全反应；然后，在一定的搅拌速度下，加入绢云母微细粉体和充入保护气体氮气，完全浸泡、分散；再适当添加偶联剂和引发剂，形成共聚作用；最后，将所得含水量高的半成品烘干、压碎和真空干燥即得到超吸水性复合材料成品。该复合材料能吸收超过自身600倍重的蒸馏水，可应用于农业、林业、植物种植、土壤改良等领域。具有高吸水和贮水性的含绢云母复合材料[35]则由水性不饱和乙烯单体和占乙烯单体2％～300％的绢云母及0.001％～1％的水性自由基聚合引发剂制备而成。

1.2.4 绢云母纳米化加工研究现状

绢云母的纳米化主要是指将绢云母加工成以其结构单元层为基本单元，或以厚度为纳米尺度的单元层集合片体为基本单元的二维纳米材料，或者制备成在填充聚合物等材料中发挥绢云母纳米结构单元性质的功能材料。

1. 绢云母二维纳米材料的制备

利用层状矿物，包括层状硅酸盐矿物和其他层状矿物结构单元层与层之间结合程度低、连接较弱的特点，通过机械剥离可形成由片状单层（小于1nm）或少层（小于10nm）结合体构成的矿物二维纳米材料。矿物二维纳米材料具有显著的纳米尺度效应和矿物结构属性，并且分散性好，易回收，适合批量生产且成本低廉，可望提高所填充复合材料的物理性能、附加新功能和改善加工性，同时还可提升矿物原材料的价值[36]。

为了提高层状矿物被剥离成结构单层的比例和降低少层结合体的层数，一般在机械剥离前还需对层状矿物进行插层改性处理，通过使层状矿物层间距扩张和降低单元层结合强度以提高剥离效率。

目前，矿物二维纳米材料主要通过剥离层片间结合程度较弱的层状矿物来制备，包括由单元层或单元少层片体构成的二维材料[37-39]，如石墨烯[40]、六方氮化硼[41]、过渡金属二元化合物[42]、层状金属氧化物（如 MnO_2、MoO_3）和硫化物（MoS_2）[43]、黑磷[44]、类水滑石（LDHs）[45] 和蒙脱石（MTM）等，其中已成功实现了石墨烯和 MTM 的大规模剥离[46,47]。与之相比，剥离层间结合力较强的层状矿物，如白云母和绢云母等制备二维纳米材料则不易实现。一些层间结合力较强的层状矿物往往具有独特的性能，如云母具有可见光下透明，对紫外线吸收屏蔽，较高的电绝缘性、温度稳定性和化学耐久性以及在原子水平呈平坦取向等优异性能。所以，将云母等进行剥离制备二维纳米材料虽具有挑战性，但也具有重要的价值。

Xiao-Feng Pan[48] 等通过将天然磨碎云母用十六烷基三甲基溴化铵（CTAB）在去离子水中插层和插层后超声波处理形成对云母的剥离，得到片层厚度小于 1nm 的单层或多层云母纳米片。该云母纳米片与壳聚糖通过喷涂方法组装而成的宏观仿生聚合云母膜具有良好的力学性能、高的电绝缘性、优异的可见光透过率和独特的抗紫外老化性，可作为柔性和透明电子器件的理想材料。

Shaoxian Song 等[49] 采用天然白云母煅烧（750℃，减弱 K^+ 与层之间的吸引力）、Li^+（$LiNO_3$）向白云母四面体空位和八面体位置迁移、十八烷基三甲基铵离子（OTA^+）插层手段制得层间距为 3.77nm 的膨胀白云母，将该膨胀白云母置于浓度 50％的乙醇溶液中超声剥离获得二维纳米薄片，其最小厚度约 1.2nm，剥离率约为 17.3％；白云母纳米薄片产物可至少稳定几个月的时间。

鉴于绢云母矿物的结构单元层在力学、光学等方面的优异性能，制备绢云母二维纳米材料无疑是绢云母纳米化功能材料乃至整个矿物二维纳米材料研究中的重要内容。

作者研究团队曾开展以厚度为纳米尺度的绢云母片层集合体为基本单元的矿物二维纳米材料的制备和应用研究[50]。以层状矿物绢云母为基础，借助其三维结构尺度上其中一维（垂直片层铺展方向）为弱键力连接的特性，通过对其施加剥磨剪切力制备了在矿物结构层方向上被剥离成纳米尺寸（20～80nm）的片状单体。研究表明，该片体为二维纳米材料，它与人工合成的纳米单元材料一样，也具有纳米效应与功能，如显著的光吸收蓝移现象和强烈的屏蔽紫外线性能等。

2. 绢云母层间插层和制备聚合物基纳米复合材料

除层状硅酸盐矿物等被剥离制成矿物二维纳米材料外，通过其层间插层及插层产物与聚合物复合制备聚合物/层状硅酸盐纳米复合材料（PLSN）也是令人关注的矿物纳米化技术。其中，层状硅酸盐矿物层间域内插层是制备 PLSN 的前提和关键。在 PLSN 中，硅酸盐矿物以其结构单层（剥离型）或少层为单元（插层型或插层/剥离型）在聚合物基体中均匀分散，并与聚合物之间形成牢固结合。基于矿物二维纳米材料的优势，PLSN 由此可获得高强度及良好耐热性、韧性和电性能等优良特性。

蒙脱石、蛭石和高岭石等是被用来制备 PLSN 的典型层状硅酸盐矿物，因为这些矿物的纳米单元结构层间具有阳离子交换性，并能成为层间插层的基础和驱动力。将特定物质（插层剂、有机单体）插入蒙脱石等矿物层间，通过增大片层间距，并在与聚合物基材料复合时引入聚合物进入层间形成嵌插，即可形成矿物纳米单元体在其中的剥离，由此形成矿物纳米单元在聚合物基复合材料中纳米尺度的分散与界面结合。由于绢云母矿物的结构单元层性能更优异，所以使用绢云母填充制备 PLSN 更具有技术优势。

日本专利介绍了制备可膨胀绢云母和将其在聚合物基体中添加制备复合材料的工作[51]，其中，可膨胀绢云母是通过加热绢云母，并使用相当于绢云母质量 0.1～20 倍的熔融硝酸锂进行离子交换而制得。将 0.05%～50% 的可膨胀绢云母与 50%～99.95% 的聚合物基体均匀作用即形成聚合物复合材料，其中可膨胀绢云母均匀分散在聚合物基体中。但未指出可膨胀绢云母是否以纳米绢云母单元形态存在。

对于绢云母而言，因矿物结构呈现特异性（结构层剩余电荷密度大，层间离子与层单元结合牢固，无层间离子交换性）及产生的技术难度，使得国内外在使用绢云母制备 PLSN 这一纳米化技术领域内的研究非常薄弱。

基于绢云母纳米化，特别是以填充制备 PLSN 为目标的纳米化研究的重要性，中国地质大学（北京）矿物复合材料研究团队在国家自然科学基金和北京市自然科学基金项目的支持下，提出并开展了绢云母活化、结构改造、层间插层和填充制备聚合物基复合材料的研究，取得下述主要成果：

（1）研究了绢云母热处理活化行为及其表征，得到了既保持晶体结构完整，又呈现晶格畸变特征的活化绢云母，为绢云母进一步进行酸处理溶出结构中 Al^{3+}，从而实现其结构改造奠定了基础。

（2）研究和确定了具有较强层间离子交换作用的结构改造绢云母的制备方法。通过对热活化绢云母进行硝酸处理，绢云母结构（四面体和八面体）中的 Al^{3+} 形成一定量的溶出，从而使其 Si/Al 值提高而导致绢云母结构单元负电荷量减少，并形成一定的离子交换作用。进一步进行 Na^+ 离子交换（钠化）处理，绢云母的离子交换量进一步提高。

（3）以结构改造绢云母为原料，成功实现了绢云母的层间插层改性，使绢云母层间距最大增至 5.22nm，并通过改性绢云母的添加显著提高了环氧树脂的力学性能和纯丙乳液/绢云母纳米复合材料的性能。

以上工作及其成果对优化绢云母矿物结构与理化性能、提升功能和应用价值、拓展新应用领域具有积极作用，可形成绢云母资源高效、高价值利用和产品绿色化生产的重要发展方向，也为其他结构稳定的层状硅酸盐矿物的高价值利用提供了借鉴。

1.2.5 绢云母基体复合功能材料研究现状

绢云母基体复合功能材料是指以绢云母为基体，主要通过在其颗粒表面包覆或负载 TiO_2 等物质形成的功能粉体材料，所形成的绢云母-TiO_2 复合材料的功能主要包括珠光颜料、白色颜料和光催化剂等[52]。除复合 TiO_2 外，与绢云母基体复合的还有氧化锌

（ZnO）和二氧化硅（SiO$_2$）等功能材料。

在 20 世纪中后期，对表面负载 TiO$_2$ 的绢云母复合功能材料主要以赋予其珠光效应为目标进行研究。韩利雄等对绢云母制备具有良好光学屏蔽性的新型珠光颜料的工艺条件和产品性能进行了研究[53]。任敏等对片状绢云母表面直接沉积金红石型纳米 TiO$_2$ 制备云母钛纳米复合材料的性能进行了分析，认为复合材料白度、亮度和反射系数与 TiO$_2$ 含量及其结晶性密切相关[54]。韩国 Yun Young Hoon 等开展了醇盐水解法制备 TiO$_2$ 包覆绢云母的研究[34]，采用浓度 0.025M 异丙醇/乙醇钛溶液和 0.5M 的蒸馏水/乙醇溶液制备了含锐钛矿和金红石相的 TiO$_2$，然后分别在 500℃ 和 1000℃ 加热 2 小时。在 pH3.6～3.7 的水中可实现 TiO$_2$ 和绢云母表面的互凝结合。其中，在 1000℃ 处理时，绢云母表面吸附的 TiO$_2$ 出现不规则的转变。所得绢云母-TiO$_2$ 复合材料与绢云母相比白度提高，防晒指数（SPF）达到 14Refs。

中国专利 CN103773085A[55] 公开了一种以绢云母为基片，通过包覆 TiO$_2$ 制备功能性云母颜料的加工工艺。将绢云母加工成粒径为 90～150μm 的粉末作为云母基片，选取四价钛盐为钛源对云母基片进行包覆。将硫酸锌溶液加入到包覆 TiO$_2$ 的绢云母浆料中搅拌，同时将氢氧化钙加入，再将浆料过滤、洗涤、烘干、煅烧即可制得复合颜料。

从绢云母的矿物学性质和颗粒结构特性推断，它应在绢云母-TiO$_2$ 复合功能材料中发挥重要的协同效应，主要包括：（1）绢云母颗粒具有高纵横比的片理特性、良好的自然分散性和上下重叠的取向特点，因而可形成对可见光的吸收、散射与遮盖作用。这显然有助于提高绢云母与亚微米 TiO$_2$ 复合颜料的不透明作用和遮盖能力。（2）绢云母具有晶体偏光效应，其结构层间的水分子对光具有干涉效应，八面体中以类质同象状态存在的过渡元素对紫外线吸收强烈，由此可增强绢云母-TiO$_2$ 复合颜料吸收紫外线作用，从而提高其抗紫外耐老化功能。（3）对绢云母负载纳米 TiO$_2$ 形成的复合光催化剂，上述绢云母较强的吸收紫外线作用还可提高复合光催化剂的光响应能力，因而有助于光催化性能的提升。另外，从改进绢云母矿物性能的角度分析，制备绢云母-TiO$_2$ 复合功能材料的意义还在于大幅度提高其白度和改善外观特征[56]，因为高白度和高遮盖性的 TiO$_2$ 覆盖于绢云母表面能使其暗色被有效遮挡。

基于上述背景，中国地质大学（北京）矿物复合材料团队对以绢云母为基体，分别采用化学沉积法[57] 和液相机械力研磨法制备绢云母表面包覆 TiO$_2$ 复合颜料[58-60]、机械力化学法和溶胶-凝胶法制备绢云母表面负载和结构层间柱撑纳米 TiO$_2$ 复合光催化剂[61] 技术及其结构、性能和应用进行了系统研究。

中国专利 CN104004404B[62] 公开了一种绢云母/二氧化硅复合材料的制备方法，所述的复合材料是以绢云母为核，纳米二氧化硅（SiO$_2$）为壳的核壳结构复合材料。在水溶液体系中，将表面改性的绢云母与 SiO$_2$ 球混合并在一定温度下加热，即可得到这种绢云母/SiO$_2$ 复合材料。该复合材料在有机溶剂中具有良好的分散性，同时具有优异的抗紫外线性能，可应用在涂料、化妆品等领域。

中国专利 CN104017393A[63] 公开了一种绢云母/纳米氧化锌复合材料及其制备方法，通过向绢云母粉与硫酸锌溶液混合体系中加入氢氧化钙或氧化钙，可直接获取纳米氧化锌（ZnO）包覆绢云母复合材料，它具有优异的抗紫外线性能、抗菌除臭性能和在有机溶剂中的良好分散特性，在涂料、化妆品等领域具有很好的潜在应用价值。

1.3　绢云母在工业领域的应用研究现状

绢云母在主要工业领域的应用目前主要着眼于三方面[64]：（1）综合利用绢云母和含绢云母矿石中其他矿物的性能，对绢云母矿石或岩石仅作简单加工（如粉碎磨粉等）后直接加以利用，这在绢云母开发的早期较为普遍。（2）充分利用绢云母矿物特性，通过对绢云母矿石进行选矿提纯获得高品位绢云母精矿，然后加以利用，包括在涂料、造纸、塑料等主要工业领域作为功能填料的应用。（3）对绢云母实施表面改性等材料化加工，包括有机和无机改性处理、纳米化和制备绢云母基体复合功能材料加以应用，并以此提高应用性能。

1.3.1　含绢云母的绢英岩和绢英片岩的应用

1. 在陶瓷工业中的应用

绢英岩和绢英片岩是绢云母资源的主要类型，由绢云母、石英和少量长石、高岭石等组成，绢云母含量一般为 30%～50%。从化学组成和物相分析看，绢英岩和绢英片岩是很好的制陶工业原料，因为其中的绢云母的可塑性与高岭土相似，长石和绢云母又有溶剂作用，加之含大量石英，因而可满足制陶工业中釉面砖用坯料的要求，并且以绢英岩烧制的素坯极易与釉料结合，因而有助于提高瓷砖质量。此外，使用绢英岩生产釉面砖还具有明显的节能作用，其原因一方面是绢云母熔融温度较低，可降低坯体素烧温度；另一方面是绢英岩硬度低于长石和石英，所以原料破碎和研磨时耗能较低。

据文献介绍，利用陕西洛南绢英岩[5]、福建某石英绢云母岩[65]、安徽滁州绢云母石英片岩[66]和湖北绢云石英片岩[67]均成功烧制了陶瓷釉面砖，其中湖北地区绢云石英片岩因含有各种有益矿物组分而在低温快速烧成卫生瓷和釉面砖时，节能效果明显。

湖北地区绢云石英片岩主要组成矿物为石英 45%～65%，绢云母 20%～35%，长石 5%～10%，高岭石 5%～10%，白云母和褐铁矿等少量。化学组成为 SiO_2 72%～80%，Al_2O_3 10%～15%，Fe_2O_3 0.5%～1.4%，K_2O 2.4%～4.8%，Na_2O 0.15%～1.5%，TiO_2 0.1%～0.2%，CaO 0.15%～0.4%，MgO 0.5%～1.0%，烧失 1.4%～3.0%。从化学成分看出，Si、K、Al、Na 氧化物含量与传统陶瓷原料接近，它们均为低温快烧陶瓷的有益成分，其中绢云母的耐火性、润滑性和流动性均佳，可代替叶蜡石、滑石和部分硅灰石。绢云母和长石还具有助熔作用。中试研究表明，采用湖北地区绢英片岩加少量硅灰石、滑石为原料（全部代替石英，部分代替滑石和硅灰石）烧制釉面砖，产品各项指标在符合国家标准的前提下，能耗降低三分之一，节能效果十分显著[64]。

2. 在橡胶工业中的应用

绢英岩粉是高分子复合材料，特别是橡胶行业的功能性矿物填料。在绢英岩成分中，绢云母具有较大的径厚比和比表面积，具有良好的热稳定性、化学稳定性和电绝缘性[68]，石英粉及非晶质 SiO_2 理化性能与白炭黑相似。因而以绢云母和粉石英为主要成分的绢英岩粉作为橡胶填料具有补强作用，并能使橡胶制品的机械性能、电绝缘性和稳定性能等得以明显改善。因此，绢英岩粉可作为半补强炭黑和白炭黑的代用品在橡胶中加以应用[69]。

据有关试验，以绢英岩粉代替半补强炭黑和白炭黑用于丁腈胶制品填充，可使制品耐油性提高，对耐酸碱性无影响，机械性能在绢英岩粉对炭黑的一定替代比例下具有极大值，同时导致制品加工成本降低。绢英岩粉代替沉淀白碳黑用于三元乙丙橡胶中也有类似效果。

绢英岩粉在橡胶中应用还可改善制品的加工过程。绢云母因具有层状结构而呈现较平整的表面，所以在胶料中有一定的内润滑作用。这使它在橡胶混炼和压出过程中吃料快、易分散、压出速度快，压出表面光滑，因此有利于改善橡胶加工性能[48]。另外，添加绢云母不影响胶料的硫化速度和焦烧时间。生产实践表明，绢云母对橡胶的补强性能超过除白炭黑外的其他无机补强剂，可广泛用于轮胎、胶管、密封圈等橡胶制品。用于制造电缆，还可提高电缆的抗老化性能、绝缘性能和耐腐蚀性能，并防止电缆内外粘连[70,71]。

无机补强填充剂在橡塑行业是仅次于高分子材料的基本原料，与高分子材料用量之比约为 1∶2，以绢英岩粉代替半补强碳黑和白炭黑的应用具有巨大的市场需求潜力。

1.3.2　高品位绢云母的应用

高品位绢云母通常是指通过选矿获得的纯度大于 80% 的绢云母精矿，高品位绢云母的应用主要利用绢云母矿物自身的性质。

1. 用于造纸工业

绢云母是某些特殊纸张的优秀填料与涂料，可制造出性能优异的印刷纸、光滑壁纸和包装纸等。使用绢云母作涂布料的白铜版纸光滑质优，反射紫外线能力强，纸色白，长久不易泛黄。研究绢云母鳞片对造纸性能的影响表明，绢云母粒度对纸张断裂伸长、平滑程度和紧度的影响较明显，而颗粒形状对其没有影响。宁波白纸板厂使用浙东伊利石绢云母作为涂布料代替进口日本绢云母瓷土，成纸各项性能二者基本一致，印刷适应性达国家标准，说明该绢云母可代替日本进口的绢云母瓷土。另外，该绢云母用作铜版纸的涂布颜料，其配制涂料存放 24 小时仍保持稳定，无增稠现象，小型刮刀涂布纸白度、平滑度、油墨光泽度等略优于同样条件下 ECC 瓷土，纸面光泽度比 ECC 土略低，拉毛强度和油渗性两者基本一致。早在 20 世纪 90 年代，中国就有了造纸涂料用绢云母加工制造方法的专利[64]。

2. 用于橡胶工业

天然或经某种改性的无机矿物填料和添加剂是生产人工合成橡胶的必备原料，橡胶工业一般要求填料性质优良，以使产品达到物理、机械、耐热、耐老化、耐药等性能要求。绢云母电绝缘性高、导热低、回弹力高、耐磨性强，抗压、抗拉、耐燃、耐光、耐候、耐热、机械、物理和化学性能优良。浙江瑞安县绢云母在上海和浙江两地橡胶工厂使用，提高了产品性能与质量[69]。

橡胶工业用绢云母的细度要求一般为 $0.09 \sim 0.043$ mm（$160 \sim 325$ 目），纯度为 $K_2O >$ 8％，S $<$ 0.01％，P $<$ 0.001％。

3. 用于塑料工业

绢云母作为塑料工业用填料，不仅具有增量作用，而且通过发挥其独特的片状结构、高纵横比、突出的介电性和片体单元的优良力学性能而改善制品性能，如改善热塑性塑料的介电性能、耐热性、尺寸稳定性、降低燃烧性、磨耗性和浸透性；改善热固性塑料的介电性能，提高刚性和热变形温度以及改进制品的力学性能等。将绢云母加入到不饱和聚酯树脂中，制品的耐化学药品性能显著提高，在聚丙烯中加入 50％的绢云母填料，其抗击穿性能提高 1.3 倍，介电常数提高 40％以上。当然由于绢云母本身的各向异性特点，使其与塑料制品结合时流动性降低，塑料加工难度增加[72,73]。

4. 用于涂料工业

绢云母目前已成为应用最广泛和价值较高的涂料用功能矿物材料，包括水性涂料和溶剂性涂料。在涂料中加入绢云母可改善包括自身性能和使用性能在内的涂料诸多性能[74]，主要有：

（1）提高涂料的储存稳定性。绢云母粒度细（平均粒径 $8\mu m$），径厚比较大（平均 $20 \sim 30$），分散性好，所以，绢云母在涂料体系中可呈现既均匀分散又彼此适度"桥联"的形态，这使得涂料无须再加抗沉淀剂便形成稳定的悬浮状态。

（2）提高涂料的抗紫外线耐老化性，增强涂层耐候性，防止龟裂延迟粉化。绢云母具有强烈的吸收屏蔽紫外线特性，如某湿法生产的绢云母粉在紫外光最强吸收波区吸收率可达 85％，与金红石型钛白粉相当（88％）。绢云母的这一特性使其在用于涂料时具有对高分子材料的保护作用，从而使涂料的耐紫外线老化性提高。在涂料中加入 2％的绢云母粉制成涂膜，人工老化箱中模拟紫外线照射 250 小时，涂膜粉化 0 级，变色 2 级；绢云母比例提高至 5％，模拟紫外线照射 1000 小时，变色仅为 1 级，粉化仍为 0 级。而不加绢云母时涂料涂膜照射 250 小时，变色 2 级，粉化 0 级。绢云母提高抗紫外线耐老化作用十分显著。

（3）在溶剂性涂料中发挥片状阻隔功能，降低涂膜中水分穿透能力，提高耐水性、耐盐水性和耐盐雾性等[75]。

（4）提高涂料的遮盖力，降低颜料用量。绢云母具有高纵横比片状晶体结构，因此在涂料涂膜中呈有规律的平行排列，上下重叠，从而形成一种致密的保护层。这使得涂料的遮盖力提高。

（5）提高涂料制品的稳定性，包括化学稳定性，耐热、耐燃、耐酸碱和优良的电绝缘性等。

据报道，美国每年用于涂料生产的绢云母达 $2 \sim 3$ 万吨。使用绢云母作填料的涂料主要有建筑外墙涂料、防锈耐蚀涂料、烧蚀涂料、防污涂料、防辐射涂料和航天器热控涂料等。杭州油墨厂使用绢云母填料生产的 F03-1 白酚醛调和漆经测试各种性能符合部颁标准，由于无毒，还可做食品器皿的内壁涂料[69]。

5. 用于化妆品行业

化妆美容品是人们保养身体肌肤、美化自己和创造社会精神文明的客观需要，在目前人体的皮肤、毛发、指甲、口腔等清洁、保健领域，绢云母都起着特殊作用。

绢云母粒度细、分散度好，能与水和甘油等均匀混合，是乳液、膏霜和扑粉等各种化妆品的优质填料。绢云母质地细腻润滑、富有弹性、光泽度合适、白度高，呈鳞片结构，能满足高品级美容化妆品的特殊需求。另外，绢云母反射紫外线能力强，将其加入到防晒霜中能抵御紫外线，防止皮肤晒黑，因而使用绢云母可起到增白的效果。绢云母还是指甲油、唇膏和眼膏等珠光剂以及牙膏的添加剂。

行业标准《化妆品用云母》（HG/T 4534—2013）[76]对化妆品行业用绢云母（Ⅱ类产品）的指标要求为：白度（Wh）≥70，菌落总数（个/g）≤100，悬浮液 pH（100g/L）5.0~8.0，吸油值（g/100g）≤69~90，堆积密度（mL/g）≤0.30，As≤0.0003%，Pb≤0.0010%，Hg≤0.0001%，石棉不得检出。

此外，绢云母还可在石油钻井时做泥浆的堵漏剂，在建材制品生产中代替石棉，在电焊条制造中做焊条药皮原料，还可作为生产电绝缘材料的原料和阻燃改性充填剂等。

1.3.3 材料化绢云母的应用

于蕾[77]对从金矿尾矿中回收的绢云母进行改性，然后将其用于天然橡胶中填充。对比表明，改性绢云母在天然胶中具有较好的补强效果，其拉伸强度、撕裂强度、扯断伸长率和邵氏硬度等各项性能均优于填充未改性绢云母橡胶的性能。

晏海霞[78]等选用粒度 600 目和 1200 目的绢云母作为填料，将其分别填充于 ABS 树脂中，比较其填充量对 ABS 复合材料性能的影响表明，1200 目绢云母填充的 ABS 材料性能好于 600 目填充，当填充量占 20 份时，复合材料的综合性能最好，试样拉伸强度为 38.47MPa，冲击强度为 22.08kJ/m^2，巴氏硬度为 17.8，光泽度为 46。

将绢云母二维纳米材料在涂料中添加制得高耐候性外墙涂料，其人工耐老化时间达到 750 小时（普通涂料仅 250 小时），与填加纳米 SiO$_2$ 相当，但成本前者仅为后者的三分之一。将该绢云母二维纳米材料进行钛酸酯偶联剂的湿法表面机械力化学法改性，其与聚丙烯（PP）的相容性和所得复合材料的抗紫外线耐老化性能得到明显提高[33]。

将绢云母-TiO$_2$ 复合颜料和钛白粉分别在涂料中添加制备了建筑涂料，表明绢云母-TiO$_2$ 复合颜料再与钛白粉复配作为颜料使用，可取得比单一使用钛白粉更好的效果，以此可作为该复合颜料的理想应用方式[52]。

1.4 本书主要内容

本书全面介绍了作者在绢云母选矿和绢云母材料化加工技术及应用领域所开展的研究工作，对湖北地区绢云母原矿采用单一重选和浮选方法进行选别、选别产物表征和绢云母纳米化、与微纳米 TiO$_2$ 颗粒复合等材料化加工以及应用进行了阐述与归纳，是作者及其团队多年研究工作的系统性总结。

本书主要内容包括：

第1章，绪论：介绍绢云母的性质、绢云母选矿和材料化加工及应用技术的现状和发展。

第2章，绢云母单一重选法选矿技术和产物性能研究：包括绢云母单一重选法选矿工艺因素的影响、流程试验和精矿、尾矿的性能表征。

第3章，湖北绢云母浮选法选矿技术研究：绢云母浮选条件优化、开路流程试验、闭路流程试验、闭路流程数学模型模拟计算和选矿精矿、尾矿性能研究。

第4章，绢云母结构改造及其表征：采用绢云母活化—酸处理—钠化方法进行绢云母结构改造，对活化方式的影响、酸处理绢云母中 Al 溶出量和结构的变化以及钠化后绢云母的离子交换行为进行表征，对活化过程机理进行研究。

第5章，结构改造绢云母的有机插层改性研究：以十六烷基三甲基溴化铵（CTAB）为改性剂对结构改造绢云母进行有机插层改性，对插层改性过程溶剂的影响行为和机制进行研究，对插层改性绢云母结构与性能进行表征。

第6章，插层改性绢云母填充制备纳米复合材料的研究：包括制备环氧树脂/绢云母和纯丙乳液/绢云母纳米复合材料及其性能的研究。

第7章，化学沉积法制备绢云母-TiO_2复合颜料及表征：将绢云母加入到硫酸氧钛（$TiOSO_4$）水解体系中，通过形成水解复合物和复合物煅烧制备绢云母表面包覆 TiO_2复合颜料，对影响因素、产物性能、结构和复合机理进行研究。

第8章，机械研磨制备绢云母-TiO_2复合颜料及其表征：在绢云母湿法研磨过程添加亚微米 TiO_2制备绢云母表面包覆 TiO_2复合颜料及绢云母-偏钛酸机械研磨和研磨产物煅烧制备复合颜料，对制备过程影响因素、产物性能、颗粒微观形貌、复合机理及绢云母-TiO_2复合颜料在建筑涂料中的应用性能进行研究。

第9章，绢云母负载纳米 TiO_2复合光催化剂制备及其性能：采用绢云母-纳米 TiO_2湿法研磨和插层改性绢云母溶胶-凝胶法分别制备在绢云母表面负载和层间柱撑 TiO_2复合光催化剂，对其结构和光催化降解污染物性能进行研究。

参考文献

[1] 王濮，潘兆橹，翁玲宝，等．系统矿物学（中）[M]．北京：地质出版社，1984：15．

[2] 李艳兵，苏昭冰，刘媛媛．鄂北地区绢云母的矿物学特征研究 [J]．中国非金属矿工业导刊，1997（5）：30-34．

[3] 高惠民，袁继祖，张凌燕，等．绢云母及其加工利用现状 [J]．中国非金属矿工业导刊，2005（5）：6-9．

[4] 蔡燎原，兰芳，陈萍，等．绢云母的偏光屏蔽效应在聚丙烯（PP）复合材料中的应用 [J]．中国非金属矿工业导刊，1999（5）：45-50．

[5] 非金属矿工业手册编委会．非金属矿工业手册（上）[M]．北京：冶金工业出版社，1992：23．

［6］王淀佐，邱冠周，胡岳华．资源加工学［M］．北京：科学出版社，2005：41.

［7］许霞，丁浩，孙体昌，等．单一重选法选别湖北绢云母的技术研究［J］．中国矿业，2008，17（5）：52-55.

［8］卢寿慈．矿物浮选原理［M］．北京：冶金工业出版社，1984：41.

［9］R. M. MANSER.硅酸盐浮选手册［M］．刘国民，译．北京：中国建筑工业出版社，1980：34-41.

［10］丁浩．金红石浮选中消除 Ca^{2+} 对石英活化作用的研究［J］．矿产保护与利用，1994（1）：40-42.

［11］崔林．浮选晶体化学（下）［M］．北京：北京科技大学出版社，1991：51.

［12］NAKAZAWA, HIROSHI, OGASAWARA, et al. Separation of sericite from quartz by amine flotation［J］. Journal of the Mining and Metallurgical Institute of Japan, 1988, 104（1209）：803-807.

［13］晏惕非，师水源，张志敏，等．绢云母石榴石石英片岩综合利用选矿工艺［J］．非金属矿，1988（2）：24-27.

［14］蔡敏行．中国台湾地区绢云母矿石的选别［J］．国外选矿快报，1998（10）：43-47.

［15］魏云峰．山西省五台绢云母矿选矿试验研究［J］．华北国土资源，2007（2）：37-38.

［16］郑奎．四川冕宁绢云母矿石特征及选矿提纯研究［J］．科技创新与应用，2012（11）：13.

［17］王全亮，徐勇，周虎强，等．选矿尾矿中绢云母的回收、表征及应用研究［J］．湖南有色金属，2010，26（5）：1-3.

［18］刘江，梁永生，孙述翔，等．太阳坪金矿浮选尾矿回收绢云母试验研究及生产实践［J］．黄金，2019，40（3）：76-79.

［19］聂轶苗，刘淑贤，牛福生，等．某石墨尾矿中绢云母物相分析与选矿试验研究［J］．非金属矿，37（4）：45-46.

［20］张明，蒋蔚华．安徽滁州绢云母选矿试验研究［J］．矿产保护与利用，2002（3）：20-23.

［21］高惠民，袁继祖，谭超兵，等．安徽庐江绢云母选矿试验研究［J］．非金属矿，2003，26（3）：27-28.

［22］曾细龙．选矿尾矿中绢云母的回收工艺及应用研究［J］．湖南有色金属，2004，6（3）：5-8.

［23］罗琳，王淑秋，伍先军，等．河北某金矿绢云母综合利用研究［J］．有色金属（选矿部分），1999（5）：8-14.

［24］王巧玲，曾光明．从千枚岩型金属矿山尾矿中浮选回收绢云母的应用研究［J］．矿冶工程，2002，12（4）：33-36.

［25］郑水林，王彩丽．粉体表面改性（第三版）［M］．北京：中国建材工业出版社，2011：34.

［26］丁浩．粉体表面改性与应用［M］．北京：清华大学出版社，2013：21-27.

［27］雷芸．绢云母表面改性及机理研究［D］．武汉：武汉理工大学．2003：27.

［28］张敬阳，吴季怀，赵煌，等．绢云母表面改性的实验研究［J］．矿物学报，2004，24（4）：351-354.

［29］高惠民．绢云母加工技术及表面改性机理研究［D］．武汉：武汉理工大学，2003：45-47.

［30］张军，王庭慰．绢云母表面改性及其在天然橡胶中应用研究［J］．非金属矿，2003，26（2）：22-24.

［31］冉松林，沈上越，宋旭波．绢云母的超细粉碎与表面改性及其应用研究［J］．化工矿物与加工，

2003，32（9）：14-16.

［32］陈正年，陶祝庆，肖浪，等. 树脂酸表面处理绢云母增强回收高密度聚乙烯的研究［J］. 中国塑料，2012，26（10）：112-115.

［33］林海，康维刚，黄曼，等. 绢云母质二维纳米材料机械力化学改性及应用研究［J］. 北京科技大学学报，2004，26（6）：627-630.

［34］YUN YOUNG HOON，HAN SANG PIL，LEE SANG HOON，et al. Surface modification of sericite using TiO_2 powders prepared by alkoxide hydrolysis：Whiteness and SPF indices of TiO_2-adsorbed sericite［J］. Journal of Materials Synthesis and Processing，2002，10（4）：359-365.

［35］LIN J.，WU J.，WEI Y. Manufacture process for composite material of sodium polypropenoic acid/sericite with super water absorbency［P］. China Patent：CN1560130，2005-01-07.

［36］丁浩，许霞，崔淑凤. 从纳米技术的角度发展和提升非金属矿深加工产业［J］. 中国非金属矿工业导刊，2001（6）：21-25.

［37］NICOLOSI V.，CHHOWALLA M.，KANATZIDIS M. G.，et al. Liquid exfoliation of layered materials［J］. Science，2013，340（6139）：1420.

［38］KIM J.，KWON S.，CHO DAE-HYUN，et al. Direct exfoliation and dispersion of two-dimensional materials in pure water via temperature control［J］. Nat. Commun.，2015（6）：8294.

［39］TAN C.，CAO X.，WU X.，et al. Recent advances in ultrathin two-dimensional nanomaterials［J］. Chem. Rev.，2017，117（9）：6225-6331.

［40］VOIRY D.，YANG J.，KUPFERBERG J.，et al. High-quality graphene via microwave reduction of solution exfoliated graphene oxide［J］. Science，2016，353（6306）：1413-1416.

［41］ZHU W.，GAO X.，LI Q.，et al. Controlled gas exfoliation of boron nitride into few-layered nanosheets［J］. Angew. Chem. Int. Ed.，2016，55（36）：10766-10770.

［42］ZONG L.，LI M.，LI C.，et al. Bioinspired coupling of inorganic layered nanomaterials with marine polysaccharides for efficient aqueous exfoliation and smart actuating hybrids［J］. Adv. Mater.，2017，29（10）：1604691.

［43］MA R.，SASAKI T. Nanosheets of oxides and hydroxides：ultimate 2D charge bearing functional crystallites［J］. Adv. Mater.，2010，22（45）：5082-5104.

［44］XIANG D.，HAN C.，WU J.，et al. Surface transfer doping induced effective modulation on ambipolar characteristics of few-layer black phosphorus［J］. Nat. Commun.，2015（6）：6485.

［45］WU Q.，SJASTAD A.，VISTAD O.，et al. Characterization of exfoliated layered double hydroxide（LDH，Mg/Al＝3）nanosheets at high concentrations in formamide［J］. J. Mater. Chem.，2007，17（10）：965-971.

［46］PODSIADLO P.，KAUSHIK A. K.，ARRUDA E. M.，et al. Ultrastrong and stiff layered polymer nanocomposites［J］. Science，2007（318）：80-83.

［47］PATON K.，VARRLA E.，BACKES C.，et al. Scalable production of large quantities of defect-free few layer graphene by shear exfoliation in liquids［J］. Nat. Mater.，2014，13（6）：624-630.

［48］PAN X.，GAO H.，LU Y.，et al. Transforming ground mica into high-performance biomimetic polymeric mica film［J］. Nat. Commun.，2018（9）：2974.

［49］JIA F.，SONG S.. Preparation of monolayer muscovite through exfoliation of natural muscovite［J］. RSC Adv.，2015，5（65）：52882-52887.

[50] 崔淑凤，许霞，丁浩，等．绢云母质二维纳米薄片材料在建筑外墙涂料中的应用 [J]．中国建材，2008（5）：90-92．

[51] SHO S.，RYO K.，SAI S.，et al. Method for Producing Swellable Sericite and its Use [P]．Japan Patent：JP2002-20115，2002-01-23

[52] 丁浩，林海，邓雁希，等．矿物-TiO_2微纳米颗粒复合与功能化 [M]．北京：清华大学出版社，2016：87-92．

[53] 韩利雄，严春杰，陈洁渝，等．白色绢云母珠光颜料制备及表征 [J]．非金属矿，2007，30（2）：27-29．

[54] 任敏，殷恒波，王爱丽，等．纳米金红石型 TiO_2 沉积制备云母钛纳米复合材料及其光学性质 [J]．中国有色金属学报，2007，17（6）：945-950．

[55] 浙江瑞成珠光颜料有限公司．一种功能性云母颜料加工工艺 [P]．中国发明专利 CN103773085A，2014-05-07．

[56] 丁浩，邓雁希，阎伟．绢云母质功能材料的研究现状与发展趋势 [J]．中国非金属矿工业导刊，2006（增刊）：171-175．

[57] YU LIANG，WANTING CHEN，GUANG YANG，et al. Preparation and characterization of TiO_2/sericite composite material with favorable pigments properties [J]．Surface Review and Letters，2019，26（8）：1950039

[58] 许霞，丁浩，王柏昆，等．绢云母-TiO_2复合颗粒的制备与应用 [J]．中国粉体技术，2010，16（6）：29-32．

[59] 丁浩，许霞，杜高翔，等．机械力化学包覆制备绢云母/TiO_2复合颗粒材料及其性能研究 [J]．功能材料，2008，39（增刊）：442-445．

[60] HOU XIFENG，YU SHOUREN，DING HAO，et al. Preparation of Sericite-TiO_2 Composite Particle Material by Mechano-Chemical Method and Its Application [J]．Advanced Materials Research，2012，427：104-109．

[61] 贝保辉．绢云母负载纳米 TiO_2 复合光催化剂制备及表征 [D]．北京：中国地质大学（北京），2020：45-47．

[62] 安徽恒昊科技有限公司．一种绢云母/纳米二氧化硅复合材料及其制备方法 [P]．中国发明专利 CN104004404B，2016-06-22．

[63] 安徽恒昊科技有限公司．一种纳米氧化锌包覆绢云母粉复合材料及其制备方法 [P]．中国发明专利 CN104017393A，2014-09-03．

[64] 丁浩，邹蔚蔚．中国绢云母资源综合利用的现状与前景 [J]．中国矿业，1996（4）：14-17．

[65] 陈祖荣．福建某地石英绢云母岩地质特征及其在工业上的应用 [J]．建材地质，1985（03）：35-37．

[66] 刘桐荣．绢英岩在陶瓷釉面砖中的应用 [J]．陶瓷，1988（02）：1-6．

[67] 卢东明，刘鸿恩．节能陶瓷新原料——绢云石英片岩矿石特征及其应用效益 [J]．建材地质，1990（05）：21-26．

[68] WARRICK E.，PIERCE O.，POLMANTEER K.，et al. Silicone elastomer developments 1967～1977 [J]．Rubber Chemistry and Technology，1979，52（3）：437-525．

[69] 何景和．绢云母的工业应用 [J]．浙江地质科技情报，1987（1）：1-3．

[70] 陈建文．尾矿综合利用——银山铅锌矿从尾矿中回收绢云母 [J]．环境与开发，1997（4）：8-9．

［71］ 卢宇峰，缪桂韶 . 绢英粉对橡胶硫化参数与力学性能的效应 ［J］. 特种橡胶制品，1998（4）：14-17.

［72］ 曾细龙 . 选矿尾矿中绢云母的回收工艺及应用研究 ［J］. 湖南有色金属，2004，6（3）：5-8.

［73］ 胡建国，景昀，缪桂韶 . 绢英粉对填充 EPDM 物理性能的影响 ［J］. 橡胶工业，1998，45（2）：84-87.

［74］ 吕化奇，王新春 . 功能材料——绢云母在外墙涂料中的应用 ［J］. 中国涂料，2004（8）：30-32.

［75］ 周菁，晏大雄，朱永筠 . 超细绢云母粉在环氧防腐蚀涂料中的应用 ［J］. 涂料工业，2004，34（6）：52-53.

［76］ 中华人民共和国工业和信息化部 . 化妆品用云母：HG/T 4534—2013 ［S］. 北京：化学工业出版社，2013：1.

［77］ 于蕾 . 金矿尾矿中绢云母的改性及在天然橡胶中的应用 ［J］. 化工管理，2018（6）：73-74.

［78］ 晏海霞，胡珊，刘娟 . 绢云母/ABS 树脂复合材料的制备及性能 ［J］. 非金属矿，2007（5）：19-21.

第 2 章 绢云母单一重选法选矿技术和产物性能研究

2.1 引言

天然绢云母矿石品位较低，一般不能作为绢云母单一矿物在工业上使用[1-2]，也不能满足对绢云母进行材料化加工的前提要求。因此，通过选矿手段将矿石中绢云母和脉石矿物分离以实现绢云母富集，从而获得高品位绢云母精矿，成为绢云母资源开发利用和材料化加工领域重要的研究内容。

绢云母主要赋存于石英岩、石英片岩和石榴石石英片岩中，一般呈鳞片粒状变晶结构，片状构造，粒度微细。除绢云母外，矿石中其他组成矿物还有石英、长石、白云母、高岭石和赤铁矿等[3-7]。由于绢云母品位低、粒度细、矿石组成和各矿物间赋存关系较复杂，传统上主要采用以重选和浮选为主的联合流程进行选矿，所以存在工艺复杂、成本高和浮选药剂残留导致精矿产物应用受限等问题。此外，绢云母精矿品位和回收率也有待提高。

基于上述背景，作者研究团队以湖北地区绢云母为原料，开展了绢云母单一重选法选矿技术和产物性能的研究[8]，其目的是形成具有流程简化、生产过程清洁和产物品质优良特点的绢云母选矿技术，为解决绢云母选矿领域存在的制约问题和满足绢云母材料化加工要求提供技术保障和可行途径。本章对这一工作进行了介绍和阐释。

2.2 湖北绢云母矿石物质组成和特性

2.2.1 样品制备

湖北地区绢云母原矿取自湖北省孝感市绢云母矿区，6 种原矿样品（代号：SYTM1、SYTM2、SYTM3、SYTM4、SYTM5 和 DZS1）总重约 500kg。原矿由颚式破碎机和高速超细粉碎机粉碎至 300～500 目（48～38μm），根据经验公式 $Q = kd^2$（k 取 0.1）的代表性要求，制取测试和试验样品。

破碎制样流程如图 2-1 所示，所用主要设备为 125×150 颚式破碎机和 FX300 型高速超细粉碎机（内含分级装置）。

2.2.2 原矿物质组成与嵌布特性

原矿矿物物相与嵌布特性对选矿过程具有指导作用。通过对矿物物相组成和嵌布特性

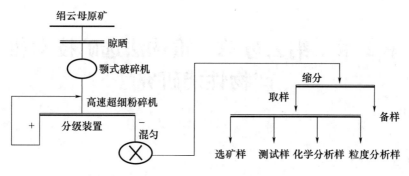

图 2-1　破碎制样流程

的认识，可确定以回收矿石中有价值成分为目的或直接利用矿物性质的选矿方法，预判难易程度和预期达到的目标，也可从若干个样品中优选最适宜者作为选矿处理的对象。

本研究对上述 6 个原矿样品（SYTM1、SYTM2、SYTM3、SYTM4、SYTM5 和 DZS1）进行了与矿物物质组成和嵌布特性相关的多项测试，并进行了相关分析。

1. 岩矿鉴定

经肉眼观察，6 个原矿样品外观为灰白、黄白至浅绿色，白度较低，颜色较暗。将它们研磨成粉末，测其蓝光（波长 457nm）白度值，结果列于表 2-1。

表 2-1　湖北绢云母原矿样品的白度值

样品代号	SYTM1	SYTM2	SYTM3	SYTM4	SYTM5	DZS1
白度（%）	54.5	57.6	51.8	61.7	54.3	57.3

将各样品磨制成薄片在显微镜下观察，显示样品 SYTM1、SYTM2、SYTM4 和 DZS1 为鳞片粒状变晶结构，片状（褶纹）构造；样品 SYTM3 为含斑状变晶鳞片粒状变晶结构，含"眼球"片状构造；样品 SYTM5 为（角）砾状结构，略具定向构造。

镜下鉴定显示，样品 SYTM1、SYTM2、SYTM3、SYTM4 和 DZS1 的矿物物相成分主要有石英、白云母、绢云母、长石和不透明矿物（炭质和氧化铁矿物）等；样品 SYTM1 和 SYTM4 中还可见含钛矿物，样品 SYTM4 中还见微量磷灰石。SYTM5 的角砾成分主要为千枚岩、板岩及细颗粒片岩，矿物成分为绢云母、石英、黏土矿物及少量碳酸盐矿物和不透明矿物等。镜下测定的各样品组成矿物含量和由此确定的岩矿鉴定名称见表 2-2。

表 2-2　湖北绢云母原矿样品经岩矿鉴定的矿物组成

样品代号	矿物组分含量（%）							岩矿鉴定名称
	绢云母	白云母	石英	长石	磷灰石	不透明矿物	含钛矿物	
SYTM1	5～6	35±	55±	2±		1～2	微～少量	白云母石英片岩
SYTM2	3～4	35～40	55±	1～2		1±		白云母石英片岩
SYTM3	3～4±	25	55±	15	极微量	1～2±		含斜长白云母石英片岩

续表

样品代号	矿物组分含量（%）							岩矿鉴定名称
	绢云母	白云母	石英	长石	磷灰石	不透明矿物	含钛矿物	
SYTM4	4～5	35±	55±	2～3	极微量	2±	微～少量	白云母石英片岩
SYTM5	（角）砾 75%～80%，胶结物 20%～25%，铁质及不透明矿物 2±							（角）砾岩
DZS1	5	35～40	55～60				1	绢云母石英片岩

通过显微镜还观察出各主要组成矿物的赋存状态，包括单元形状、粒径和各矿物间的结合关系。样品 SYTM1 中，石英呈微粒-细粒状，粒径 0.05～0.15mm，少数为粗粒状，粒径 0.20～0.50mm，颗粒间彼此镶嵌，局部颗粒呈拉长状。白云母和绢云母呈片状集合体，与石英集合体间相嵌；白云母长轴粒径一般为 0.05～0.25mm，绢云母长轴直径小于 0.05mm；长石主要为斜长石，细粒状，与石英分布在一起。样品 SYTM2、SYTM3 和 SYTM4 组成矿物的形态与 SYTM1 基本相同，只是在 SYTM2 中石英粒度一般较细，为 0.03～0.12mm，组成条纹的较粗颗粒为 0.50～1mm。样品 SYTM3 更显含量较多的斜长石特征，斜长石在其中主要为较大的颗粒，粒径 0.3～1.2mm。样品 SYTM4 中的不透明矿物特征更显著。样品 DZS1 中的石英为粒状，粒径一般为 0.05～0.12mm，少数为 0.20～0.80mm；白云母无色，呈较大鳞片或细小条片状。因受力作用，白云母片皱成波状弯曲，不均匀地分布于石英粒间；绢云母以细小鳞片状集合体形态重结晶成细小白云母，局部集中分布于石英间。赤铁矿呈粒状，黑红色四边形，反射光下为铁黑色，分布在石英粒间。样品 SYTM1～SYTM5 的显微照片示于图 2-2 中。

(a)　正交偏光48×

(c)　正交偏光240×

(b)　正交偏光48×

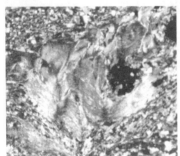
(d)　正交偏光48×

(e)　正交偏光240×

图 2-2　湖北绢云母矿石岩矿鉴定照片

注：(a) ～ (e) 分别代表样品 SYTM1～SYTM5。

2. X射线衍射分析

X射线衍射分析（XRD）在日本理学2038型X射线衍射仪上进行。试验采用铜靶，工作电压35kV，电流25mA，扫描速度4°/min。图2-3为湖北绢云母矿石样品SYTM1～SYTM5和DZS1的XRD曲线，据此可对各样品中的组成矿物进行定性和定量分析。结果表明，湖北绢云母矿石组成矿物以绢云母和石英为主，其次是长石和少量高岭石，这与岩矿鉴定中主要组成矿物为石英、绢云母和白云母的结论基本一致。

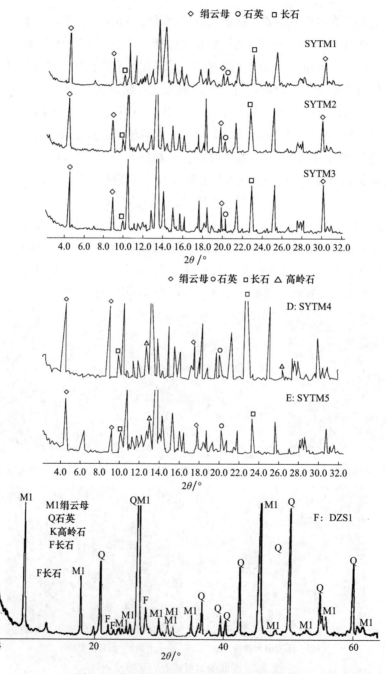

图2-3 湖北绢云母矿石各样品的XRD曲线

表 2-3 为湖北绢云母原矿样品 SYTM1～SYTM5 的 XRD 定量分析结果，从中可以看出，各样品绢云母含量在 35%～50%，其中以 SYTM4 为最高，达 47.8%，石英和长石总量超过 50%；样品 SYTM5 中除绢云母、石英和长石外，还含有 25.3% 的高岭石。对比岩矿鉴定和 XRD 的结果，认为前者所得的白云母也可能是绢云母，所以两者结论基本一致。

表 2-3　湖北绢云母原矿 XRD 定量分析结果

样品名称	矿物物相含量（%）			
	绢云母	石英	长石	高岭石
SYTM1	45.8	25.8	25.5	0
SYTM2	39.2	51.2	9.7	0
SYTM3	45.7	37.4	16.9	0
SYTM4	47.8	41.5	7.0	3.6
SYTM5	35.3	24.9	14.6	25.3

3. 化学多项分析

湖北绢云母矿石原矿样品的化学多项分析结果列于表 2-4。

表 2-4　湖北绢云母矿石原矿样品化学多项分析结果（%）

样品代号	SiO_2	Al_2O_3	K_2O	Fe_2O_3	Na_2O	CaO	TiO_2	MnO	SO_3	P_2O_5	H_2O^+	Loss
SYTM1	73.58		3.50	1.23								
SYTM2	72.31		4.67	1.24								
SYTM3	73.34		4.48	1.35								
SYTM4	75.03	13.72	4.44	1.22	1.14	0.052	0.214	0.097	0.0056	0.048	1.38	1.73
SYTM5	66.84		5.74	2.02								
DZS1	78.58	12.72	3.18	1.07	1.24	0.046	0.214	0.097	0.0056	0.048	1.43	1.93

从表 2-4 看出，绢云母原矿各样品含 K_2O 3.18%～5.74%、含 SiO_2 66.84%～78.58%，与纯绢云母矿物的理论值（K_2O 11.8%、SiO_2 45.2%）相比，K_2O 含量低、SiO_2 含量高。因 K_2O 几乎均来自绢云母（根据 XRD），所以可由 K_2O 含量计算出原矿中的绢云母含量为 26.95%～48.64%，说明该原矿属于低品位绢云母矿石，这与岩矿鉴定和 XRD 的分析结论基本一致。除绢云母外，原矿所含杂质多为石英等高 SiO_2 矿物，因而认为该矿石的选矿应通过绢云母与石英的分离来实现。另外，原矿中 Fe_2O_3 含量较高，这也将最终影响精矿的质量。

对比几种原矿样品后发现，虽然 SYTM5 的 K_2O 含量最高，但 Fe_2O_3 含量也偏高，外观白度很低，再综合岩矿鉴定的结果，认为其选矿难度较大。其他 5 种样品，除 SYTM1 中 K_2O 略微偏低（3.50%）外，SYTM2、SYTM3 和 SYTM4 中 K_2O 含量基本相同，矿物组成也相似，其中 SYTM4 外观白度最高。另外，样品 DZS1 虽然 K_2O 含量最低，但 Fe_2O_3 含量也最低（1.07%）。可以推断，SYTM4 和 DZS1 具有代表性，故选择样品 SYTM4 和 DZS1 进行选矿研究。

2.2.3 原矿铁质状态分析

从绢云母矿物的成分与结构分析，Fe^{3+} 可作为其结构中 Z 组与 Y 组阳离子进入绢云母晶格[9]。当 Fe^{3+} 进入绢云母晶格时，其作为矿物自身所含的铁质很难通过物理方法予以去除，所以传统的选矿方法除铁程度有限。研究绢云母矿物晶格中的含铁行为，可进一步查明矿石中铁的分布状态，并由此判断选矿方法的除铁限度。

电子探针技术是分析矿物等单元结构中元素组分的常用手段。采用 EPMA-1600 探针仪，依照 GB/T 15074—2008《电子探针定量分析方法通则》[10]的要求进行了湖北绢云母矿物（样品 SYTM2、SYTM4、SYTM5 和 DZS1）微区的电子探针分析，结果列于表 2-5。

表 2-5　湖北绢云母电子探针分析结果（含量，%）

测试项目	SYTM2			SYTM4			SYTM5			DZS1		
	测点 1	测点 2	测点 3	测点 1	测点 2	测点 3	测点 1	测点 2	测点 3	测点 1	测点 2	测点 3
Na_2O	0.35	0.32	0.41	0.67	0.88	0.36	0.33	0.55	0.37	0.36	0.22	0.11
MgO	1.67	2.16	1.44	1.02	0.73	0.77	1.92	1.77	1.47	1.39	1.46	1.52
Al_2O_3	30.81	30.12	30.53	33.86	33.35	33.44	25.78	26.30	26.21	33.55	33.72	33.64
SiO_2	48.27	49.31	49.52	47.51	47.32	47.74	49.43	50.12	50.43	51.82	51.41	51.54
K_2O	10.98	11.55	11.84	11.06	11.31	11.38	12.17	10.96	11.75	8.04	8.11	8.66
CaO		0.03						0.11		0.02	0.03	0.05
TiO_2	0.61	0.34	0.54	0.33	0.32	0.27	0.25	0.17	0.23	0.16	0.18	0.16
FeO	2.16	2.18	1.74	2.28	1.85	2.02	6.07	6.45	5.04	1.51	1.67	1.74
MnO	0.41	0.00			0.15					0.00	0.00	0.00
P_2O_5	0		0.35				0.21			0.16	0.23	0.12
合计	95.26	96.01	96.37	96.74	95.91	95.98	96.16	96.43	95.50	97.01	97.03	97.54

结果显示，样品各探测点 K_2O 含量大多接近绢云母矿物的理论值（11.8%）[11]，故认为探测点均处在绢云母矿物的晶相位置，因此，这些测试数据可反映绢云母的矿物组成。

首先对样品 SYTM4 中绢云母晶格中 Fe_2O_3 含量及占全部 Fe_2O_3 的比例进行计算。根据表 2-5，SYTM4 的 3 个测试点 FeO 含量的平均值为 (2.28＋1.85＋2.02) /3＝2.05 (%)，换算成 Fe_2O_3 为 2.05×160/ (72×2) ＝2.28 (%)（FeO 和 Fe_2O_3 分子量分别是 72 和 160），而相应的 K_2O 平均含量为 (11.06＋11.31＋11.38) /3＝11.25 (%)。由此，可根据 Fe_2O_3 与 K_2O 含量的关系计算出 SYTM4 原矿中存在于绢云母晶格中的 Fe_2O_3 含量。

根据表 2-4，SYTM4 原矿中 K_2O 含量为 4.44%，且全部来自绢云母，所以其中存在于绢云母晶格中的 Fe_2O_3 含量为 (4.44%÷11.25%) ×2.28%＝0.90%。根据表 2-4 又知，

SYTM4 原矿中 Fe_2O_3 含量为 1.22％，故晶格外独立存在的 Fe_2O_3 含量为 1.22％－0.90％＝0.32％。

因而，SYTM4 原矿中绢云母晶格中 Fe_2O_3 所占比例为（0.90％÷1.22％）×100％＝73.77％，晶格外独立存在的 Fe_2O_3 的百分比为（0.32％÷1.22％）×100％＝26.23％。

同理，可计算出 SYTM2、SYTM5 和 DZS1 样品矿物晶格中 Fe_2O_3 含量占各自 Fe_2O_3 总量的比例分别为 76.71％、57.60％和 66.36％。

由于原矿中大部分铁来自绢云母晶格，因此对其进行选矿除铁的效果有限。并且，随着选矿过程的进行，绢云母不断被富集，即使其中能除掉部分晶格外铁，但富集产品铁含量仍将升高，甚至高于原矿。由于 Fe_2O_3 是绢云母的主要致黑因素，因而对湖北绢云母矿石而言，因绢云母晶格中含铁而导致的外观白度低等问题难以通过选矿加以消除。

2.3　绢云母单一重选法选矿技术和工艺研究

在湖北绢云母矿石的主要组成矿物中，绢云母密度为 $2.63g/cm^3$，主要脉石矿物石英和长石密度约 $2.65g/cm^3$，彼此差别很小。因而，与很多其他含黏土的非金属矿一样，对绢云母矿石以分离绢云母和脉石矿物为目的的重选选矿，一般不能通过密度的差别，而必须借助粒度的差别以分级方式完成。由于原矿中绢云母和石英、长石等赋存粒度差异明显（SYTM4，绢云母长轴径＜0.05mm，石英粒径最大 0.20～0.50mm），且硬度差异较大，因此在合理的粉碎形态下，可在彼此镶嵌紧密的各矿物单体解离的同时保持各自的自然赋存形态，由此形成粒度差别。显然，采用重选分级方法分选湖北绢云母矿石是可行的。

本章以样品 DZS1 和 SYTM4 为选矿物料，对采用单一重选分级方法（捣浆—分散—沉降分级和捣浆—分散—水力旋流器分级）分离绢云母和脉石，从而富集提纯绢云母的技术和工艺进行了试验研究，包括关键作业条件的优化、筛分—自然沉降分级方法和水力旋流器分级方法的对比及选择、流程试验和模拟计算等。

物料粉碎和其中各矿物的解离以悬浮液高速搅拌，即捣浆方式进行。捣浆设备为 XFD-12 型多槽浮选机，其转速为 1000r/min；试验用水力旋流器为 EX-600、EX-750 和 EX-500 型，配套辅助设备还有 $\phi700mm×1000mm$ 调浆搅拌桶等。所用工业型水力选流器分级设备和试验线如图 2-4 所示。由于水力旋流器分级时采用的是工业型设备，因此捣浆—分散—水力旋流器分级试验属于工业扩大试验。

绢云母选矿条件试验以精矿产物 K_2O 的品位（绢云母含量）和回收率进行评价，同时兼顾尾矿中 SiO_2 和 Fe_2O_3 的回收率（去除率）。对绢云母精矿和尾矿还采用 X 射线粉晶衍射（XRD，物相测定）和扫描电子显微镜（SEM）观察颗粒形貌手段予以表征。

2.3.1　捣浆—分散—沉降分级流程试验

以样品 DZS1 为原矿，对其进行了以捣浆—分散—沉降分级为流程的单一重选法选矿试验，包括原矿捣浆、分散后各组分在不同粒级产物中的分布行为分析、选矿过程主

图 2-4　工业型水力选流器分级设备和试验线

要影响因素的试验考察和开路流程试验及结果分析等。

1. 原矿 DZS1 捣浆和分散后各组分在不同粒级产物中的分布

表 2-6 是原矿 DZS1 经捣浆解离并经充分分散（加分散剂搅拌）后，按筛分和分级方法得出的各粒度范围产物产率及其中 SiO_2、Al_2O_3、Fe_2O_3 和 K_2O 的分布结果。从表 2-6 中看出，SiO_2 和 K_2O 在各粒级产物中的含量（品位）和分布有明显差异，其中 K_2O 在小于 0.03mm 和小于 0.02mm 粒级产物中的品位分别为 8.29％和 9.45％，是原矿 K_2O 品位（3.89％）的 2.13 倍和 2.43 倍，更显著高于粒度大于 0.03mm 的产物。K_2O 在小于 0.03mm 和小于 0.02mm 两产物中的分布率分别为 58.04％和 47.52％，而相应 SiO_2 的分布率仅分别为 20.08％和 13.38％。相比之下，SiO_2 在粒度大于 0.03mm 产物中的品位（83％～88％）高、分布率（79.92％）大，而 K_2O 在其中的分布率为 41.96％。从表 2-6 还看出，与 K_2O 的分布相似，Al_2O_3 和 Fe_2O_3 也主要分布在小于 0.03mm 和小于 0.02mm 粒级产物中，且二者在各粒级产物中的分布率（Al_2O_3 在小于 0.03mm 和小于 0.02mm 产物中的分布率分别为 55.60％和 44.40％，Fe_2O_3 分别为 48.19％和 39.61％）与 K_2O 的分布率非常接近，这显然是因 Al_2O_3 和 K_2O 均源自绢云母、Fe_2O_3 大部分为绢云母晶格赋存所致，与前面对物相的分析一致。上述结果表明，绢云母主要分布在粒度小于 0.03mm 粒级，而石英则主要分布在大于 0.03mm 粒级，即绢云母和石英呈现出一定的粒度分布差别，这为采用分级方法实现二者的分离奠定了基础，同时也为确定分级粒度界限提供了试验依据。

表 2-6　原矿 DZS1 捣浆和分散后粒度及各组分分布结果

粒级（mm）	产率（%）		品位（%）					分布率（%）				
	个别	累计	SiO_2	Al_2O_3	Fe_2O_3	K_2O	K_2O 累计	SiO_2	Al_2O_3	Fe_2O_3	K_2O	K_2O 累计
＞0.224	18.26	100	85.70	7.82	1.32	2.44	3.89	19.87	11.73	23.20	11.43	100
0.224～0.150	2.17	81.74	82.98	6.69	1.04	3.15	4.22	2.29	1.19	2.18	1.76	88.57
0.150～0.074	12.71	79.57	87.92	6.43	0.58	1.98	4.25	14.18	6.73	7.09	6.46	86.81
0.074～0.045	28.07	66.86	86.58	7.67	0.56	2.54	4.68	30.86	17.69	15.13	18.29	80.35

续表

粒级（mm）	产率（%）		品位（%）					分布率（%）				
	个别	累计	SiO_2	Al_2O_3	Fe_2O_3	K_2O	K_2O 累计	SiO_2	Al_2O_3	Fe_2O_3	K_2O	K_2O 累计
0.045～0.030	11.51	38.79	87.01	7.46	0.38	1.36	6.23	12.72	7.06	4.21	4.02	62.06
0.030～0.020	7.68	27.28	69.80	17.75	1.16	5.34	8.29	6.80	11.20	8.58	10.52	58.04
0.020～0.010	14.05	19.60	55.02	26.89	2.00	9.31	9.45	9.82	31.04	27.05	33.56	47.52
0.010～0.005	4.96	5.55	49.86	29.78	2.34	10.10	9.80	3.14	12.14	11.17	12.85	13.96
<0.005	0.59	0.59	42.53	25.33	2.46	7.31	7.31	0.32	1.22	1.39	1.11	1.11
合计	100		78.76	12.71	1.04	3.89		100	100	100	100	

不过，表 2-6 还显示，K_2O 在粒度 0.074～0.045mm 产物中品位（2.54%）虽低于原矿，但呈较大的数量分布（分布率 18.29%）。这是因为该粒级的产率（28.07%）较大所致。因此，为提高选矿精矿产物 K_2O 的品位和回收率，还应通过选矿工艺的优化使该粒级产物被进一步细化，并由此实现其中绢云母与石英的单体解离，从而为分级分选创造前提。为此，需对原料的解离方式、体系的分散状态和流程中分级方式等工艺参数进行研究和优化。

2. 原矿 DZS1 浆料分散和沉降分级条件试验

对原矿 DZS1 经捣浆（浮选机搅拌擦洗）所得浆料进行了分散和沉降分级条件试验。具体步骤为：原矿经捣浆后将产物筛分，所得小于 0.074mm 产物作为入选原矿进行分散—沉降分级。试验流程如图 2-5 所示。

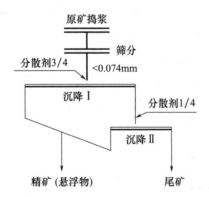

图 2-5　绢云母原矿 DZS1 分散—沉降分级试验流程

（1）分散剂六偏磷酸钠用量试验

在固体颗粒沉降体系中加入分散剂，可以通过改变矿物等微细颗粒的表面电位以及胶团的溶剂化状态增加颗粒间的排斥作用，避免颗粒聚集，从而提高分级过程中颗粒按自身粒度进行沉降分离的效果和效率[12]。六偏磷酸钠 [$(NaPO_3)_6$] 是最常用的选矿抑制剂[13]和分散剂之一，它一般通过提高 pH 以增加溶液中的 OH^- 和吸附在矿物表面形成长链离子氛层而对黏土类矿物等颗粒形成有效分散作用[14]。本试验即选用 $(NaPO_3)_6$ 作为分散剂。

按图 2-5 流程，通过加入不同用量的 $(NaPO_3)_6$，对绢云母原矿 DZS1 进行了分散—沉降分级试验。试验其他固定条件为：浆料固含量 8.5%，沉降时间 85s。试验结果如图 2-6 所示。

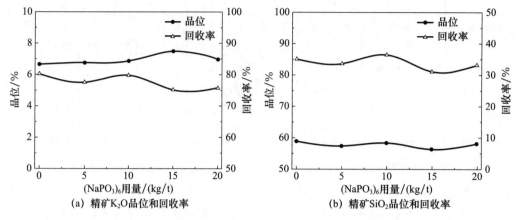

(a) 精矿 K_2O 品位和回收率　　　(b) 精矿 SiO_2 品位和回收率

图 2-6　加入不同用量 $(NaPO_3)_6$ 时 DZS1 沉降分级试验结果

从图 2-6 中可见，随 $(NaPO_3)_6$ 用量的增加，所得精矿产物 K_2O 品位先逐渐提高，后又降低，而 SiO_2 品位则总体呈小幅下降现象；同时，精矿中 K_2O 和 SiO_2 的回收率先提高后降低。其中，$(NaPO_3)_6$ 用量为 15kg/t 时，K_2O 和 SiO_2 品位分别达最高和最低，为 7.48% 和 56.20%，相比原矿（K_2O 品位 4.10%，SiO_2 74.66%）得到了显著提高和降低；同时精矿中 K_2O 的回收率达到 75.12%，这些都说明沉降分级已使绢云母和石英得到了初步分选。另外，通过对比还可看出，$(NaPO_3)_6$ 增至 15kg/t 时的分选指标要好于不加 $(NaPO_3)_6$ 的作业指标，说明加入 $(NaPO_3)_6$ 明显改善了分离效果。所以，选择 $(NaPO_3)_6$ 作为分散剂是合理的，用量为 15kg/t。

（2）沉降分级时间的影响试验

在分散剂 $(NaPO_3)_6$ 用量 15kg/t、原矿 DZS1 固含量 8.5% 的条件下，通过改变沉降分级时间（实质是改变分级粒度）进行了绢云母沉降分级重选试验，所得精矿的 K_2O 和 SiO_2 品位、回收率随沉降时间的变化如图 2-7 所示。

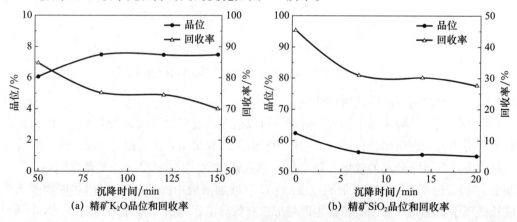

(a) 精矿 K_2O 品位和回收率　　　(b) 精矿 SiO_2 品位和回收率

图 2-7　DZS1 不同沉降分级时间试验结果

试验结果显示，将沉降时间从 50s 增加到 85s，K_2O 品位从 6.06％提高到 7.48％，SiO_2 品位则从 62.32％降低至 56.20％，选矿效果明显增强。沉降时间再增加，K_2O 和 SiO_2 品位基本保持不变，同时 K_2O 和 SiO_2 的回收率也趋于平稳。显然，在试验条件下，合理的沉降时间应为 85s。

（3）DZS1 固含量的影响试验

在分散剂 $(NaPO_3)_6$ 用量 15kg/t、沉降时间 85s 的条件下，进行了 DZS1 固含量的影响试验，试验结果示于图 2-8。结果显示，在试验条件下，以 DZS1 固含量 8.5％为宜。

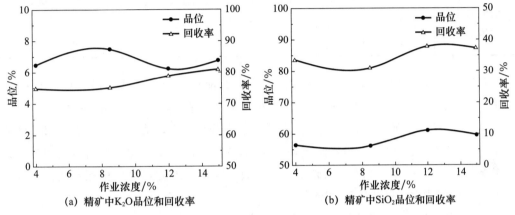

图 2-8 DZS1 不同固含量沉降分级试验结果

3. 原矿 DZS1 捣浆—分散—沉降分级流程试验

（1）捣浆产物筛分后沉降和直接沉降对比试验

将 $(NaPO_3)_6$ 作为分散剂在原矿 DZS1 的捣浆作业中加入，然后将其产物进行两种方式的沉降分级：一是将捣浆、分散产物进行 0.074mm 筛分，筛下物（＜0.074mm）进行沉降分级；二是将捣浆、分散产物不经筛分而直接进行沉降分级。由此形成原矿捣浆—分散—筛分—沉降分级和原矿捣浆—分散—沉降分级两种形式的流程，如图 2-9 所示，试验结果列于表 2-7。

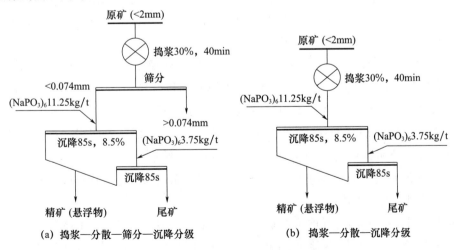

图 2-9 原矿 DZS1 重选分级流程

表 2-7　原矿 DZS1 重选分级流程试验及对比

流程结构	产物名称	产率（%）	品位（%）		回收率（%）	
			K_2O	SiO_2	K_2O	SiO_2
捣浆—分散—筛分—沉降分级	精矿	27.50	7.48	56.20	58.71	19.68
	尾矿	39.36	1.73	87.56	19.44	43.88
	+0.074mm	33.14	2.31	86.37	21.35	36.44
	原矿	100	3.50	78.54	100	100
捣浆—分散—沉降分级	精矿	31.09	7.05	56.68	67.66	22.58
	尾矿	68.91	1.52	87.68	32.34	77.42
	原矿	100	3.24	78.04	100	100

从表 2-7 结果看出，采用不同形式的重选分级流程对绢云母选别指标有一定影响，其中，采用原矿捣浆—分散—筛分—沉降分级流程，精矿产物 K_2O 的品位为 7.48%，回收率为 58.71%，而采用原矿捣浆—分散—沉降分级流程，精矿 K_2O 的品位和回收率分别为 7.05% 和 67.66%。虽然两流程精矿 K_2O 的品位基本一样，但后者的回收率却比前者提高了 8.95%。显然，原矿捣浆—分散—沉降分级流程的指标相对较优，故选择这一流程形式进行最终流程试验。

（2）原矿捣浆—分散—沉降分级流程试验

从表 2-7 可见，采用图 2-9（b）流程，绢云母原矿经两段沉降分级分选，其尾矿 K_2O 品位已低至 1.52%，但回收率仍高达 32.34%。显然，若将其作为最终尾矿，势必造成 K_2O 的流失而降低选矿效果。因此，还需对该尾矿进行扫选处理以提高选矿工艺中 K_2O 的回收率。另外，为进一步提高精矿 K_2O 的品位，还需对流程中沉降分级所得精矿再进行沉降处理。

基于以上原则，设计了原矿捣浆—分散—沉降分级流程。其中，原矿经捣浆—分散—沉降分级粗选后，再将粗选沉降物进行捣浆，然后进行二次沉降予以扫选。同时，将粗选和两次扫选的悬浮物合并和合并产物再做沉降分级以进行精选，最终得到重选精矿、中矿和尾矿。图 2-10 是反映上述结构的流程图，据此进行了选矿流程试验，试验结果反映在图 2-11 的数质量流程图上。

从图 2-11 的结果可以看出，按所选定的原矿 DZS1 捣浆—分散—沉降分级流程进行试验，最终获得 K_2O 品位 8.15%、SiO_2 和 Fe_2O_3 品位分别为 53.36% 和 2.09% 的重选精矿，与原矿（K_2O、SiO_2 和 Fe_2O_3 品位分别为 3.65%、77.93% 和 1.05%）相比，K_2O 品位大幅度提高（是原矿的 2.23 倍），SiO_2 大幅度降低，表明绢云母已得到富集，即实现了绢云母和石英的有效分离。结果还显示，精矿 Fe_2O_3 品位也提高至原矿的 1.99 倍，与 K_2O 品位提高幅度接近，这是因为 Fe_2O_3 主要来自绢云母晶格，会随绢云母的富集而同步提高所致。

虽然按图 2-10 流程进行重选选别，绢云母的富集效果比图 2-9 的简单流程显著提高，但回收率也较大幅度降低（精矿 K_2O 回收率从 58.71% 和 67.66% 降低至

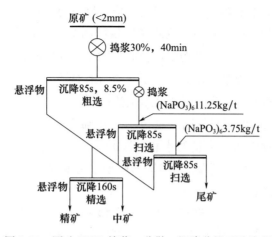

图 2-10 原矿 DZS1 捣浆—分散—沉降分级重选流程

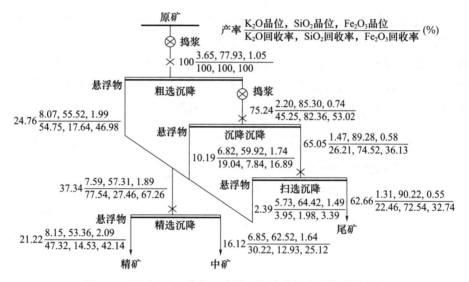

图 2-11 原矿 DZS1 捣浆—分散—沉降分级重选数质量流程

47.32%），且损失的 K_2O 大部分存在于中矿中。因此，为提高绢云母的回收率，还应对图 2-10 流程的中矿实施进一步的处理。

2.3.2 捣浆—分散—水力旋流器分级流程试验

为使绢云母能被连续而高效地分级分选，在绢云母捣浆—分散—沉降分级试验研究基础上，对绢云母原矿 DZS1 和 SYTM4 分别进行了捣浆—分散—水力旋流器分级流程的单一重选法选矿试验。其中，DZS1 重选试验使用 EX-600 型水力旋流器为分级设备，使用 XQT-ϕ650mm×700mm 双叶片调浆桶，在浆料固含量 30%、搅拌时间 40min，并添加 $(NaPO_3)_6$ 为分散剂条件下进行原矿捣浆。SYTM4 重选试验使用 EX-750、EX-500 型水力旋流器和 ϕ700mm×1000mm 调浆搅拌桶，捣浆时浆料固含量为 30%。

将水力旋流器作为分级、分选设备，是利用旋流器的结构特征使浆料在压力作用下形成方向分别向下和向上的旋转流，并以此形成分别对粗颗粒和细颗粒的传动，从而实现粗、细物料的分级和分选。其中，沉降粒度较细的绢云母富集在旋流器溢流产物中，较粗的石英等富集在旋流器底流产物中，由此得到精矿和尾矿。

1. 原矿 DZS1 捣浆—分散—水力旋流器分级流程试验

（1）水力旋流器进浆压力和浆料固含量的影响

将原矿 DZS1 捣浆后的浆料（固含量 30%）用筛孔 0.9mm 的方孔筛进行筛分，去除筛上物后，向筛下物中加一定量的水和 $(NaPO_3)_6$（用量 3.4kg/t），搅拌 3min，得到固含量 5% 的浆料，然后将其泵送至 EX-600 型水力旋流器进行分级，得到精矿（溢流）和尾矿（底流）产物。

图 2-12 展示了改变 EX-600 进浆压力所得分级精矿 K_2O 和 SiO_2 的品位与回收率的变化。从图 2-12（a）看出，随旋流器进浆压力的增加，精矿 K_2O 品位小幅提高，并在压力 0.3MPa 时达最大值 8.08%，比原矿 K_2O 品位（3.85%）显著提高；而精矿 SiO_2 品位则小幅降低，其中压力 0.3MPa 时从原矿的 74.10% 降低至 50.36%，表明旋流器对绢云母的分级分选效果显著。进浆压力再增大到 0.4MPa，精矿 K_2O 和 SiO_2 品位基本不变。另外，精矿 K_2O 和 SiO_2 的回收率均随旋流器进浆压力增大而持续降低，其中在压力 0.3MPa 时 K_2O 的回收率保持较大值（43.11%）。为此，综合考虑品位和回收率两项指标，选择 EX-600 作业时进浆压力为 0.3MPa。

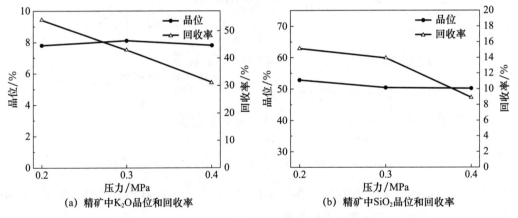

图 2-12　改变 EX-600 进浆压力时 DZS1 分选试验结果

图 2-13 展示了改变 EX-600 分级作业浆料固含量时的分选结果。可以发现，浆料固含量对精矿 K_2O 和 SiO_2 的品位影响较小，其中 K_2O 品位均略大于 8%，SiO_2 品位均约为 50%。但随浆料固含量的增大，精矿 K_2O 的回收率持续提高，SiO_2 回收率先提高后降低。相比之下，精矿 K_2O 的品位和回收率在浆料固含量 5% 时均达到较大值。同时考虑固含量过高不利于分级作业的操作和保持稳定这两项因素，故选择 EX-600 型水力旋流器分级作业时的浆料固含量为 5%。

（2）捣浆—分散—水力旋流器分级流程试验

在旋流器压力和浆料固含量条件试验的基础上，进行了绢云母原矿（DZS1）捣浆—

分散—水力旋流器分级流程试验。流程试验采用条件试验的优化参数，即捣浆浓度30%、搅拌时间40min、EX-600型水力旋流器分级作业进浆压力0.3MPa，旋流器分级粗选和精选作业时，DZS1浆料固含量5%。图2-14为DZS1捣浆—分散—水力旋流器分级选矿流程图，图2-15为根据试验结果所得的数质量流程图。

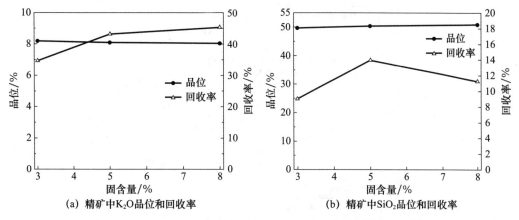

图 2-13 改变 EX-600 分级作业 DZS1 浆料固含量时的分选试验结果

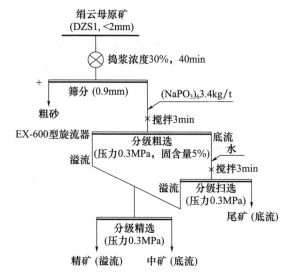

图 2-14 DZS1 捣浆—分散—水力旋流器分级选矿流程

从图2-15可见，采用DZS1捣浆—分散—水力旋流器分级流程选别DZS1，最终获得 K_2O 品位 8.21%、SiO_2 和 Fe_2O_3 品位 49.46% 和 2.62%，回收率分别为 45.61%、13.62% 和 42.22% 的精矿。与原矿品位（K_2O、SiO_2 和 Fe_2O_3 分别为 3.65%、77.93% 和 1.26%）相比，K_2O 和 SiO_2 品位分别大幅度提高和降低，说明通过捣浆—分散—水力旋流器分级流程处理，已使DZS1中的绢云母得到富集，绢云母和石英得到了有效分离。另外，将图2-15与图2-11对比看出，采用捣浆—分散—水力旋流器分级流程，其所得绢云母精矿 K_2O 品位（8.21%）比捣浆—分散—沉降分级流程精矿（8.15%）略有提高，SiO_2 品位显著降低（分别为 49.46% 和 53.36%），精矿 K_2O 和 SiO_2 的回收率

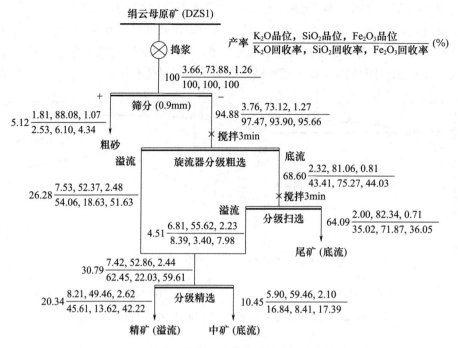

图 2-15　DZS1 捣浆—分散—水力旋流器分级选矿数质量流程

两流程相当，说明以水力旋流器的连续作业代替沉降的间歇作业对 DZS1 进行分级选别是可行的，这可为绢云母单一重选方法的规模化、连续化和高效率生产提供依据。

　　与捣浆—分散—沉降分级流程一样，DZS1 捣浆—分散—水力旋流器分级流程精矿 Fe_2O_3 品位（2.62%）也比原矿（1.26%）有所提高，这也是因 Fe_2O_3 主要来自绢云母晶格，所以随绢云母的富集而同步提高所致。另外，测得图 2-15 流程重选精矿白度（蓝光白度，$\lambda=457nm$）为 53.4%，而原矿 DZS1 为 57.3%，这显然是随精矿中绢云母被富集，由绢云母带入的晶格铁随之增大导致了精矿白度比原矿降低，与精矿 Fe_2O_3 品位增大的现象一致。

　　图 2-15 还显示，采用 DZS1 捣浆—分散—水力旋流器分级流程，精矿 K_2O 回收率（45.61%）仍较低，所以，为提高绢云母的回收率，还应对图 2-14 流程的中矿做进一步的处理。

　　2. 原矿 SYTM4 捣浆—分散—水力旋流器分级流程试验

　　（1）SYTM4 捣浆—分散后各粒级产物的成分分布

　　为了给 SYTM4 的分级分选提供合适的分级粒度，将 SYTM4 在捣浆解离、分散基础上进行了筛分和沉降分级，得出了各粒度范围产物（大于 0.043mm 产物由标准筛筛分获得，小于 0.043mm 产物由沉降分级获得）的产率及其中 SiO_2、Fe_2O_3 和 K_2O 的分布结果，如表 2-8 所示。从表 2-8 可以看出，K_2O 在各粒级产物中的含量及其分布规律与 SiO_2 呈现明显差别，这是原矿经捣浆初步实现其中绢云母和石英按各自赋存粒度和硬度予以解离、分散所致。其中，K_2O 在 0.020～0.010mm 和 0.010～0.005mm 较细级别产物中的含量分别为 5.47% 和 8.66%，分布率也分别高达 28.18% 和 58.58%，

K_2O 含量明显大于 0.2～0.020mm 间各级别产物（K_2O 含量 0.7%～1.86%），这说明绢云母主要分布在 0.020～0.005mm 范围。虽然 K_2O 在大于 0.2mm 和 0.2～0.125mm 级别中的含量也很高，但 K_2O 分布率总共仅为 2.91%，这是原矿石中富集少量白云母所致。另外，K_2O 在 0.2～0.020mm 各级别产物中的含量均小于 2%，分布率不足 10%，但 SiO_2 含量高达 63%～95%，说明石英等含高 SiO_2 的脉石矿物主要分布在这几个级别中。另外，各粒级产物中 Fe_2O_3 含量与其中 K_2O 含量存在正相关关系，对 K_2O 含量较高如 10.44%、8.66% 和 7.31% 产物，Fe_2O_3 含量分别高达 2.33%、1.70% 和 1.54%，而 K_2O 含量低至 0.70% 时，Fe_2O_3 则仅为 0.32%，这显然是因 Fe_2O_3 主要来自绢云母晶格，故随绢云母含量的提高而提高或随绢云母含量降低而减小所致。

SYTM4 中上述 K_2O（包括 Fe_2O_3）和 SiO_2 分布行为的差异为通过粒度分级手段实现绢云母和石英等脉石的分离提供了依据，并确认其分级粒度应为 0.020mm 左右。

表 2-8　原矿（经解离分级）粒度分析结果

粒级（mm）	产率（%）		含量（%）			分布率（%）			
	个别	累计	SiO_2	Fe_2O_3	K_2O	SiO_2	Fe_2O_3	K_2O	K_2O 累计
＞0.2	0.72	100	48.84	2.33	10.44	0.46	1.41	1.50	100
0.2～0.125	0.97	99.28	62.88	1.54	7.31	0.81	1.26	1.41	98.50
0.125～0.074	3.07	98.31	90.80	0.38	0.75	3.69	0.98	0.45	97.09
0.074～0.043	12.9	95.24	94.66	0.32	0.70	16.15	3.47	1.80	96.64
0.043～0.020	21.83	82.34	89.54	0.74	1.86	25.85	13.58	8.08	94.84
0.020～0.010	25.89	60.51	73.64	1.41	5.47	25.21	30.70	28.18	86.76
0.010～0.005	34.00	34.62	61.90	1.70	8.66	27.83	48.60	58.58	58.58
＜0.005	0.62	0.62							
合计	100		75.62	1.19	5.03	100	100	100	

（2）SYTM4 捣浆—分散—水力旋流器分级开路流程试验结果

在 SYTM4 各粒级产物成分分析（表 2-8）的基础上，进行了 SYTM4 捣浆—分散—水力旋流器分级选别试验。首先进行了分级条件包括旋流器底流口规格、进浆压力、浆料固含量的综合影响试验，试验条件和结果列于表 2-9。

结果表明，原矿 SYTM4 经捣浆—分散—水力旋流器分级处理，其溢流产物 K_2O 品位从原矿的 4%～5% 最大提高至 9.45%，SiO_2 品位从原矿的约 75% 最大降低至小于 50%，说明对绢云母的富集作用明显，这无疑是水力旋流器的良好分级作用使绢云母与石英有效分离所致。对比各条件试验结果看出，条件 1、条件 4 和条件 6 溢流产物 K_2O 品位均大于 9%，其中条件 1 最高为 9.45%。K_2O 的回收率三个条件则差别明显，其中条件 6 最高为 61.23%，条件 4 最低为 39.28%。所以选择条件 6 为旋流器分级分选 SYTM4 的优化条件，具体为：旋流器进浆压力 0.3MPa，底流口大小为"中"，捣浆作业浆料固含量 15%，捣浆时间 30min。

表 2-9　原矿 SYTM4 捣浆—分散—水力旋流器分级分选结果

条件	作业条件				产物名称	产率（%）	品位（%）			回收率（%）		
	底流口	捣浆固含量（%）	时间（min）	压力（MPa）			SiO₂	Fe₂O₃	K₂O	SiO₂	Fe₂O₃	K₂O
1	大	20	30	0.3	溢流	22.02	50.30	2.32	9.45	14.35	45.97	48.44
					底流	77.98	84.80	0.77	2.84	85.65	54.03	51.56
					原矿	100	77.20	1.11	4.30	100	100	100
2	小	20	30	0.3	溢流							
					底流		87.56	0.74	2.20			
					原矿							
3	大	15	30	0.3	溢流	27.62	56.04	2.11	7.47	20.13	52.11	52.30
					底流	72.38	84.84	0.74	2.69	79.87	47.89	47.70
					原矿	100	76.89	1.12	4.01	100	100	100
4	大	15	30	0.4	溢流	20.30	49.86	2.28	9.20	13.42	40.15	39.28
					底流	79.30	82.36	0.87	3.64	86.58	59.85	60.72
					原矿	100	75.43	1.15	4.75	100	100	100
5	中	15	30	0.4	溢流	32.44	53.86	2.13	8.57	22.79	60.78	66.42
					底流	67.56	87.60	0.66	2.08	77.21	39.22	33.58
					原矿	100	76.65	1.14	4.19	100	100	100
6	中	15	30	0.3	溢流	30.26	49.72	2.22	9.28	20.02	59.26	61.23
					底流	69.74	86.16	0.69	2.55	79.98	41.74	38.77
					原矿	100	75.13	1.15	4.59	100	100	100

在表 2-9 结果的基础上，通过对旋流器溢流产物再进行一次精选分级，进行了 SYTM4 捣浆—分散—水力旋流器分级开路流程选别试验，其中分级粗选采用 EX-750 型水力旋流器，精选采用 EX-500 型水力旋流器，图 2-16 为流程结构图，图 2-17 为反映试验结果的数质量流程图。

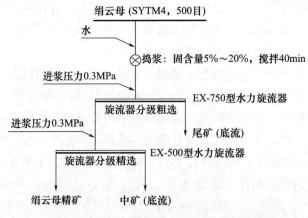

图 2-16　SYTM4 捣浆—分散—水力旋流器分级开路流程结构

从图 2-17 可以看出，采用捣浆—分散—水力旋流器分级开路流程选别 SYTM4，获精矿、尾矿和中矿三种产物，其中精矿 K_2O、SiO_2 和 Fe_2O_3 品位分别为 9.50%、49.50% 和 2.30%，与原矿品位（K_2O、SiO_2 和 Fe_2O_3 分别为 4.59%、75.13% 和 1.15%）相比，K_2O 和 Fe_2O_3 品位显著增加，SiO_2 品位显著降低；而尾矿 K_2O 品位降至 2.48%，SiO_2 品位提高至 87.53%，说明绢云母与石英得到了有效分离，并将绢云母富集在由旋流器溢流产物构成的精矿中。

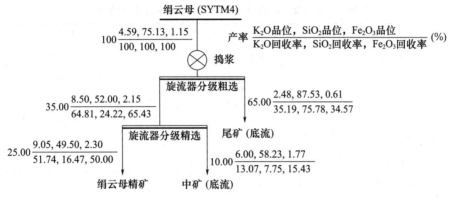

图 2-17　SYTM4 捣浆—分散—水力旋流器分级开路流程数质量流程

另外，图 2-17 流程中精矿 K_2O 回收率为 51.74%，中矿和尾矿中尚分布有多达 13.07% 和 35.19% 的 K_2O（回收率），这无疑会造成有用成分的损失。显然，还需对上述中矿和尾矿作做一步处理以提高 K_2O 的回收率。由于中矿品位（K_2O、SiO_2 和 Fe_2O_3 分别为 6.00%、58.23% 和 1.77%）与原矿较为接近，所以可考虑将中矿返回到原矿构成闭路流程以提高精矿 K_2O 回收率。以闭路流程取代开路流程还可改善其他选别指标，并减少产物数量。

3. SYTM4 捣浆—分散—水力旋流器分级闭路流程结果模拟计算

闭路流程因提高物料的被处理机会，减少或消除中间产物而成为最合理的选矿模式。在实验室进行选矿闭路流程试验，一般是用不连续的选矿设备，按照开路流程的作业条件进行模拟予以完成，存在工作量大、精准度控制难、费时费力等不足，特别是当需要对闭路流程的构成模式（如中矿的返回地点等）进行多方案选择时，试验的难度和工作量会进一步加大。针对这一问题，以试验工作量较小和过程容易控制的选矿开路流程结果为依据，采用相应的数学模型，通过模型的模拟计算对设定的闭路流程结果进行预测可很好地解决这一问题。就选矿开路和闭路流程而言，任一闭路流程均可以其开路形式为基础予以展开，即开路与相应的闭路流程之间存在着某种必然联系。相关研究表明[15]，在某些控制条件（药剂条件、矿石性质等）下，开路流程数据包括数量（产率）和质量（组分回收率）向闭路流程的转移均可用随机过程模型进行模拟。研究对比表明，模拟计算值与试验结果吻合良好。

本研究即以随机过程模型进行绢云母单一重选闭路流程的模拟。将图 2-17 开路流程中旋流器分级精选作业的底流产物（中矿）返回到原矿形成闭路流程，以图中开路流程试验结果为原始数据，按照文献[15]的方法和计算程序，对所构建的闭路流程进行各作业指标的模拟计算，结果列于表 2-10，由此得到闭路流程数及质量流程图示于图 2-18。从结果看出，采用捣浆—分散—水力旋流器分级闭路流程选别 SYTM4，可得到的最终精矿 K_2O 品位为 9.84%，回收率为 59.51%，产率为 27.77%，与开路流程精矿（K_2O 品位、回收率分别为 9.50% 和 51.74%，产率为 25.00%）相比均明显提高，因此认为采用闭路流程可取得优于开路流程的分选结果。

表 2-10　闭路流程模拟计算结果及与开路试验结果的对比

条件	产物或作业名称	产率（%）	品位（%）			回收率（%）		
			K_2O	SiO_2	Fe_2O_3	K_2O	SiO_2	Fe_2O_3
闭路模拟	旋流器粗选	111.12	4.76	73.30	1.23	115.04	108.41	118.26
	旋流器精选	38.89	8.80	50.73	2.29	74.55	26.26	77.38
	绢云母精矿（精选溢流）	27.77	9.84	48.29	2.45	59.51	17.85	59.12
	绢云母尾矿（粗选底流）	72.23	2.58	85.46	0.66	40.49	82.15	40.88
	原矿	100	4.59	75.13	1.15	100	100	100
开路试验	旋流器粗选	100	4.59	75.13	1.15	100	100	100
	旋流器精选	35.00	8.50	52.00	2.15	64.81	24.22	65.43
	绢云母精矿（精选溢流）	25.00	9.50	49.50	2.30	51.74	16.47	50.00
	绢云母尾矿（粗选底流）	65.00	2.48	87.53	0.61	35.19	75.78	34.57
	中矿（精选底流）	10.00	6.00	58.23	1.77	13.07	7.75	15.43
	原矿	100	4.59	75.13	1.15	100	100	100

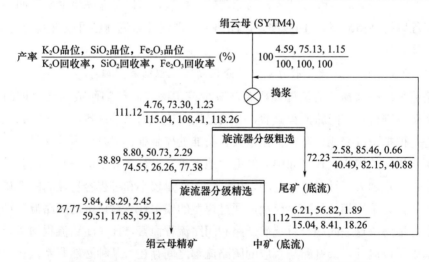

图 2-18　单一重选法选矿闭路流程及数质量流程（模拟计算）

2.3.3　绢云母精矿的增白处理

湖北绢云母矿石经单一重选法选别后，所得绢云母精矿的白度比原矿进一步降低。其中选别 DZS1 的精矿白度由原矿的 57.3% 降为 53.4%，SYTM4 精矿白度由 61.7% 降为 61.4％。由于绢云母精矿白度较低，这导致绢云母在应用制品，特别是在外观品质要求较高的应用制品中的填充受到限制。因此，还应对其进行增白处理。

1.DZS1 选别精矿盐酸浸取试验结果

相比于原矿，绢云母精矿的白度有所降低。这主要是由绢云母富集使得其晶格中 Fe_2O_3 的带入而导致的（DZS1 选别精矿 Fe_2O_3 品位由原矿的 1.26％增至 2.62％，SYTM4 精矿由 1.15％增至 2.30％），而绢云母晶格外自由态的 Fe_2O_3 为少量，因此物理方法除铁作用有限。因此，本研究采用酸处理浸出的方法对单一重选法绢云母精矿进行除铁增白。

将选别 DZS1 所得重选精矿置于质量为精矿 6.7 倍，浓度为 1.54mol/L 的盐酸溶液中，水浴加热至 95℃，搅拌 0～5h 进行浸出，然后将酸浸后悬浮液多次过滤、水洗至 pH 为 5，再将滤饼干燥、打散得到酸浸绢云母精矿，其指标列于表 2-11。

从表 2-11 可见，随盐酸（HCl）浸取时间的增加，浸取产物白度先提高，后降低。其中白度最高为 68.1％，与浸取前（白度 53.4％）相比提高了 27.5％。同时，浸取产物 Fe_2O_3 品位从浸取前 2.62％降低至 1.94％～2.03％。结果表明，对 DZS1 选别精矿进行盐酸浸取，除铁增白效果显著。不过，由于绢云母矿中主要致黑因素铁有较大比例存在于绢云母晶格，导致了对绢云母进行选矿除铁处理，包括化学酸浸的增白效果仍有限。因而，对绢云母精矿进一步的增白还需采用其他方法，如对其表面进行高白度物质的包覆处理等。

表 2-11　DZS1 选别精矿盐酸浸取产物性能指标

酸浸时间（h）	产率（%）	品位（%）			回收率（%）			白度（%）
		K_2O	Fe_2O_3	SiO_2	K_2O	Fe_2O_3	SiO_2	
0	100	8.21	2.62	49.46	100	100	100	53.4
2	89.00	8.60	1.94	—	90.47	80.82	—	60.2
3	92.80	8.47	2.03	49.50	95.74	71.90	92.88	68.1
4	90.00	8.36	2.03	—	88.94	88.69	—	64.3
5	91.00	8.68	1.99	—	93.37	87.91	—	66.2

表 2-11 还显示，DZS1 选别精矿经盐酸浸洗处理，其 K_2O 品位从处理前 8.21％提高至 8.36％～8.68％，SiO_2 品位基本保持不变，同时浸洗产物产率最高为 92.80％，说明盐酸浸洗处理使 DZS1 选别精矿的品质得到明显改善。

2.SYTM4 选别精矿硫酸浸取试验结果

湖北绢云母矿石（SYTM4）经捣浆—分散—水力旋流器分级开路流程选别后，所得精矿 K_2O 品位 9.50％，Fe_2O_3 品位 2.30％，白度 61.4％。精矿绢云母纯度较高，但外观颜色较深。为改善精矿产物的外观质量，对其作了增白处理。

采用硫酸（H_2SO_4）浸洗方法，对选别 SYTM4 精矿作了不同浓度硫酸（H_2SO_4）溶液的浸洗增白试验，结果见表 2-12。试验条件为：处理温度 85℃，浆料固含量 10％，浸洗时间 60min。

表 2-12　绢云母精矿增白试验结果

H₂SO₄浓度（％）	0	2	5	10	15	20
产物白度（％）	61.4	65.3	65.8	65.6	66.7	65.9

从表 2-12 看出，随 H_2SO_4 浓度从 0 逐渐提高至 15％，绢云母精矿浸洗产物白度由浸洗前 61.4％逐渐提高到 66.7％，表明 H_2SO_4 浸洗有一定的增白效果。H_2SO_4 浓度提高至 20％时，产物白度降低，说明 H_2SO_4 浓度为 15％时增白效果最佳。当然，H_2SO_4 浸洗后绢云母的白度仍较低，这与主要致黑因素铁有较大比例存在于绢云母晶格中有很大关系。同时该结果也与 DZS1 选别精矿盐酸浸洗处理的结果一致。

2.4　绢云母重选精矿和尾矿的性能

2.4.1　化学元素分析

对绢云母原矿 SYTM4 及其捣浆—分散—水力旋流器分级选矿获得的绢云母精矿、尾矿进行了包括 K_2O、SiO_2 和 Fe_2O_3 在内的化学元素分析测试，结果列于表 2-13。结果显示，SYTM4 选别精矿 K_2O 品位为 9.50％，SiO_2 品位 49.50％，K_2O 品位比原矿高出 1 倍以上。这一指标已达到了某企业化妆品级产品的质量指标（K_2O 7％~9.5％，SiO_2 ＜53％），表明该精矿可作为高纯度绢云母用于相关应用领域，也可作为绢云母材料化加工的基础材料。

绢云母 SYTM4 选别尾矿 SiO_2 品位为 87.53％，K_2O 品位 2.55％。结合原矿矿物组成可知其主要由石英（约 80％）和绢云母（约 20％）组成。推断可将其用作橡胶制品填料，因其中存在部分绢云母，故能起到补强和耐老化作用。

表 2-13　绢云母精矿和尾矿化学成分分析结果（％）

产物名称	SiO₂	Al₂O₃	K₂O	Fe₂O₃	Na₂O	CaO	TiO₂	MnO	SO₃	P₂O₅	H₃O⁺	Loss
绢云母精矿	49.50	29.88	9.50	2.30	0.89	0.049	0.188				3.23	
绢云母尾矿	87.53	7.96	2.55	0.69	1.26	0.059	0.304				0.91	
绢云母原矿	75.03	13.72	4.44	1.22	1.14	0.052	0.214	0.097	0.0056	0.048	1.38	1.73

2.4.2　X 射线衍射分析

对 SYTM4 经捣浆—分散—水力旋流器分级选矿获得的绢云母精矿和尾矿进行了 X 射线衍射（XRD）分析，其 XRD 谱图示于图 2-19 和图 2-20 中。

从图 2-19 看出，绢云母精矿 XRD 谱中的衍射峰几乎完全来自绢云母，其中（002）、（004）、（006）和（008）晶面衍射峰强而尖锐，矿物特征十分明显。图中未见石英等矿物衍射峰，表明精矿中绢云母纯度较高。

图 2-20 显示，绢云母尾矿的 XRD 谱中可见石英和绢云母的衍射峰。其中石英的衍

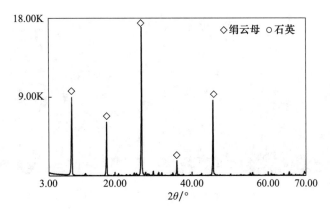

图 2-19　绢云母精矿 XRD 图谱

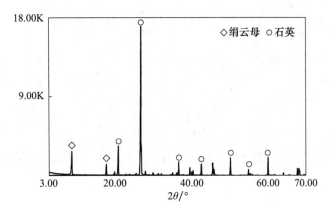

图 2-20　绢云母尾矿 XRD 图谱

射峰尖锐，强度大；绢云母仅出现（002）和（004）晶面的衍射峰，强度弱。这说明绢云母尾矿主要由石英构成，绢云母仅为少量。

2.4.3　扫描电镜观察分析

图 2-21 和图 2-22 分别是 SYTM4 选别所得绢云母精矿和尾矿的扫描电镜（SEM）照片。图 2-21 显示，绢云母精矿由形状较规则的片体颗粒构成，片体之间以分散态和重叠态存在，这无疑是绢云母的特征，说明精矿几乎完全由绢云母组成。绢云母片体表面光滑，反映了其完整的解理特征，外形较规则，一般呈多边形状。绢云母片体尺寸在 $10\sim50\mu m$，一般以 $20\sim30\mu m$ 居多。

从图 2-22 可看出单一重选法获得的绢云母尾矿的颗粒外观形态。绢云母尾矿主要由石英组成，石英呈较规则的块状，棱角明显，以彼此分散状态存在。除石英外，尾矿还含有少量绢云母，呈片状夹杂在石英颗粒之间。石英最大颗粒为 $80\sim100\mu m$，一般以 $20\sim50\mu m$ 居多。

绢云母精矿和尾矿化学成分分析、XRD 分析和 SEM 分析反映了相同的结论，即单一重选方法实现了绢云母和石英的有效分选和分离。

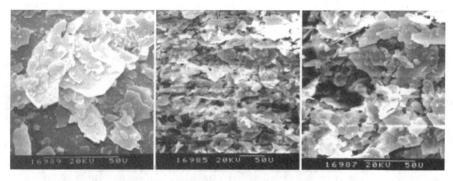

图 2-21　单一重选法绢云母精矿（SEM）

图 2-22　单一重选法绢云母尾矿（SEM）

2.5　小结

　　湖北绢云母矿石的物相成分主要为石英、绢云母、长石和不透明矿物（主要为氧化铁），主要化学成分为 $K_2O\ 3.18\%\sim5.74\%$，$SiO_2\ 66.84\%\sim78.58\%$，$Fe_2O_3\ 1.07\%\sim2\%$，属低品位绢云母矿石，应主要通过绢云母和石英等矿物的分离实现分选。

　　绢云母原矿 DZS1 捣浆产物经筛分和分级后，K_2O 主要分布在小于 0.03mm 粒级的产物中，其品位为 8.29%，分布率为 58.04% 和 47.52%；SiO_2 主要分布在大于 0.03mm 粒级的产物中，品位 85%～88%，分布率约 80%。绢云母原矿 SYTM4 捣浆产物中，K_2O 主要分布在 0.010～0.005mm 和 0.020～0.010mm 粒级范围，K_2O 品位分别为 8.66% 和 5.47%，K_2O 分布率分别为 58.58% 和 28.18%；SiO_2 主要分布在大于 0.2mm 和 0.2～0.125mm 级别，SiO_2 含量为 63%～95%。绢云母和石英呈现的粒度分布差别为采用分级方法实现二者的分离奠定了基础，同时也为确定分级粒度界限提供了依据。

　　以捣浆—分散—沉降分级流程选别绢云母原矿 DZS1，获得 K_2O 品位 8.15%、SiO_2 和 Fe_2O_3 品位分别为 53.36% 和 2.09% 的重选精矿，精矿 K_2O 回收率 47.32%。以捣浆—分散—水力旋流器分级流程选别 DZS1，最终获得 K_2O 品位 8.21%、SiO_2 和 Fe_2O_3 品位 49.46％和 2.62％和三者回收率分别为 45.61％、13.62％和 42.22％的分选精矿。上述两单一重选流程均实现了 DZS1 中绢云母和石英的有效分离和绢云母的富集。

采用捣浆—分散—水力旋流器分级的单一重选法流程选别绢云母原矿 SYTM4，其最终精矿 K_2O 品位 9.50％，回收率 51.74％；尾矿 SiO_2 品位 87.53％，回收率 75.78％。采用随机过程模型模拟计算按开路流程作业条件进行的闭路流程结果，最终精矿 K_2O 品位 9.84％、回收率 59.51％，尾矿 SiO_2 品位 85.46％，回收率 82.15％。选矿指标比开路流程明显提升。

选别 SYTM4 精矿中绢云母含量约 90％，绢云母呈片状和多边形状，尺寸在 10～50μm，以 20～30μm 居多；选矿尾矿主要由石英组成，石英呈较规则块状，粒度以 20～50μm 居多，最大颗粒 80～100μm，少量绢云母片夹杂在石英颗粒之间。

选别 DZS1 所得绢云母精矿经盐酸溶液浸洗，其 Fe_2O_3 品位从浸洗前的 2.62％降低至 1.94％～2.03％，白度从 53.4％提高至 68.1％。选别 SYTM4 精矿经硫酸溶液浸洗，白度从 61.4％提高至 66.7％。由于绢云母晶格中存在较大比例 Fe_2O_3，因此绢云母重选精矿酸洗除铁增白的效果有限，进一步增白还需采用表面包覆高白度物质等方法。

参考文献

[1] 张明，蒋蔚华．安徽滁州绢云母选矿试验研究 [J]．矿产保护与利用，2002 (3)：20-23.

[2] 《非金属矿工业手册》编委会．非金属矿工业手册（上）[M]．北京：冶金工业出版社，1992：65-68.

[3] 晏惕非，师水源，张志敏，等．绢云母石榴石石英片岩综合利用选矿工艺 [J]．非金属矿，1988 (2)：24-27.

[4] 蔡敏行．中国台湾地区绢云母矿石的选别 [J]．国外选矿快报，1998 (10)：43-47.

[5] 魏云峰．山西省五台绢云母矿选矿试验研究 [J]．华北国土资源，2007 (2)：37-38.

[6] 郑奎．四川冕宁绢云母矿石特征及选矿提纯研究 [J]．科技创新与应用，2012 (21)：13.

[7] 丁浩，邹蔚蔚．中国绢云母资源综合利用的现状与前景 [J]．中国矿业，1996 (4)：14-17.

[8] 许霞，丁浩，孙体昌，等．单一重选法选别湖北绢云母的技术研究 [J]．中国矿业，2008，17 (5)：52-55.

[9] 陈武，季寿元．矿物学导论 [M]．北京：地质出版社，1985：14-18.

[10] 中华人民共和国国家质量监督检验检疫总局，中国国家标准化管理委员会．电子探针定量分析方法通则：GB/T 15074—2008 [S]．北京：中国标准出版社，2008.

[11] 李胜荣．结晶学与矿物学 [M]．北京：地质出版社，2008：53-59.

[12] 任俊，沈健，卢寿慈．颗粒分散科学与技术（第二版）[M]．北京：化学工业出版社，2021：42.

[13] HAO D，HAI L，YAN X D. Depressing effect of sodium hexametaphosphate on apatite in flotation of rutile [J]．Journal of University of Science and Technology Beijing，2007，14 (3)：200-203.

[14] 丁浩．NP 合剂在低品位硅藻土分级提纯中的协同分散作用 [J]．矿产综合利用，1993 (3)：1-4.

[15] 丁浩．实验室选矿闭路流程全项指标模拟计算 [J]．建材地质，1987 (3)：40-45.

第3章　湖北绢云母浮选法选矿技术研究

3.1 引言

除重选方法外，浮选也是低品位天然绢云母矿石的主要选矿方法。浮选法利用矿石中有用矿物和脉石矿物表面润湿性的差异，特别是经浮选药剂作用后表面润湿性的差异进行选矿分选，具有选矿指标优良、回收率高、作业过程稳定、连续化程度高、易于调控和适合较大规模生产等特点。浮选一般作为绢云母联合选矿流程中的主要环节，或直接作为绢云母单一选矿手段加以应用[1]。

湖北绢云母矿石主要化学成分为 K_2O 3.18%～5.74%，SiO_2 66.84%～78.58%，Fe_2O_3 1.07%～2%（本书 2.2 节），属低品位绢云母矿石，其物相主要为有用矿物绢云母（含量 30%～50%）、脉石矿物石英及少量长石和不透明矿物（铁氧化物）等。显然，绢云母和石英的分离是实现该绢云母矿石浮选的关键。

绢云母与石英在水悬浮液中具有不同的零电点，分别为 pH＝0.95 和 pH＝2.5[2]。因此，在二者共存的浮选体系中，若将 pH 调整在 0.95～2.5 绢云母和石英表面将分别带有负电荷和正电荷，从而导致它们在与阳离子捕收剂（胺类捕收剂）作用时出现差别。具体而言，胺类捕收剂等阳离子捕收剂可吸附于带负电的绢云母表面，而难以吸附在带正电的石英表面，由此将导致绢云母表面呈疏水特性，而石英表面仍保持亲水状态。这就为二者的浮选分离奠定了基础。

除颗粒表面荷电性质的差别外，绢云母和石英表面因存在不同的离子和活性基团，也使它们与捕收剂之间的作用形成差异。铵等阳离子捕收剂在矿物表面的吸附除因电性吸引作用外，还与铵离子（NH_4^+）及矿物表面阳离子的交换作用相关[3]。绢云母（白云母）是 2∶1 型层状硅酸盐矿物，由两层 Si—O 四面体夹一层 Al—O（OH）八面体构成结构单元层，相邻单元层的间隙由 K^+ 充入并固定以平衡电价[4]。由于绢云母结构单元层间的结合相对较弱，所以当其受外力作用时，主要沿层面断裂以形成解理面，并暴露出不饱和的 K^+。石英为架状硅氧化物，断裂后表面产生 Si— 和 SiO— 基团并在水介质中与 OH^- 和 H^+ 结合，容易吸附 Ca^{2+} 等难免离子[5]。

研究表明[3]，当矿物表面的离子半径大于或近似等于捕收剂的离子半径时，将有利于对捕收剂的吸附。根据文献可知[3]，NH_4^+ 的半径为 0.143nm，K^+ 和 Ca^{2+} 的半径分别为 0.13nm 和 0.099nm。由于 K^+ 和 NH_4^+ 半径接近，而与 Ca^{2+} 差距较大，因此，胺类捕收剂的阳离子更易与绢云母表面的 K^+ 进行交换，从而产生吸附作用；相反，表面吸附 Ca^{2+} 的石英则难以与 NH_4^+ 实现这种交换，因而不能产生吸附作用。这也将导致绢云母和石英浮选行为出现差异。

　　基于上述背景和分析，作者研究团队开展了湖北地区绢云母矿石浮选法选矿试验研究，包括浮选条件的优化、开路流程试验，闭路流程方式的计算模拟及与试验结果的对比和浮选精矿、尾矿性能的评价。本章即为这一工作的总结和阐释。

3.2　绢云母浮选条件优化与开路流程试验

3.2.1　样品和试验方法

　　以湖北地区绢云母原矿 DZS1（绢云母石英片岩）为研究对象，以其块状原矿通过颚式破碎机破碎和振筛机闭路筛分获得的小于 2mm 产物作为浮选原料。DZS1 外观为灰白色，蓝光（波长 457nm）白度 57.3％。DZS1 经 X 射线衍射（XRD）分析，发现其主要组成矿物为绢云母、石英和少量高岭石、长石。岩矿鉴定显示石英、绢云母和白云母是 DZS1 的主要组成矿物。其中石英为粒状，粒径一般为 0.05～0.12mm，少数为 0.20～0.80mm；绢云母以细小的鳞片状集合体形态重结晶成细小白云母，局部集中分布于石英间。DZS1 的主要化学成分为 $K_2O3.18％$，SiO_2 78.58％，Al_2O_3 12.72％，$Fe_2O_3$1.07％，可见 DZS1 属于低品位绢云母矿石。浮选应通过绢云母与石英的分离来实现。另外，DZS1 原矿中 Fe_2O_3 含量较高，这将影响最终精矿的质量。

　　DZS1 的浮选试验在 XFD 型单槽浮选机上进行。其中，试验用浮选机的容积为 0.5L，流程试验用浮选机容积为 0.75L 和 0.5L，浮选机叶轮转速 1250r/min。浮选在常温下进行，浮选用水为蒸馏水，每次用矿样 100g。浮选用药剂有捕收剂、抑制剂、起泡剂和 pH 调整剂，分别为十二胺、水玻璃（$Na_2O \cdot mSiO_2$，模数 $m=2.3$）、2 号油和硫酸（H_2SO_4），其中十二胺、$Na_2O \cdot mSiO_2$ 和 H_2SO_4 分别配制成浓度 1％、10％和 5％的溶液。绢云母浮选为正浮选，泡沫产物为绢云母精矿，槽底产物为尾矿。

　　DZS1 浮选试验按图 3-1 所示流程进行，根据原矿性质和有关资料，采用捣浆碎解的方式实现绢云母等矿物间的单体解离以满足浮选要求。捣浆在 XFD-12 型多槽浮选机上进行，浮选机叶轮转速 1250r/min，捣浆作业浆料固含量 30％，通过捣浆时间控制产物细度（<0.074mm 所占比例）。

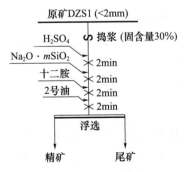

图 3-1　绢云母浮选试验流程

3.2.2 浮选条件试验

1. DZS1 捣浆细度对浮选的影响

按图 3-1 流程，通过改变 DZS1 捣浆产物细度（<0.074mm 所占比例）进行了绢云母浮选试验，试验固定条件为：H_2SO_4 用量 1.75kg/t，水玻璃（$Na_2O \cdot mSiO_2$）2kg/t，十二胺 300kg/t，2 号油 170kg/t，浮选时间 15min。DZS1 捣浆产物细度分别为 65%、70%、75% 和 80%（捣浆时间分别为 11min、20min、45min 和 60min）。试验结果如图 3-2 所示。

从图 3-2 可以看出，随 DZS1 捣浆产物细度从 65% 增至 70%，精矿中 K_2O 品位提高，SiO_2 品位下降，K_2O 回收率略有降低，说明浮选具有富集绢云母的效果。当捣浆产物细度大于 70% 时，精矿中 K_2O 品位和回收率均降低，SiO_2 品位提高。显然，捣浆细度不宜过大或过小。在试验条件下，以捣浆产物细度 70% 较适宜，相应的捣浆时间为 20min。该条件下精矿产率 46.28%，K_2O 和 SiO_2 品位分别为 6.04% 和 63.24%，精矿 K_2O 回收率 87.50%。

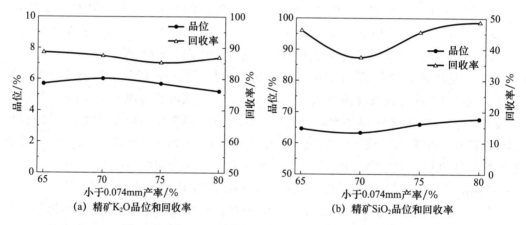

图 3-2 改变 DZS1 捣浆产物细度时 DZS1 浮选试验结果

2. 抑制剂 $Na_2O \cdot mSiO_2$ 用量对浮选的影响

按图 3-1 流程，进行了以 $Na_2O \cdot mSiO_2$ 为绢云母浮选中脉石石英的目标抑制剂的浮选试验，试验固定条件为：DZS1 捣浆产物细度 70%，H_2SO_4 用量 1.75kg/t，十二胺 300kg/t，2 号油 170kg/t，浮选时间 15min。图 3-3 是改变 $Na_2O \cdot mSiO_2$ 用量对 DZS1 浮选结果的影响。

从图 3-3 可见，随 $Na_2O \cdot mSiO_2$ 用量从 0 逐渐增加至 6kg/t，精矿 K_2O 品位先增大，后降低。其中在 $Na_2O \cdot mSiO_2$ 用量 4kg/t 时 K_2O 品位最高；而 SiO_2 品位先降低，后增大，但总体上精矿 K_2O 和 SiO_2 的品位变化幅度不大。$Na_2O \cdot mSiO_2$ 用量对精矿 K_2O 回收率影响显著，其中，当 $Na_2O \cdot mSiO_2$ 用量为 2kg/t 时 K_2O 回收率较高，用量 4kg/t 时也保持较大值。为兼顾品位和回收率两项指标，同时保证浮选体系的分散效果，选择 $Na_2O \cdot mSiO_2$ 用量 4kg/t。该条件下浮选精矿产率为 45.24%，K_2O 品位

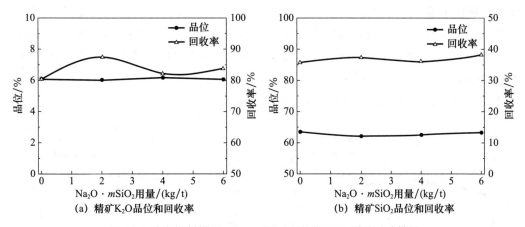

图 3-3　改变抑制剂 $Na_2O \cdot mSiO_2$ 用量时 DZS1 浮选试验结果

6.04%，SiO_2 品位 63.24%，K_2O 回收率为 87.50%。

3. 捕收剂十二胺用量对浮选的影响

图 3-4 是加入不同用量十二胺为捕收剂条件下 DZS1 浮选试验结果。试验按图 3-1 流程进行，其中 $Na_2O \cdot mSiO_2$ 用量 4kg/t，DZS1 捣浆产物细度 70%，H_2SO_4 用量 1.75kg/t，2 号油用量 170kg/t，浮选时间 15min。结果表明，随十二胺用量从 $100\sim$ 300kg/t 范围内逐渐增大，浮选精矿 K_2O 品位呈较小幅度降低现象，而精矿 K_2O 回收率先显著提高，后小幅降低。其中在十二胺用量 200kg/t 时，精矿 K_2O 回收率为最大，K_2O 品位也保持较高值。尽管随十二胺用量增加，SiO_2 品位和回收率也小幅提高，但相比较而言，十二胺改善了浮选绢云母的效果。综合考虑精矿 K_2O 的品位和回收率，选择捕收剂十二胺用量为 200kg/t。该条件下浮选指标为：精矿产率 43.54%，精矿 K_2O 和 SiO_2 品位分别为 6.44% 和 61.52%，精矿中 K_2O 回收率 83.80%。

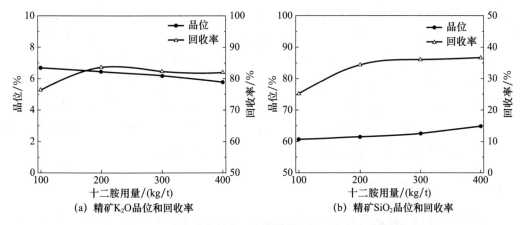

图 3-4　改变捕收剂十二胺用量时 DZS1 浮选试验结果

4. pH 调整剂 H_2SO_4 用量对浮选的影响

在浮选体系中加入 H_2SO_4，可通过调整浆料的 pH 而影响浮选效果。一方面，在合适的 pH 条件下，捕收剂十二胺在浆料中能以有效的组分形式稳定存在，从而更大限度地发挥捕收作用；另一方面，对 pH 的调节，还可改变 DZS1 中绢云母和石英等矿物的表面荷电状况，从而对它们吸附胺类捕收剂和浮选行为带来明显的影响。为此，按图 3-1 流程进行了 pH 调整剂 H_2SO_4 用量对浮选 DZS1 的影响试验。试验固定条件为：DZS1 捣浆产物细度 70%，$Na_2O \cdot mSiO_2$ 用量 4kg/t，十二胺用量 200kg/t，2 号油用量 170kg/t，浮选时间 15min。试验结果如图 3-5 所示。

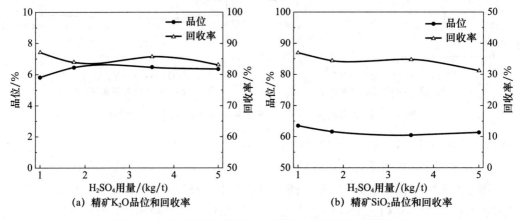

图 3-5　改变 pH 调整剂 H_2SO_4 用量时 DZS1 浮选试验结果

从图 3-5 可见，随 H_2SO_4 用量由 1.0kg/t 增至 3.5kg/t（pH 由 5.5 降至 2.0），所得浮选精矿 K_2O 品位明显提高，回收率略有下降，说明加入适量的 H_2SO_4 可改善浮选效果。这显然是 pH 由较高值逐渐降至石英的零电点后，因石英表面负电荷减少，导致捕收剂在其表面吸附量降低，从而提高了分离的选择性。H_2SO_4 用量再增大至 5kg/t（pH＝1），精矿 K_2O 品位基本不变，但回收率降低明显，说明浮选效果变差。这是因为 pH＝1 已接近绢云母的零电点，所以因捕收剂在绢云母表面吸附能力降低所致。综合考虑精矿品位和回收率，选择浮选 DZS1 时加入的 H_2SO_4 为 3.5kg/t，此时浮选指标为：精矿产率为 44.18%，K_2O 品位 6.46%，SiO_2 品位 60.44%，K_2O 回收率 85.60%。

经上述各条件试验，最终确定 DZS1 一次浮选作业的条件为：H_2SO_4 用量 3.5kg/t、$Na_2O \cdot mSiO_2$ 用量 4kg/t，十二胺用量 200g/t，2 号油用量 170g/t。试验所得精矿产率为 44.18%，K_2O 品位 6.46%，SiO_2 品位 60.44%，K_2O 回收率 85.60%。虽然已初步实现了绢云母和石英等脉石矿物的分选，但精矿品位仍较低。所以，为了进一步提高精矿质量，改善选别指标，还需增加浮选次数而进行选矿流程试验。

3.2.3　浮选开路流程试验

在 3.2.2 浮选条件试验的基础上，以十二胺为捕收剂，$Na_2O \cdot mSiO_2$ 为抑制剂，2 号油为起泡剂，H_2SO_4 为 pH 调整剂，进行了浮选 DZS1 的开路流程试验。试验按图 3-6 进行，试验结果示于图 3-7 的数质量流程图中。

从图 3-7 可见，采用图 3-6 流程，通过将 DZS1 进行一次浮选（粗选）和浮选精矿三次精选，可获 K_2O 品位 8.15%、SiO_2 品位 50.52% 的最终精矿，回收率 40.13%。该精矿与原矿（$K_2O\,3.22\%$、SiO_2 品位 78.09%）和粗选精矿（$K_2O\,5.96\%$、SiO_2 62.79%）相比，绢云母含量显著提高（大于 80%），而石英等脉石的含量降低。显然，该精矿可望满足多领域高品质绢云母应用的纯度要求，即能达到较高的应用档次。浮选开路流程试验也证明浮选是实现绢云母和石英分离的有效手段之一。

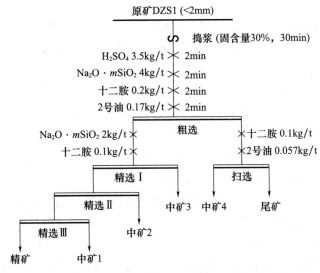

图 3-6　绢云母浮选开路流程和药剂制度

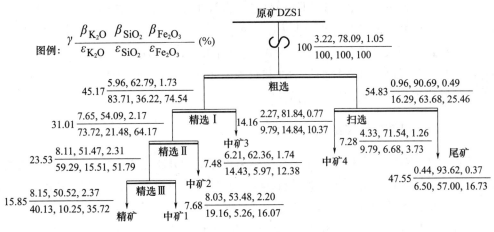

图 3-7　绢云母开路浮选数质量流程

将图 3-7 结果与图 3-6 流程结构对比分析可看出，DZS1 原矿经一次粗选、二次精选时，其精矿 K_2O 品位已提高至 8.11%，而再经三次精选，精矿 K_2O 品位为 8.15%，仅有微小提高。显然，采用开路流程对 DZS1 进行浮选，二次和三次精选时绢云母富集的程度差别不大。另外，粗选尾矿经一次扫选，尾矿 K_2O 品位降至 0.44%，回收率（损失率）由粗选尾矿的 16.29% 降至 6.5%，SiO_2 品位提高至 93.02%。这表明，采用图 3-6 的流程结构分选湖北绢云母矿石是合理、有效的。当然，最终浮选精矿的回收率还需提高，这应通过以该开路流程为基础，再进行闭路流程浮选予以解决。

3.3 绢云母浮选闭路流程模拟计算和试验

3.3.1 闭路流程结构设计

从 3.2.3 研究可知，将绢云母原矿（DZS1）进行开路流程浮选，所得绢云母精矿的 K_2O 品位比单一粗选大幅度提高，但 K_2O 回收率较低，这显然是较多量的绢云母在开路流程中进入到中矿产物所致。浮选开路流程共产生四种中矿，其中中矿 1、中矿 2 和中矿 3 为精选作业尾矿，中矿 4 为扫选作业精矿，它们的 K_2O 品位（2.27%～8.03%）和回收率（9.79%～19.16%）均较高，这样便导致最终精矿的 K_2O 回收率降低。另外，这些中矿的 SiO_2 品位（53.48%～81.84%）也明显高于绢云母单矿物的 SiO_2 含量（48%～55%），说明中矿也含有一定量的石英等脉石，这也使尾矿中 SiO_2 的回收率降低，所以不利于对石英的综合回收。

为解决上述问题，应将中矿合理返回到相应的浮选作业构成闭路流程，通过闭路流程将这些中矿进行再浮选以改善绢云母和石英的分离效果和效率。由此，可提高包括精矿 K_2O 品位、K_2O 回收率和尾矿 SiO_2 品位、SiO_2 回收率等选矿指标。而合理的浮选闭路流程应在开路流程试验基础上，根据中矿返回形式（单一返回、合并返回）、返回位置（考虑中矿与其返回处物料特性的相似）和尽可能使流程简化等要求予以确定。为此，通过改变中矿返回模式及返回作业地点，设计了四种结构形式的浮选闭路流程，如图 3-8 所示。其中，流程 Ⅰ、Ⅱ、Ⅲ 采用一次粗选、三次精选和一次扫选模式，流程 Ⅳ 采用一次粗选、两次精选和一次扫选模式。合理的浮选闭路流程模式应在上述四个流程中择优选择。为提高流程选择的科学性和减少工作量，通过建立流程的数据模型，并以模型的预先模拟结果为依据进行选择。

3.3.2 闭路流程模拟计算结果与分析

通常，在实验室进行选矿闭路流程试验需以相应的开路流程为基础，按照开路流程的作业条件，用不连续的选矿设备进行多次试验模拟来予以完成，存在工作量大、耗时长和具有一定误差等问题。显然，若将图 3-8 所示的四种闭路流程一一进行试验，然后通过对试验结果的比对，从中优选、确定合理的流程模式，将花费很大的工作量，并因存在人员操作误差和系统误差而降低可靠性。基于此，为了提高闭路流程选择的精准性、可靠性和减少试验工作量，本研究采用随机过程模型对上述各形式闭路流程进行结果的计算模拟，再通过对模拟结果的分析对比，确定优化后的流程，并将其作为合理的闭路流程形式进行实际浮选流程试验，以期获得最优的浮选指标。

1. 闭路流程模拟计算原理和过程

研究表明，某一形式的选矿闭路流程结果与相应结构开路流程（中矿不返回）的结果存在相关性，由此可根据选矿开路流程试验结果对相应的闭路流程结果进行模拟。当以开路流程为基础构成闭路流程时，若二者药剂制度、浮选时间、物料作业浓度等试验

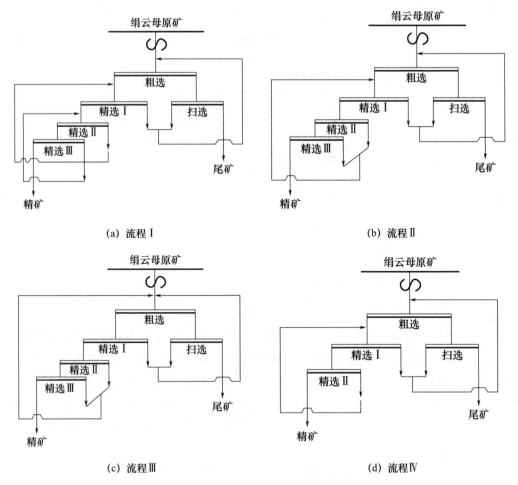

图 3-8　设计的绢云母浮选闭路流程

条件一致，且返回的中矿与其返回处的原料性质（品位、产率）相近，则二者间的转移过程可用时、空均离散，且具有时齐性的马尔科夫链来描述[6,7]，由此可进行选矿回收率的模拟计算[8]。通过对开、闭路流程结构的研究认为，在严格控制试验条件的情况下，选矿过程各作业状态的回收率和产率均可按马尔科夫转移概率实现转移，因此也可进行产率的模拟。进一步，以模拟计算得到的回收率和产率为基础，即可求得各作业的品位，这样便能得到闭路流程的全项模拟指标。该方法通过石墨浮选的实例验证表明，其闭路流程模拟指标和试验数据之间有很好的吻合性，说明模拟具有很高的可靠性[9]。其他相关研究还表明，流程模拟计算指标与试验指标相比可以准确到 0.1% [10]。

　　将选矿流程中的选矿作业和最终产物（数量分别为 f 和 k）标定为"状态"，则流程有（$f+k$）个状态。将该系统用马尔科夫链过程进行描述，根据其概率法则，时齐马氏过程的状态分布由初始状态和一步转移概率唯一决定，并且，状态与状态之间的转移是靠转移概率来实现的，与系统到达转移初始状态的历史无关。设流程中状态 i 的回收率和产率向状态 j 转移的条件概率分别为 E_{ij} 和 R_{ij}，则该条件概率实际上就是当转移完成后该作业的作业回收率和作业产率。

以图 3-9 流程（图 3-8（a））为例，说明计算回收率、产率和品位的方法。

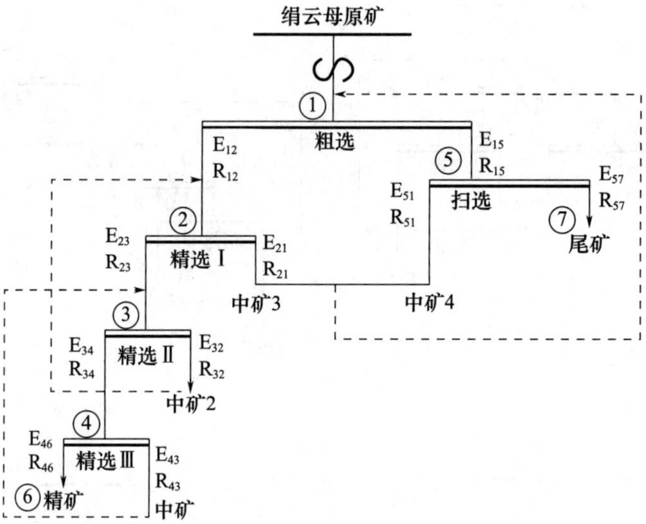

图 3-9　浮选闭路流程示意

图 3-9 为一次粗选、三次精选、一次扫选开路流程（实线部分）和通过 4 种中矿向 3 个位置返回构成的闭路流程（虚线），可看出，闭路流程共 7 个状态，其中 5 个作业状态，2 个产物状态，即 $f=5$，$k=2$。各状态间的转移关系分别为状态①向状态②、⑤转移，状态②向状态③、①转移，状态③向状态④、②转移，状态④向状态⑥、③转移，状态⑤向状态①、⑦转移，状态⑥、⑦（最终"吸收"产物）分别向自身作概率为 1 的转移。

由此，写出回收率和产率的转移概率矩阵（分别为 E 和 R）如下：

$$E=\begin{pmatrix} 0 & E_{12} & 0 & 0 & E_{15} & 0 & 0 \\ E_{21} & 0 & E_{23} & 0 & 0 & 0 & 0 \\ 0 & E_{32} & 0 & E_{34} & 0 & 0 & 0 \\ 0 & 0 & E_{43} & 0 & 0 & E_{46} & 0 \\ E_{51} & 0 & 0 & 0 & 0 & E_{57} \\ 0 & 0 & 0 & 0 & 0 & 1 & 0 \\ 0 & 0 & 0 & 0 & 0 & 0 & 1 \end{pmatrix}, R=\begin{pmatrix} 0 & R_{12} & 0 & 0 & R_{15} & 0 & 0 \\ R_{21} & 0 & R_{23} & 0 & 0 & 0 & 0 \\ 0 & R_{32} & 0 & R_{34} & 0 & 0 & 0 \\ 0 & 0 & R_{43} & 0 & 0 & R_{46} & 0 \\ R_{51} & 0 & 0 & 0 & 0 & R_{57} \\ 0 & 0 & 0 & 0 & 0 & 1 & 0 \\ 0 & 0 & 0 & 0 & 0 & 0 & 1 \end{pmatrix}$$

图 3-9 流程原矿给入作业①，故该作业的回收率和产率均为 1，由此写出初始状态概率矩阵为：

$$e(0)=[1\ 0\ 0\ 0\ 0\ 0\ 0], r(0)=[1\ 0\ 0\ 0\ 0\ 0\ 0]$$

对回收率进行迭代计算：

$$e(1)=e(0)E=[e_{11}\ e_{12}\ e_{13}\ e_{14}\ e_{15}\ e_{16}\ e_{17}]$$
$$e(2)=e(1)E=[e_{21}\ e_{22}\ e_{23}\ e_{24}\ e_{25}\ e_{26}\ e_{27}]$$
$$e(3)=e(2)E=[e_{31}\ e_{32}\ e_{33}\ e_{34}\ e_{35}\ e_{36}\ e_{37}]$$
$$\vdots\qquad\qquad\vdots$$

$$e(n) = e(n-1)E = \begin{bmatrix} e_{n1} & e_{n2} & e_{n3} & e_{n4} & e_{n5} & e_{n6} & e_{n7} \end{bmatrix}$$

其中，迭代次数 n 由下式确定：

$$\frac{\sum\limits_{j=1}^{f} e_j(n)}{\sum\limits_{j=f+1}^{f+k} e_j(n)} = \frac{\sum\limits_{j=1}^{f} e_{nj}}{\sum\limits_{j=f+1}^{f+k} e_{nj}} < \varepsilon$$

式中 ε 为计算精度，一般取 $\varepsilon = 0.001$ 或 0.0001。当上式成立时，迭代停止，n 值即确定。

同理，可对产率进行迭代计算：

$$r(1) = r(0)R = \begin{bmatrix} r_{11} & r_{12} & r_{13} & r_{14} & r_{15} & r_{16} & r_{17} \end{bmatrix}$$

$$r(2) = r(1)R = \begin{bmatrix} r_{21} & r_{22} & r_{23} & r_{24} & r_{25} & r_{26} & r_{27} \end{bmatrix}$$

$$r(3) = r(2)R = \begin{bmatrix} r_{31} & r_{32} & r_{33} & r_{34} & r_{35} & r_{36} & r_{37} \end{bmatrix}$$

$$\vdots \qquad\qquad\qquad\qquad\qquad \vdots$$

$$r(m) = r(m-1)R = \begin{bmatrix} r_{m1} & r_{m2} & r_{m3} & r_{m4} & r_{m5} & r_{m6} & r_{m7} \end{bmatrix}$$

其中，迭代次数 m 由下式确定（ε 含义和取值同前）：

$$\frac{\sum\limits_{j=1}^{f} r_j(m)}{\sum\limits_{j=f+1}^{f+k} r_j(m)} = \frac{\sum\limits_{j=1}^{f} r_{mj}}{\sum\limits_{j=f+1}^{f+k} r_{mj}} < \varepsilon$$

据此，便可获得模拟闭路流程精矿、尾矿（状态⑥、⑦）的回收率（E_6、E_7）和产率（R_6、R_7）：

$$E_6 = e_{n6}, \ E_7 = e_{n7}; \ R_6 = r_{m6}, \ R_7 = r_{m7}$$

由于 ε 趋近 0（0.001 或 0.0001），所以 n 和 m 值较大，即迭代次数较多，此时可保证 $E_6 + E_7 = 1$，$R_6 + R_7 = 1$。

各分选作业（状态）的回收率（E_j）和产率（R_j）也可得到：

$$E_j = \sum_{p=0}^{n} e_{pj} (j = 1, 2, 3 \cdots f)$$

$$R_j = \sum_{p=0}^{m} r_{pj} (j = 1, 2, 3 \cdots f)$$

对于图 3-9 流程，$f = 5$。

在获得 E_j 和 R_j 基础上，并已知原矿品位 β_0 时，即可求得各状态的品位值（β_j）：

$$\beta_j = \frac{r_0 E_j}{R_j} \beta_0 \qquad (j = 1, 2, 3 \cdots f+k)$$

以上即是采用随机过程对浮选闭路流程全项指标的模拟计算过程，所有过程采用计算机程序完成，图 3-10 为该计算机程序的逻辑框架。

2. 模拟结果分析和流程结构选择

表 3-1 是以图 3-7 浮选开路流程结果为原始数据，对图 3-8 所示各结构浮选闭路流程指标（产率、K_2O 品位和 K_2O 回收率）的模拟计算结果，计算过程取绢云母原矿产率、回收率均为 100%，K_2O 品位为 3.22%。

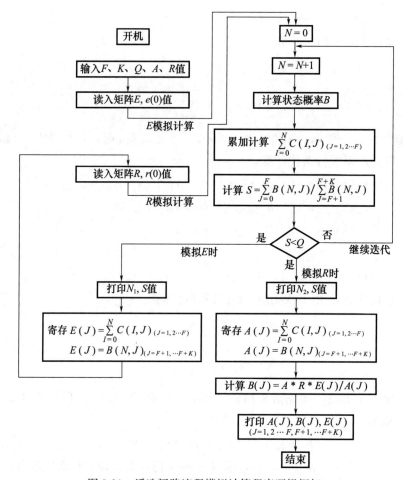

图 3-10　浮选闭路流程模拟计算程序逻辑框架

表 3-1　绢云母浮选闭路流程指标模拟计算结果

流程	指标	作业状态					产物	
		粗选	扫选	精选 I	精选 II	精选 III	精矿	尾矿
I	产率（%）	134.12	73.54	77.68	70.85	53.78	36.23	63.77
	K_2O 品位（%）	3.11	0.92	5.86	7.64	8.10	8.14	0.43
	K_2O 回收率（%）	129.55	21.10	141.37	168.24	135.31	91.58	8.42
II	产率（%）	157.73	86.48	71.24	48.91	37.11	25.00	74.99
	K_2O 品位（%）	4.38	1.30	8.11	10.41	11.03	11.09	0.60
	K_2O 回收率（%）	214.44	34.93	179.51	158.09	127.15	86.05	13.94
III	产率（%）	140.05	76.79	95.21	65.36	49.60	33.41	66.59
	K_2O 品位（%）	3.13	0.93	6.43	8.25	8.74	8.79	0.43
	K_2O 回收率（%）	136.00	22.15	190.15	167.47	134.69	91.16	8.84
IV	产率（%）	132.02	72.38	71.47	49.06		37.23	62.77
	K_2O 品位（%）	3.12	0.93	5.83	7.48		7.93	0.43
	K_2O 回收率（%）	127.97	20.85	129.43	113.99		91.68	8.32

　　表 3-1 计算数据显示，采用图 3-8 各结构闭路流程进行绢云母选别，所得精矿产率和 K_2O 回收率与开路流程相比，均得以大幅度提高，说明闭路流程由于中矿的返回再选可显著提高对有用成分绢云母的回收，因此可改善浮选指标。将各结构流程的模拟计算结果对比，发现流程 Ⅰ、Ⅲ、Ⅳ（图 3-8（a）、（c）、（d））的精矿 K_2O 回收率均超过 91％，约为开路流程精矿回收率（40.13％）的 2.3 倍，并保持了精矿 K_2O 品位（7.93％～8.79％）与开路流程的基本一致。相比之下，流程 Ⅱ（图 3-8（b））的精矿 K_2O 品位指标失真（达极限值），精矿回收率比其他结构流程降低约 5 个百分点。分析流程结构不难理解，流程 Ⅱ 将所有中矿均返回原矿，致使粗选入选品位与开路相比，差异较大（开路 3.22％、模拟闭路 4.38％），因此导致过程的失真。另外，粗选时产率和回收率的返回量分别高达 157.73％ 和 214.44％，这难以在实际作业中实现。显然，流程 Ⅱ 结构不合理，而相比之下，流程 Ⅰ、Ⅲ、Ⅳ 结构比较合理。

　　流程 Ⅰ、Ⅲ、Ⅳ 彼此间对比，流程 Ⅳ 最终精矿 K_2O 品位（7.93％）最低，低于开路指标，而流程 Ⅰ、Ⅲ 分别为 8.14％ 和 8.79％，高于或相当于开路指标。流程 Ⅰ 和流程 Ⅲ 相比，前者精矿回收率略高，返回量（34.12％）适度，而后者返回量（40.05％）大，不宜实现。

　　经以上分析，选择流程 Ⅰ 为优化的绢云母浮选闭路流程结构形式，并以此进行闭路流程选别试验。

3.3.3　实验室浮选闭路流程试验结果

　　1. 闭路流程试验结果及分析

　　采用按 3.3.2 研究所选择的优化闭路流程（图 3-8（a）流程 Ⅰ）结构形式，并在与相应开路流程试验条件与药剂制度（图 3-6）相同的试验条件下，进行了绢云母实验室浮选闭路流程试验，试验结果示于图 3-11 的数质量流程图中。

　　从图 3-11 看出，采用一粗、一扫、三精的闭路流程进行浮选，其最终精矿产率 33.55％，K_2O 品位 8.46％，K_2O 回收率 91.44％，与开路流程精矿指标（产率 15.85％，K_2O 品位 8.15％，回收率 40.13％）相比，K_2O 品位明显提高，K_2O 回收率提高了约 1.3 倍，达到 91.44％。此外，闭路流程浮选尾矿 K_2O 品位也小于开路流程（分别为 0.40％ 和 0.44％），说明闭路流程相比开路流程使绢云母的分选和回收程度均得到了显著提高，这显然是闭路流程将中矿合理返回处理所致。图 3-11 还显示，闭路流程浮选尾矿的 SiO_2 品位虽略低于开路流程（分别为 92.65％ 和 93.62％），但回收率则从 57％ 大幅度提高至 77.97％，也反映了绢云母与石英等脉石实现良好分离的效果。显然，通过闭路流程浮选，不仅能回收得到纯度较高的绢云母精矿，而且还可回收得到较高品位的石英产物（尾矿）。因此认为，以十二胺、水玻璃和 2 号油分别作捕收剂、调整剂和起泡剂，以一粗、一扫、三精为结构的闭路流程是浮选湖北绢云母有效而合理的手段。

　　2. 闭路流程试验与模拟计算结果对比

　　表 3-2 列出了湖北绢云母浮选闭路流程试验结果和按随机过程模型模拟得到的闭路

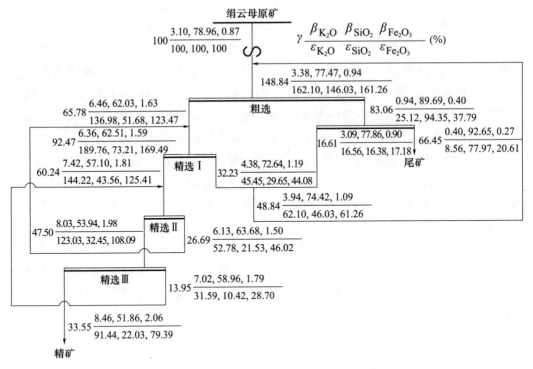

图 3-11　绢云母实验室型闭路浮选数质量流程

流程计算结果，将二者对比看出，闭路流程的最终精矿产率试验值为 33.55%，模拟值 36.23%；精矿 K_2O、SiO_2 和 Fe_2O_3 品位试验值分别为 8.46%、51.86% 和 2.06%，而模拟值分别为 8.14%、50.30% 和 1.89%；精矿 K_2O、SiO_2 和 Fe_2O_3 回收率试验值分别为 91.44%、22.03% 和 79.39%，模拟值分别为 91.58%、23.34% 和 78.52%，表明试验值和模拟值高度一致。由此认为，通过随机过程模型计算，不仅可优化、确定合理的闭路流程结构形式，而且也可将其模拟计算结果直接作为实际浮选闭路流程的预测指标加以应用。

表 3-2　绢云母浮选闭路流程试验结果与模拟计算结果的对比

类型	产物名称	产率（%）	品位（%）			回收率（%）		
			K_2O	SiO_2	Fe_2O_3	K_2O	SiO_2	Fe_2O_3
闭路试验	精矿	33.55	8.46	51.86	2.06	91.44	22.03	79.39
	尾矿	66.45	0.40	92.65	0.27	8.56	77.87	20.61
	原矿	100	3.10	78.96	0.87	100	100	100
闭路模拟	精矿	36.23	8.14	50.30	1.89	91.58	23.34	78.52
	尾矿	63.77	0.43	93.88	0.29	8.42	76.66	21.46
	原矿	100	3.22	78.09	0.87	100	100	100

3.4　绢云母浮选精矿和尾矿性能

3.4.1　浮选精矿的成分和粒度分布

表 3-3 是湖北绢云母闭路流程浮选精矿的化学成分和白度值测试结果。其中，精矿除 K_2O、SiO_2 和 Fe_2O_3 含量分别为 8.46％、51.86％ 和 2.06％ 外，还测得其 Al_2O_3 含量为 27.83％，CaO、S 和 P 含量分别为 0.12％、0.018％ 和 0.009％。Al_2O_3 作为绢云母的组成元素之一，也反映绢云母精矿具有较高的纯度。精矿中 CaO、S 和 P 作为杂质含量较低，也有利于其作为高品质绢云母的应用。此外，绢云母浮选精矿的白度较低，仅为 57.1％，经盐酸浸洗处理后有一定程度提高，达到 65.2％，这应是盐酸浸洗降低了精矿中铁含量所致。

表 3-3　湖北绢云母浮选精矿化学成分和白度值

项目	K_2O	SiO_2	Fe_2O_3	Al_2O_3	CaO	S	P	白度	盐酸浸洗后白度
指标（％）	8.46	51.86	2.06	27.83	0.12	0.018	0.009	57.1	65.2

表 3-4 是湖北绢云母浮选精矿粒度分布结果，可看出其主要分布在 $43\sim10\mu m$ 粒级范围，分布率总计达 86.2％，其中 $20\sim10\mu m$ 范围分布率最高为 48.82％，$30\sim20\mu m$ 和 $43\sim30\mu m$ 范围分别为 27.38％ 和 10.00％。另外，绢云母精矿中过粗（$>74\mu m$）和过细（$<10\mu m$）的粒级分布仅为 5.47％。显然。绢云母精矿上述粒度分布适合作为填充剂加以应用。

表 3-4　湖北绢云母浮选精矿粒度分布

粒度（μm）	>74	74～43	43～30	30～20	20～10	10～5	<5	总计
分布率（％）	3.57	8.33	10.00	27.38	48.82	1.19	0.71	100

3.4.2　浮选尾矿综合利用性能

上述研究表明，在湖北绢云母矿石浮选实现绢云母富集而得到精矿外，还同时获得主要由石英组成的浮选尾矿，其中浮选开路和闭路流程尾矿的 SiO_2 品位分别达 93.62％ 和 92.65％，产率分别为 45.55％ 和 66.45％。显然，还应对绢云母浮选尾矿加以回收和利用，从而减少废物堆放和提高矿产资源的利用率。

由于绢云母浮选尾矿除含石英外，还含少量绢云母、长石和铁质等，所以其综合利用还受到 Al_2O_3、Fe_2O_3 和 K_2O 含量的影响。同时，绢云母尾矿的利用还需满足粒度的要求。

表 3-5 是湖北绢云母开路流程浮选尾矿经水洗和筛分处理后，所得各粒级产物主要成分的分析结果。表明 SiO_2 等在不同粒级产品中的分布有一定差异，由此，可根据化学成分和粒度组成判断其利用途径。

表 3-5 绢云母浮选尾矿经水洗和筛分处理后粒度分级产物化学成分分析

粒级 (mm)	分布率 (%)	品位（%）				回收率（%）			
		SiO_2	Al_2O_3	Fe_2O_3	K_2O	SiO_2	Al_2O_3	Fe_2O_3	K_2O
>0.6	7.27	90.70	4.73	1.13	1.23	7.21	7.54	14.83	10.34
0.6~0.1	19.71	89.51	5.44	1.10	1.28	19.30	23.52	39.21	29.20
0.1~0.04	51.51	94.85	2.73	0.27	0.23	53.47	30.85	24.62	36.37
<0.04	21.51	85.08	8.08	0.55	1.37	20.02	38.09	21.34	34.09
浮选尾矿	100	91.40	4.56	0.55	0.86	100	100	100	100

绢云母浮选尾矿 SiO_2、Al_2O_3、Fe_2O_3、K_2O 的含量分别为 91.40%、4.56%、0.55% 和 0.86%。经与相关标准对比，可满足作为冶金溶剂用石英原料（$SiO_2 \geqslant 90\%$，$Al_2O_3 \leqslant 2\% \sim 5\%$，$Fe_2O_3 \leqslant 1\% \sim 3\%$）、耐酸填充物（$SiO_2 > 90\%$）和普通硅酸盐水泥原料 [$SiO_2 \geqslant 70\%$，$K_2O + Na_2O \leqslant 4\%$，《矿产地质勘查规范 石灰岩、水泥配料类》（DZ/T 0213—2020）] 的要求[11]。

将绢云母尾矿按粒度分级后，其中 0.1~0.04mm 粒级产物占全部尾矿的比例最大，达 51.51%。同时 SiO_2 品位提高至 94.85%，Al_2O_3 和 Fe_2O_3 分别降低至 2.73% 和 0.27%。除达到冶金溶剂用石英原料、耐酸填充物（$SiO_2 > 90\%$）和普通硅酸盐水泥原料要求外，还可满足平板玻璃用硅质原料品级四级 [$SiO_2 \geqslant 90\%$，$Al_2O_3 \leqslant 5.5\%$，$Fe_2O_3 \leqslant 0.33\%$，《矿产地质勘查规范 石灰岩、水泥配料类》（DZ/T 0213—2020）和器皿玻璃用硅质原料品级 Ⅲ 的质量要求 [$SiO_2 > 90\%$，$Al_2O_3 < 4\%$，$Fe_2O_3 < 0.35\%$，《矿产地质勘查规范 硅质原料类》（DZ/T 0207—2020）][11]。

绢云母尾矿分级后 0.6~0.1mm 产物分布率为 19.71%，SiO_2、Al_2O_3、Fe_2O_3、K_2O 的含量分别为 89.51%、5.44%、1.10% 和 1.28%。SiO_2 含量较低，Fe_2O_3 含量高，需作进一步除铁处理才可满足应用要求。

绢云母尾矿分级后大于 0.6mm 产物分布率为 7.27%，粒度可满足建筑用砂的粗砂 [平均粒径 0.5mm 以上，细度模数 3.7~3.1，《建设用砂》（GB/T 14684—2022）][12] 要求，但需注意其中 K_2O 含量的影响。

3.5 小结

以十二胺、水玻璃、硫酸和 2 号油为浮选药剂对湖北绢云母矿石进行开路流程浮选，经一次粗选、三次精选获得 K_2O 品位 8.15%、SiO_2 和 Fe_2O_3 品位分别为 50.52% 和 2.37% 的绢云母精矿，K_2O 回收率 40.13%；经一次粗选、一次扫选获得 SiO_2 品位 93.62%、K_2O 和 Fe_2O_3 品位分别为 0.44% 和 0.37% 的尾矿，SiO_2 回收率 57.00%，从而实现了原矿中绢云母和石英的有效分离。

以绢云母开路浮选流程结果为依据，采用随机过程模型对浮选闭路流程指标进行了模拟计算，优化、确定了合理的浮选闭路流程结构形式。以该结构形式进行了湖北绢云母浮选闭路流程试验,获得品位为 K_2O 8.46％、SiO_2 51.86％、Fe_2O_3 2.06％的绢云母精矿,精矿产率 33.55％,K_2O 回收率 91.44％。同时获得 SiO_2、K_2O 和 Fe_2O_3 品位分别为 92.65％、0.40％和 0.27％的尾矿,SiO_2 回收率 77.87％。绢云母闭路浮选流程试验结果与按随机过程模型模拟计算指标高度一致,闭路流程指标比开路流程明显提升。

绢云母浮选精矿 Al_2O_3 含量为 27.83％,CaO、S 和 P 含量分别为 0.12％、0.018％和 0.009％,杂质含量低。将绢云母精矿用盐酸浸洗处理,白度从 57.1％提高到 65.2％。

绢云母浮选尾矿主要由石英组成,SiO_2 含量大于 90％。浮选尾矿整体和按粒度分级后 0.1～0.04mm 产物可满足作为冶金溶剂用石英原料($SiO_2 \geqslant 90$％,$Al_2O_3 \leqslant 2$％～5％,$Fe_2O_3 \leqslant 1$％～3％)、耐酸填充物($SiO_2 > 90$％)和普通硅酸盐水泥原料($SiO_2 \geqslant 70$％,$K_2O + Na_2O \leqslant 4$％,DZ/T 0213—2020)的要求。0.1～0.04mm 粒级产物还可满足平板玻璃用硅质原料品级四级($SiO_2 \geqslant 90$％,$Al_2O_3 \leqslant 5.5$％,$Fe_2O_3 \leqslant 0.33$％,DZ/T0207—2002)和器皿玻璃用硅质原料品级 Ⅲ 的质量要求($SiO_2 > 90$％,$Al_2O_3 < 4$％,$Fe_2O_3 < 0.35$％,DZ/T 0207—2020)。

参考文献

[1] 《非金属矿工业手册》编委会. 非金属矿工业手册(上)[M]. 北京:冶金工业出版社,1992:54-58.

[2] R. M. MANER. 硅酸盐浮选手册[M]. 刘国民译. 北京:中国建筑工业出版社,1980:38-41.

[3] 崔林. 浮选晶体化学(下)[M]. 北京:北京科技大学出版社,1991:78-79.

[4] 马鸿文. 工业矿物与岩石(第四版)[M]. 北京:化学工业出版社,2018:56-58.

[5] 丁浩. 金红石浮选中消除 Ca^{2+} 对石英活化作用的研究[J]. 矿产保护与利用,1994(1):40-42.

[6] 巴鲁查-赖特. 马尔柯夫过程论初步及应用[M]. 杨纪珂,等译. 上海:上海科学技术出版社,1979:56-63.

[7] 曹振华,赵平. 概率论与数理统计[M]. 南京:东南大学出版社,2002.

[8] 李启文. 实验室闭路流程模拟计算[J]. 有色金属(选矿部分),1986(6):36-39.

[9] 丁浩. 实验室选矿闭路流程全项指标模拟计算[J]. 建材地质,1987(3):40-45.

[10] 于春梅,姜学瑞,于涛. 实验室浮选闭路试验的模拟计算[J]. 黄金,2012,33(6):43-46.

[11] 中华人民共和国自然资源部. 矿产地质勘查规范 硅质原料类:DZ/T 0207—2020[S]. 北京:中国标准出版社,2020:4.

[12] 中华人民共和国国家质量监督检验检疫总局,中国国家标准化管理委员会. 建设用砂:GB/T 14684—2022[S]. 北京:中国标准出版社,2022:1.

第4章 绢云母结构改造及其表征

4.1 引言

4.1.1 层状硅酸盐矿物结构改造及目的和途径

聚合物/层状硅酸盐纳米复合材料（Polymer/Layered Silicate Nanocomposites, PLSN）是指将聚合物插入到层状硅酸盐层间，使其层间距扩大或剥离成厚度为纳米级的硅酸盐片层并均匀分布于聚合物基体中形成的一类复合材料[1,2]。在它所包含的两种或两种以上的固相中，应至少有一相在一维、二维或三维尺度处在纳米级（1～100nm）范围，并与其他相紧密结合。在 PLSN 中，硅酸盐的片层厚度为纳米级，虽数量较少（一般≤10%），但具有纳米尺度特征以及超高的比表面积[3,4]，因此导致 PLSN 的力学[5-7]、阻隔[8,9]、热学[10]、阻燃[11,12]和光学[13]等性能都得到很大提升。

制备 PLSN 的硅酸盐矿物按其硅氧骨干分类为层状硅酸盐，它们的基本单元结构为 2：1 型或 1：1 型，前者包含由两层硅氧四面体和一层铝氧或镁氧八面体构成的片层，后者则由硅氧四面体和铝氧八面体各一层构成，单元片层厚约 0.4～0.6nm，长宽 30nm 到数微米不等，有些特殊的层状硅酸盐甚至更大。这些片层规整地层叠在一起，片层中存在部分类质同象置换（如 Al^{3+} 被 Mg^{2+} 或 Fe^{2+} 置换，Mg^{2+} 被 Li^+ 置换，Si^{4+} 被 Al^{3+} 置换），导致片层带负电，并由片层间隙中的金属阳离子来平衡。

上述层状硅酸盐的层间一般含有水合 Na^+ 或 Ca^{2+}，它们一般仅能接受无机或亲水的有机聚合物，如聚氧化乙烯（PEO）[14]和聚乙烯醇（PVA）等进行复合。为了使层状硅酸盐能与疏水的有机聚合物基体复合，往往还需进行两种处理：（1）将层状硅酸盐矿物实施有机插层改性，一方面使层状硅酸盐的层间距扩张，另一方面使其表面性能转变为疏水性，这两者都有利于层状硅酸盐与聚合物的复合。（2）将经有机插层改性的层状矿物与聚合物复合。显然，层状硅酸盐矿物的有机插层改性对制备 PLSN 非常关键。

研究表明，层状硅酸盐矿物的有机插层改性一般在液体体系中进行，除作为反应物的层状硅酸盐和插层剂外，还包括反应介质和其他助剂等物质。由于插层剂主要是通过和层状硅酸盐的层间阳离子进行交换而实现插层，所以层状硅酸盐的层间阳离子交换行为对其有机插层改性至关重要。在常用的层状硅酸盐矿物中，蒙脱石具有较强的层间阳离子交换性，因为蒙脱石的结构层剩余负电荷主要是因为八面体内 Al^{3+} 被二价阳离子（Mg^{2+}、Fe^{2+} 等）部分取代所产生，数量适度（以 $[Si_4O_{10}]$ 为基准的单元层中出现 0.33 个负电价），且位置远离层间域，所以对其层间阳离子（Na^+、Ca^{2+} 等）的束缚作用较弱，这导致层间阳离子具有较大的可交换性。此外，层状硅酸盐的层间阳离子交换作用还与离子的水化作用相关，对于蒙脱石，一般将钙基蒙脱石改型为钠基蒙脱石再进行插层改性效果更佳。相比之下，结构层无剩余电荷和剩余电荷量较大的层状硅酸盐矿物（分别如高岭石、云母）因无层间平衡离子和对平衡离子束缚作用强而几乎没有阳离子交换性。绢云母的结构单元层剩余电荷密度大，对层间平衡离子（K^+）的束缚作用很强，所以 K^+ 等层间物质稳定，不具有离子交换性和插层行为。为了能够利用绢云母结构单元层的优异性能，包括制备纳米片体和制备 PLSN，必须对其实施以形成较强离子交换性为目标的结构改造，而这需通过其反应活化、提高 Si/Al 比、降低结构单元层电荷密度等手段和步骤予以实现。使绢云母具有离子交换性可为其进一步的有机插层改性和制备 PLSN 等创造前提条件。

4.1.2　层状硅酸盐矿物结构改造的研究现状

1. 蛭石

蛭石是 2：1 型层状结构硅酸盐矿物，但相比蒙脱石其粒径较大，结构层剩余电荷量大，所以与有机阳离子等交换性较差。

在蛭石结构改造和改性加工方面，酸化法与热处理法是常见的方法。其中酸化能够提高蛭石的化学活性，增大比表面积和表面物理吸附性，从而使其能够更好地在石油炼制中起到催化剂的作用。热处理主要是利用蛭石的膨胀性使其作为建筑材料中的保温、隔声材料等，水热处理后的蛭石则可以有效吸附并固结放射性污染元素 Cs[15]。另外，用特定的阳离子替换蛭石的可交换性阳离子也是一种重要的改性方法，蛭石经这种方法改性后能产生未改性蛭石不具有的特殊吸附能力。将蛭石用金属卤化物溶液浸泡，可得到 Mg、Ca、Na 等类型的改性蛭石，它们均对铵根离子有较好的交换吸附性，且速度快，并均在中性环境中表现出最好的吸附效果。三种改性蛭石相比，Na 改性型性能最佳，Ca 和 Mg 改性型效果依次递减[16]。

黄振宇[17]等采用酸化和热处理综合法对蛭石进行了结构修饰改性，得到具有低剩余层电荷的改性蛭石。用十六烷基三甲基溴化铵（HDTMAB）对改性蛭石进行有机插层，认为 HDTMAB 在改性蛭石层间的排列方式随其用量的不同而不同，并证明结构修饰有利于制备聚合物/蛭石纳米复合材料。李陈[18]采用 0.5mol/L 的 NaCl 溶液对蛭石进行处理得到钠改性蛭石，其阳离子交换量和在水中对 Ca^{2+}、Mg^{2+} 的吸收量比未改性蛭石显著提高。

雅重庆[19]采用盐酸和氯化钠对蛭石进行改性，然后对其进行有机化处理得到层间距不同的有机化蛭石。将改性蛭石填充制备酚醛树脂/改性蛭石纳米复合材料基刹车片，具有相比未改性蛭石填充的刹车片更高的抗冲击强度和良好的韧性，高温摩擦系数更加稳定，出现热衰退的起始温度提高 30℃。

2. 高岭石

高岭石为 1：1 型层状硅酸盐矿物，其结构中极少发生同晶置换，晶胞中电荷基本是平衡的，晶层间的阳离子数极少，阳离子交换容量只有 3～15mmol/Z.100g±（Z 为阳离子的价数）。相邻单位晶层之间由羟基层和氧原子层相接，晶层之间被氢键紧紧地连接在一起，几乎无膨胀性，其表面积、孔隙率和吸附容量都不大。

张博[20]采用热活化、超声波/酸活化以及二甲亚砜/醋酸钾处理等物理化学方法修饰高岭石，使高岭石的粒径减小、比表面积提高、吸附能力增强、层间距扩大并改善了对有机物的亲和能力，将结构修饰的高岭石用作前驱体可制备 PLSN。刘雅静等[21]向工业级高岭土中加入体积分数为 15％的盐酸溶液，置于 90℃恒温水浴中搅拌 8h，冷却后采用蒸馏水反复洗涤、干燥、研磨过筛，得到酸改性高岭土，发现酸改性高岭土对 Zn^{2+} 的去除效果比未改性高岭土更加显著。岳彩霞等[22]采用 NaOH 对高岭石进行改性，并以改性前后高岭石为载体，Pd 为活性组分，用等体积浸渍法制备系列吸附剂，并评价了它的煤气脱汞性能。研究发现高岭石经碱改性可使其比表面积得到不同程度的提高，并促进了活性组分的分散效果，进而提高脱汞效率。其中以用量 9％的碱改性效果最为明显。高文秋等[23]以煤系高岭土为原料，将其与浓硫酸在微波条件下反应，制得具有较高比表面积的改性煤系高岭土。与传统改性方法相比，微波法可一步完成改性，并使反应温度降低，反应时间缩短。微波法改性煤系高岭土相比于未改性高岭土，具有更高的比表面积及更好的吸附性能。

3. 云母

金云母结构层剩余负电荷为 1（以 $[Si_4O_{10}]$ 为基准单元层计），层间 K^+ 不能被其他阳离子交换。江曙[25]采用与蛭石相似的处理方法，研究用酸处理-钠化的综合手段对金云母进行结构修饰，发现酸浸和加热综合方法能有效降低金云母层间剩余负电荷，使层间离子具有可交换性，并以此制备了聚合物/金云母纳米复合材料。

Obut 等[26]开展了在室温下以双氧水为膨胀剂对金云母进行化学膨胀的试验，证明双氧水在金云母层间的分解破坏了金云母层间阳离子的静电平衡，最终引起了层间距的扩张。刘德春等[27]在此基础上，采用加热方法对白云母进行化学膨胀试验，在最佳参数下，白云母层间距由 0.912nm 增大到 0.999nm，但 XRD 图谱显示其结构并没有发生变化。之后对其进行有机改性，显示膨胀样品的插层效果好于非膨胀样品。商平等[28]采用双氧水膨胀与钠化并用的方法制得结构修饰白云母，并以此制得环氧树脂/白云母纳米复合材料。

机械力研磨法与酸化法连用，可用于提升绢云母的结构活化效果，但一般不如热活化的效果[29]。

4.1.3 绢云母结构改造的技术路线与可行性

绢云母是 2∶1 型层状硅酸盐矿物，由于绢云母的四面体中有部分 Si 被 Al 所替代，因而结构层呈较强的负电性（剩余负电荷以 $[Si_4O_{10}]$ 为基准单元层计为 1）。为电荷平衡所需，K^+ 以十二配位的形式紧密"嵌于"绢云母的结构层间而固定，所以绢云母不具有离子交换作用。与其他层状硅酸盐相比，绢云母具有独特的屏蔽、吸收紫外线性能和回弹性等力学性能，采用绢云母制备 PLSN 将拥有更好的光稳定性、更高的拉伸强度、更高的热畸变温度及极好的阻隔性能。绢云母径厚比很大，可达到 1000 以上，大大超过蒙脱石[30]。如果绢云母能够被完全剥离或填充聚合物制备 PLSN，无疑能赋予制品更独特和优良的性能。

由于绢云母具有层间结合紧密、层间无离子交换性的结构特点，因而仅经过选矿提纯和简单粉碎加工难以制造出可发挥绢云母结构单元片体特性的纳米材料和纳米复合材料。为此，需对绢云母进行结构改造以降低绢云母结构层电荷和获得层间阳离子的可交换性，同时适当扩大层间距，从而为层间有机阳离子插层和进一步扩大层间距以实现纳米化。而降低绢云母结构层负电荷，则必须使绢云母中 Si/Al 值增大。如能通过酸处理选择性溶出绢云母结构中的 Al，即可使 Si/Al 值增大，而它的前提则是绢云母本身要具有反应活性。由此，针对绢云母结构改造的研究路线必须按照反应活化、酸处理、钠化（用 Na^+ 交换 K^+）的途径和次序予以展开。

4.2　原料、试剂和研究方法

4.2.1　原料和试剂

本研究所用绢云母为湖北地区绢云母原矿经单一重选方法获得的绢云母精矿，外观为灰白色粉末，粒度约 $10\mu m$。绢云母原料的化学成分列于表 4-1，表征绢云母纯度的 K_2O 含量高达 10.37%，说明绢云母纯度大于 90%。绢云母原料的 XRD 谱如图 4-1 所示，除绢云母外，未发现其他矿物的谱峰，表明原料纯度很高。也显示其中的绢云母矿物为 2M1 型，特征衍射峰对应的晶面距为 0.993nm 、0.498nm、0.332nm、0.249nm 和 0.199nm，分别对应绢云母的（002）、（004）、（006）、（008）和（0010）晶面，峰形尖锐、对称。

表 4-1　绢云母原料化学成分分析结果

氧化物	SiO$_2$	Al$_2$O$_3$	K$_2$O	Na$_2$O	Fe$_2$O$_3$	FeO	TiO$_2$	MgO	CaO	MnO	H$_2$O$^-$	烧失
含量（%）	47.30	30.02	10.37	0.45	2.02	0.41	0.64	1.53	0.22	0.04	0.26	4.19

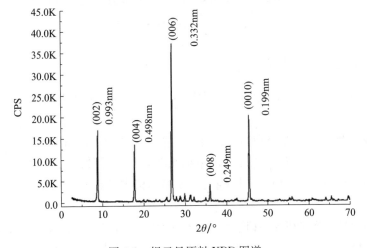

图 4-1　绢云母原料 XRD 图谱

　　图 4-2 展示了绢云母原料的差热-热重（TG-DSC）曲线，从 TG 曲线上发现，绢云母原料在低温时存在较小的质量损失，这是由吸附的表面水所导致。在 670 ～841℃之间，有 3％的质量损失，这是由于加热过程中随温度升高，绢云母的结构羟基被脱除所造成。图 4-3 为绢云母原料的 SEM 照片，表明绢云母原料片层发育良好，颗粒大小较为均匀，颗粒表面光滑。

　　绢云母结构改造试验用试剂主要有六偏磷酸钠、硝酸、氯化钠和蒸馏水，均为分析纯试剂。

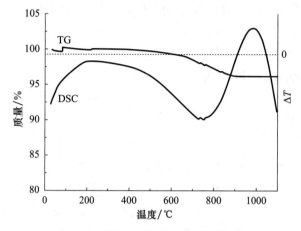

图 4-2　绢云母原料的 TG-DSC 曲线

图 4-3　绢云母原料的 SEM 照片

4.2.2　试验流程和技术路线

　　图 4-4 是绢云母结构改造过程和技术路线，包括热活化（或机械力活化）、酸处理和钠化处理三个工序。

　　在热活化过程中，随热处理温度的升高，绢云母吸收的能量逐渐积累，晶格震动逐渐加强，晶面间距逐渐增强，对 Al^{3+} 的束缚减弱，从而导致绢云母的酸反应活性增大。同时，绢云母高温（800℃以上）煅烧还能脱掉晶格中的羟基，从而有利于它更好地盐化（Na^+ 交换）[31]。

　　机械力活化是指通过机械力研磨作用，使晶体的局部形成晶格畸变，发生错位，甚至使晶格点阵中粒子排列部分失去周期性，从而导致晶体内能增高和反应活性增强。固体物质在受到机械力作用时，在接触点处或裂纹顶端就会产生应力集中现象，并以一定的方式衰减。而衰减方式取决于物质的性质、机械作用的状态（压力与剪应力的关系）及其他相关条件。当机械作用较弱时，应力主要通过发热的形式衰减；机械作用增强到某一临界值，就会产生另一种效果——破碎。如果机械作用更强，并使形成裂纹的临界时间短于产生这种裂纹的机械作用时间，或者受到机械作用的颗粒的尺寸小于形成裂纹的临界尺寸时，都不能形成裂纹，而会产生塑性变形和各种缺陷的积累。这一过程就是机械力活化。

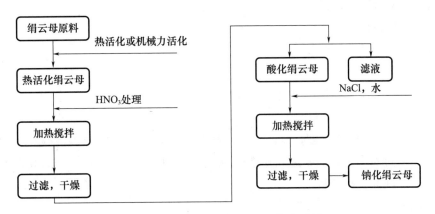

图 4-4　绢云母结构改造过程和技术路线

绢云母结构改造中酸处理的目的是选择性溶出 Al^{3+}，从而增大 Si/Al 值以降低结构层剩余负电荷。绢云母结构层负电荷来自四面体中 Al^{3+} 对 Si^{4+} 的替代，因此，只有通过溶出绢云母结构中的 Al^{3+}，使 Si/Al 值增大，才可降低其结构层剩余负电荷，从而减弱对层间 K^+ 的束缚，并使 K^+ 由不可置换变为可置换。在绢云母酸化溶出过程中，四配位和六配位的 Al^{3+} 均有溶出，其中，四配位 Al^{3+}（来自四面体）的溶出有利于降低绢云母的层电荷密度。并且，酸化后的绢云母晶体结构较之热活化绢云母可发生更大程度的畸变，从而进一步增强活化程度（表现为晶面（002）的衍射峰峰形宽化、峰强变低[32,33]）。

绢云母的钠化是用 Na^+ 交换其层间的 K^+ 以提高离子水化程度，进而提高绢云母层间的膨胀性。由于 Li^+、Na^+ 较 K^+ 的离子半径小，更容易从绢云母层间被交换，因此可采用 $LiNO_3$ 的熔体或溶液[34]对酸化后的绢云母进行盐化修饰。出于经济考虑，NaCl 溶液也时常被采用。Shih 等[31]通过热活化和水热处理的联合方法制备出了膨胀性绢云母，其 80％的层间 K^+ 为可交换阳离子，离子交换性为 1.10meq/g。

4.2.3　过程评价与产物性能表征

1. 绢云母热处理和机械研磨活化

（1）晶格畸变程度分析

晶格畸变是指晶格中质点排列部分失去其点阵结构的周期性导致晶面间距发生变化，呈现晶格缺陷以及非晶态结构等现象，是矿物晶体结构变化的一种重要表现形式。因此，本研究用绢云母经活化处理后的晶格畸变现象评价其活化行为。

由固体物理学关于形变固体衍射宽化理论解释可知，衍射线的半峰宽化与晶格尺寸成反比，与晶格应变成正比。故半峰宽增大表明绢云母颗粒晶格内应变的加强，晶粒内部产生应力缺陷或晶格缺陷[35]。

晶格形变程度、晶粒尺寸、衍射峰半峰宽和衍射角有如下关系：

$$B\cos\theta = \frac{K\lambda}{D} + \frac{4\Delta d}{d}\sin\theta \tag{4-1}$$

式中　B——衍射峰的半峰宽值；

　　　　λ——X 射线波长；

　　　　θ——衍射角；

　　　　K——形状系数，接近 1；

　　　　d——晶面间距；

　　　　Δd——被研究反射面间距相对于均值 d 的平均偏差；

　　　　D——晶格大小。

$4\Delta d/d$——晶格的畸变程度，其值越大，畸变程度越大，反之畸变程度越小。

所以，通过对 $B\cos\theta$-$\sin\theta$ 之间作线性回归，得到斜率（$4\Delta d/d$），即可反映 d 值的变化，进而反映晶格畸变程度。

（2）粒度测试分析

对于绢云母的机械力研磨活化，一般来说，研磨后粒度越小，表明其受到的研磨力越大，可导致的晶格畸变程度也越大。因此通过测试粒度也可在一定程度上表征其活化程度。

2. 绢云母酸处理

（1）Al 的溶出能力和占位行为

研究表明，酸浸对绢云母结构中不同占位的 Al 的溶出能力不同，绢云母结构中 Al 的占位主要是四配位和六配位两种形式。Al 溶出量的多少是绢云母结构活化程度的度量，在结构未被破坏的情况下，Al 溶出量越多说明绢云母的活性越高。测定酸化绢云母滤液中的 Al^{3+} 依据《非金属矿物和岩石化学分析方法　第 2 部分　硅酸盐岩石、矿物及硅质原料化学分析方法》（JC/T 1021.2—2007）[36]进行。

采用红外光谱分析，通过官能团的谱峰变化情况可间接定性判断 Al^{3+} 的溶出量与溶出位置。仪器型号：Magna-IR 750；最高分辨率：0.125cm^{-1}；测量范围：中红外：4000～400cm^{-1}；远红外：650～50cm^{-1}；近红外：11000～2100cm^{-1}；显微红外：4000～650cm^{-1}。

采用 Bruker AvanceⅢ 核磁共振谱仪（^{27}Al NMR）测定绢云母原料和酸处理绢云母的 Al 占位情况，从而确定绢云母结构中 Al 的转移情况。测试参数：共振频率130.327Hz，采样时间 0.01s，谱宽 52083Hz，驰豫时间 0.5s，脉冲宽度 0.9μs，转速6000r/min，扫描次数 1024。

（2）Zeta 电位的测试

绢云母矿物在水中时，其固液两相会分别带有不同符号的电荷，这使得界面上形成双电层结构。由于结构层剩余电荷对绢云母的带电行为有较大影响，所以，测定和对比绢云母结构改造前后表面电位，可反映结构层剩余电荷的变化，进而反映结构改造效果。采用微观电泳法测定颗粒表面电动电位（Zeta 电位），仪器为亚微米粒度及电位分析仪 Zeta PALS，测试参数为粒度范围：2nm～5μm；温控范围：（6±0.1）～（75±0.1）℃；浓度范围：0.01%～0.1%体积（0.001%～40%选项）；pH 范围：2～12；激光器功率：30 mW。

3. 绢云母的 Na^+ 交换

通过测量阳离子交换总量（CEC）表征绢云母的离子交换能力，CEC 越大，说明绢云母的阳离子交换能力越强，因而，通过测量结构改造后绢云母阳离子交换量，就可以反映对绢云母进行结构改造的效果。本研究采用氯化铵-无水乙醇法来测定绢云母的 CEC。

4.3　绢云母的活化及其表征

4.3.1　绢云母的热处理活化

1. 热处理温度对绢云母活化效果的影响

将绢云母原料置于箱式电阻炉内，分别在不同温度下加热 2h 得到热活化产物。为表征热处理温度对绢云母活化效果的影响，对绢云母原料和热活化产物进行了 XRD 测试，结果如图 4-5 所示。

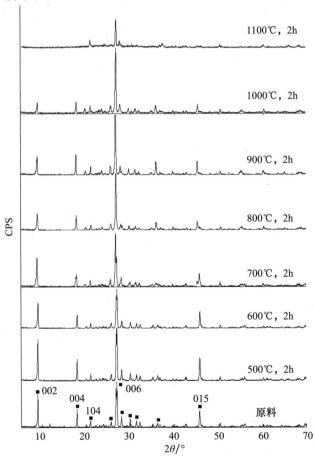

图 4-5　绢云母原料和不同温度热活化产物的 XRD 图谱

从图 4-5 看出，在温度 500～900℃的绢云母活化产物的 XRD 图谱中，反映绢云母特征的几个主要衍射峰的位置基本保持不变，但其强度，特别是（002）晶面的强度随温度提高而不断降低，这说明，它们的晶化程度依次降低，但绢云母的晶体依然保持完整。将处理温度提高至 1000℃和 1100℃，其活化产物的 XRD 中，除最强的两个峰以外，其他峰几乎消失，尤其是 1100℃产物几乎只剩下主峰，说明绢云母已发生了相转变，显然已丧失了作为层状硅酸盐矿物的特征。

根据 XRD 数据，以绢云母原料和各温度热活化产物 XRD 中衍射峰的 $\sin\theta$ 为 x 轴，以 $B\cos\theta$ 为 y 轴，使用 Origin 对各产物作出了 y-x 关系的直线拟合图，结果如图 4-6 所示。

从图 4-6 看出，绢云母原料和温度 500℃热处理产物的 y-x（$B\cos\theta$-$\sin\theta$）直线的斜率基本为 0（0.003 和−0.0202），说明二者处于稳定状态，无活化行为。与之不同，在保温时间仍为 2h 的情况下，随热处理温度从 600℃至 800℃逐渐升高，所得绢云母活化

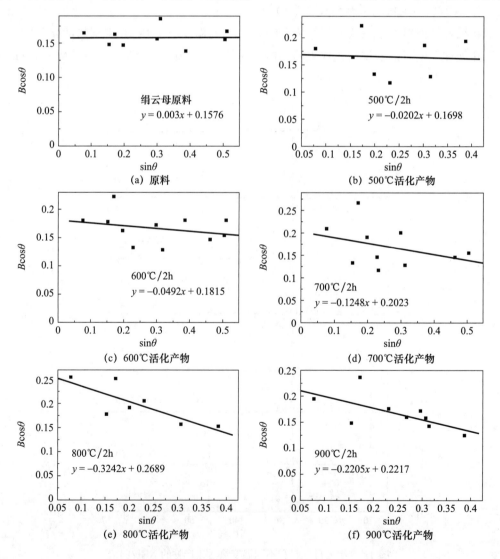

(a) 原料

(b) 500℃活化产物

(c) 600℃活化产物

(d) 700℃活化产物

(e) 800℃活化产物

(f) 900℃活化产物

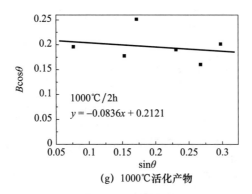

（g）1000℃活化产物

图 4-6　绢云母热活化产物 XRD 的 $Bcos\theta$-$sin\theta$ 关系

产物的 y-x 直线的斜率（绝对值）逐渐变大，在 800℃时达最大值（0.3242）。随热处理温度继续提高至 900℃和 1000℃，产物的 y-x 直线斜率又逐渐减小。结果说明，随热处理温度的升高，绢云母吸收的能量逐渐增大，导致晶格振动逐渐加强，晶面间距逐渐增强，对 Al 的束缚减弱，绢云母的活性增大，到 800℃时达到临界点。800℃之后，随着温度的继续上升，晶格振动继续加剧，绢云母的晶体结构开始受到破坏，片层结构开始坍塌，活性反而降低，到 1100℃左右，其晶体结构完全被破坏。

通过上述分析，认为在温度 800℃条件下焙烧产物的活化效果最佳。

2. 保温时间对绢云母活化效果的影响

将绢云母在温度 800℃条件下进行热活化，保温时间分别为 1h、2h 和 3h 产物的 XRD 图谱如图 4-7 所示。根据 XRD 数据得到以衍射峰 $sin\theta$ 为 x 轴，以 $Bcos\theta$ 为 y 轴的直线拟合图如图 4-8 所示。

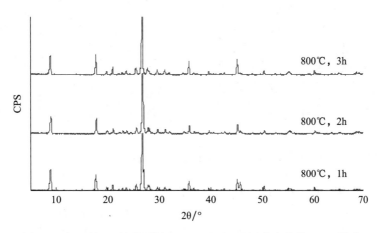

图 4-7　绢云母 800℃分别处理 1h、2h 和 3h 活化产物的 XRD 图谱

结果显示，绢云母在温度 800℃条件下进行热活化处理，随保温时间从 1h 增加至 3h，所得产物 XRD 中绢云母的衍射峰强度呈增强趋势，$Bcos\theta$-$sin\theta$ 直线的斜率（绝对值）1h 产物大于 3h 产物，说明热处理温度 800℃时，保温时间增长对绢云母的活化无益。相比之下，保温 1h 的活化程度最大，故确定热处理活化绢云母的优化条件为温度

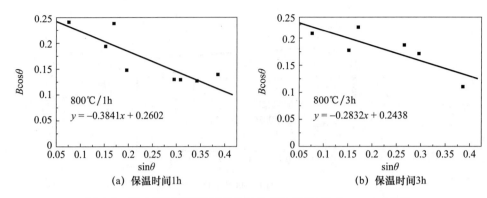

(a) 保温时间1h   (b) 保温时间3h

图 4-8　绢云母不同保温时间热活化产物 XRD 的 $B\cos\theta$-$\sin\theta$ 关系

800℃，保温 1h。在此条件下，可在保持绢云母晶体完整的前提下，使其呈现一定程度的晶格畸变，从而实现活化和为下一步结构改造创造条件。

3. 热活化绢云母表面形貌分析

绢云母原料及其热活化产物（800℃下焙烧 1h）的 SEM 结果如图 4-9 所示。图 4-9（a）显示，绢云母原料图像清晰，晶体呈不规则形态的鳞片状，晶体边缘棱角分明，说明其结晶程度比较好。相比之下，观察图 4-9（b），热活化产物的晶体呈不规则形态的鳞片状，晶体边缘的棱角比较粗糙，说明其绢云母的稳定结构被破坏，与绢云母被热处理活化后结晶程度变差相符，与 XRD 结果一致。

(a) 绢云母原料   (b) 热活化产物

图 4-9　绢云母原料和热活化产物的 SEM 照片

4. 热活化绢云母酸浸出 Al^{3+} 的行为

将绢云母原料和热活化绢云母（800℃下焙烧 1h）分别置于硝酸溶液（浓度 4mol/L）中浸取（40min，水浴 60℃），通过测试滤液中的 Al^{3+} 含量，得到二者的 Al^{3+} 溶出量分别为 2.68 mg/g 和 24.34mg/g，按所含 Al^{3+} 的量计算溶出率分别为 1.72％ 和 15.62％。由此看出，绢云母原料 Al^{3+} 的溶出量和溶出率很低，但热活化使之显著提高，其 Al^{3+} 溶出量和溶出率达到绢云母原料的 9 倍，说明热活化已导致绢云母的活性显著增强，并为提高绢云母结构中 Si/Al 和降低结构层电荷奠定了基础。

4.3.2   绢云母的机械研磨活化

1. 球料比和研磨机转速的影响

搅拌磨研磨时不同球料比和不同转速研磨后的绢云母粒度如表 4-2 所示（原料 200g，研磨时间 90min，浆料浓度 40%，分散剂用量 0.7%）。由表 4-2 看出，当球料比为 5∶1，转速为 1000r/min 时，所得绢云母产物的粒度最小（d_{50} 和 d_{90} 分别为 0.99μm 和 3.39μm），说明绢云母活化程度最高。该产物的 XRD、$B\cos\theta$、$\sin\theta$ 的关系如图 4-10 所示，其中 $B\cos\theta$-$\sin\theta$ 回归直线的斜率为 0.1345，虽比热活化产物（0.38）的小，但也显示该产物具有一定的活化效果。

表 4-2   不同球料比和转速条件下绢云母活化产物的粒度值

球料比		3∶1				4∶1				5∶1		
转速（r/min）		1000	1200	1400	1600	1000	1200	1400	1600	1000	1200	1400	1600
粒度	d_{50}（μm）	1.02	1.02	1.02	1.01	1.02	1.01	1.01	1.00	0.99	1.01	1.02	0.99
	d_{90}（μm）	4.31	4.37	4.03	3.91	4.00	3.95	3.93	3.87	3.39	3.46	3.48	3.54

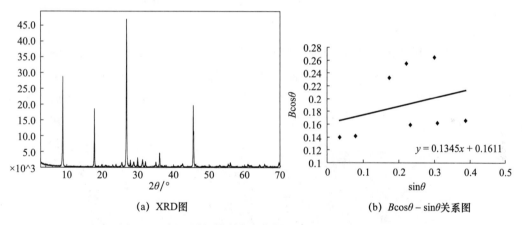

(a) XRD图   (b) $B\cos\theta$-$\sin\theta$关系图

图 4-10   绢云母机械研磨产物的 XRD 及 $B\cos\theta$-$\sin\theta$ 关系

2. 研磨时间对样品活化程度的影响

绢云母研磨不同时间所得活化产物的粒度如表 4-3 所示（原料 200g，浆料浓度 40%，分散剂用量 0.7%，球料比 5∶1，转速 1000r/min）。结果显示，随研磨时间的增加，绢云母粒度逐渐变小，并在研磨时间 5h 达到最低后，随研磨时间再增加而又开始变大，这应是绢云母开始团聚所致，也说明活化程度达到最大。该条件下，绢云母研磨活化产物粒度为 $d_{50}=0.99\mu$m，$d_{90}=2.79\mu$m。

研磨时间 5h 绢云母研磨活化产物的 XRD 及 $B\cos\theta$ 和 $\sin\theta$ 的关系如图 4-11 所示，从中可见，$B\cos\theta$~$\sin\theta$ 回归直线的斜率为 0.1803，表明经过机械研磨活化的绢云母也显示了晶格畸变现象，但畸变程度和热活化产物相比较低，原因可能是机械力研磨只是作用在绢云母的表面，其内部大部分的晶格并没有发生畸变。

表 4-3　不同机械力研磨时间下各试样的粒度

研磨时间（h）		1.5	2	3	4	5	6
粒度	d_{50}（μm）	0.99	0.99	0.99	0.98	0.99	1.00
	d_{90}（μm）	3.39	3.42	2.96	2.95	2.79	2.82

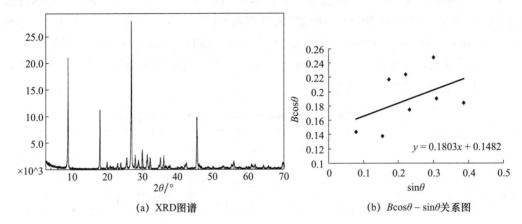

(a) XRD图谱　　　　　　　　(b) $Bcos\theta - sin\theta$关系图

图 4-11　研磨 5h 的绢云母的 XRD 及 $Bcos\theta$-$sin\theta$ 关系

3. 机械力活化样品形貌分析

绢云母原料和研磨 5h 绢云母活化产物的 SEM 图如图 4-12 所示。从图 4-12（a）可见，绢云母原料片层较大，表面很光滑，互相之间的空隙比较大。相比之下，图 4-12（b）中绢云母活化产物为较碎的片体，且表面光滑程度降低，说明绢云母表面受到了机械力活化的作用，粒度变小，活性增大。

(a) 绢云母原料

(b) 绢云母机械研磨活化产物

图 4-12　绢云母原料和机械研磨活化产物的 SEM 照片

4. 酸浸出 Al³⁺ 的含量分析

对研磨时间 5h 的绢云母研磨活化产物进行酸浸（硝酸溶液，浓度 4mol/L），测得 Al³⁺ 的溶出量为 11.15 mg/g，是绢云母原料（2.68mg/g）的 4.16 倍，是热活化绢云母（24.34mg/g）的 46%。同时计算出 Al³⁺ 的溶出率为 7.15%。结果证实了机械研磨对绢云母具有活化作用，但弱于热活化的现象，与 XRD 和粒度的分析一致。

4.4 酸处理对绢云母结构和 Al³⁺ 溶出行为的影响

参考 F. J. del[37] 等处理蛭石和金云母的方法，在绢云母热活化基础上，采用硝酸浸取方法对绢云母进行结构修饰，其目的是溶出绢云母结构中的 Al³⁺ 而降低其层间剩余负电荷，为减弱层间离子的束缚作用和形成离子交换性奠定基础。

4.4.1 硝酸处理过程各因素的影响试验

1. 硝酸浓度的影响

在温度 95℃，固液比 3%，搅拌时间 4h 的条件下，进行了硝酸溶液浓度对绢云母 Al³⁺ 溶出量的影响试验，结果如图 4-13 所示。结果显示，绢云母中 Al³⁺ 溶出量随硝酸溶液浓度的增加而增大，浓度在 5mol/L 时达 22mg/g，硝酸浓度再增加，绢云母中 Al³⁺ 的溶出量增加有限，因此选定优化的硝酸浓度为 5mol/L。

2. 搅拌时间的影响

图 4-14 为硝酸浸取过程搅拌时间对绢云母 Al³⁺ 溶出量的影响，试验条件为硝酸浓度 5mol/L，反应温度 95℃，固液比 3%。随搅拌时间从 160min 起逐渐增加，绢云母 Al³⁺ 溶出量逐渐增大，为最大限度使 Al³⁺ 溶出，选择最佳搅拌时间为 240min。

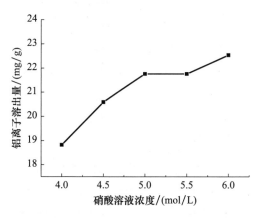

图 4-13 硝酸溶液浓度对绢云母 Al³⁺ 溶出量的影响

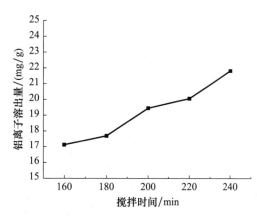

图 4-14 搅拌时间对绢云母 Al³⁺ 溶出量的影响

4.4.2 硝酸处理绢云母与硫酸和盐酸处理的对比

为对比不同种类酸对绢云母的处理效果，选取硝酸、盐酸、硫酸三种酸对绢云母进行处理。设计了正交试验，并以 Al^{3+} 溶出量为评价指标，试验条件和结果如表 4-4 所示。

由试验结果可知，酸处理时，对绢云母 Al^{3+} 溶出量的各因素的影响程度为：反应温度＞酸浓度＞反应时间＞酸种类。其中，采用硝酸对绢云母进行处理时，随硝酸浓度的提高和反应时间的延长，绢云母的 Al^{3+} 溶出量增加，与单一试验的影响（图 4-13）一致。其中在硝酸浓度 5mol/L、反应温度 95℃、反应时间 5h 条件下，绢云母 Al^{3+} 的溶出量为 31.0mg/g。与之相比，硫酸和盐酸处理绢云母的 Al^{3+} 溶出量并非随酸浓度增大而持续增加，其最大值分别为 14.0 和 11.1mg/g，效果远不如硝酸。研究认为[38]，硝酸溶液中的 H^+ 作用于绢云母的结构，发生的是离子交换反应，首先它能置换层间的 K^+、Na^+ 等阳离子，其次溶出部分的 Al^{3+} 和 Si^{4+}，并使绢云母结构中四面体和八面体中 Al^{3+} 的溶出量保持一定比例。

表 4-4　不同种类的酸对绢云母进行结构修饰的效果

试验号	因素				结果
	酸种类	酸浓度（mol/L）	反应温度（℃）	反应时间（h）	Al^{3+}溶出量（mg/g）
1	HNO_3	1	60	1	4.2
2	HNO_3	3	80	3	12.8
3	HNO_3	5	95	5	31.0
4	H_2SO_4	1	80	5	9.9
5	H_2SO_4	3	95	1	14.0
6	H_2SO_4	5	60	3	8.2
7	HCl	1	95	3	11.1
8	HCl	3	60	5	8.5
9	HCl	5	80	1	9.9
$K_{1,j}$	48.0	25.2	20.9	28.1	
$K_{2,j}$	32.1	35.3	32.6	32.1	
$K_{3,j}$	29.5	49.1	56.1	49.4	
$k_{1,j}$	16.0	8.4	7.0	9.4	
$k_{2,j}$	10.7	11.8	10.9	10.7	
$k_{3,j}$	9.8	16.4	18.7	16.5	
R_j	6.2	8.0	11.7	7.1	
影响程度	反应温度＞酸浓度＞反应时间＞酸种类				

注：K_{ij} 表示第 j 列因素（$j=1$，2，3，4）第 i 水平（$i=1$，2，3）试验结果之和。k_{ij} 表示第 j 列因素第 i 号水平的效应，以式表示为：$k_{ij}=K_{ij}/$ 第 j 列第 i 水平出现的次数；R_j 表示第 j 列因素的最大效应与最小效应之差，又叫做极差，以式表示为：$R_j=(k_{ij})_{max}-(k_{ij})_{min}$；极差 R_j 的大小可以判断因素对指标影响的主次。R_j 越大，表示的 j 号因素对指标的影响越大，反之则越小。

4.4.3　酸处理绢云母的结构与性能表征

1. SEM 分析

图 4-15 展示了硝酸处理绢云母产物的 SEM 照片，可以发现，酸处理绢云母依然为片层结构，与绢云母原料差别不大，只是颗粒表面比原料粗糙。

图 4-15　酸处理绢云母的 SEM 照片

2. XRD 分析

图 4-16 为酸处理绢云母的 XRD 及与不同处理阶段绢云母的对比。从图 4-16 看出，与绢云母原料相比，热处理绢云母衍射峰强度明显降低、峰形宽化；酸处理绢云母的衍射峰强度在此基础上进一步降低且峰形更加宽化，说明硝酸的作用增强了绢云母的活性，其结晶化程度变低，不过仍保持了绢云母结构的完整。另外，酸化绢云母在 $2\theta =$ 4.44°处还出现了 $d = 1.988\text{nm}$ 微弱的新峰，这应是硝酸处理导致绢云母的层间距扩张所致，可能是绢云母经硝酸处理后因结构单元组成发生变化而导致层间进入其他组分的结果。说明酸处理绢云母的晶体结构较之热活化绢云母发生了更大程度的畸变，即活化程度增强。

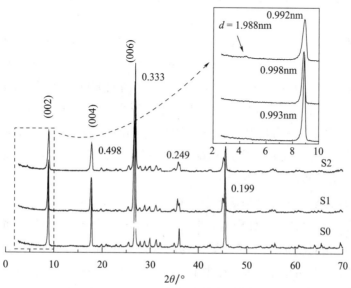

图 4-16　绢云母原料（S0）及其热处理（S1）和酸处理产物（S2）的 XRD 图谱

3. 硝酸处理绢云母 Al 的溶出位置

图 4-17 是绢云母原料和硝酸处理产物的 ^{27}Al NMR 谱图。Al 的化学位移 δ 的范围为 450×10^{-6}。受其原子配位数及周围环境的影响，通常六配位 Al 的化学位移为 $-10 \sim 10 \times 10^{-6}$，四配位 Al 的化学位移为 $50 \sim 70 \times 10^{-6}$，因此可用 ^{27}Al NMR 区分黏土中 Al 所处位置。

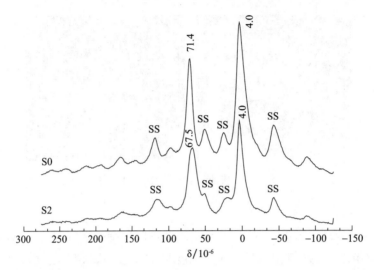

图 4-17　绢云母原料（S0）和酸处理产物（S2）的 ^{27}Al NMR 谱图（SS 为旋转边带）

河北漳村伊利石[39]四配位 Al 的 δ 为 71.2，六配位 Al 的 δ 为 3.2；Jonathan FS[40]分析白云母和伊利石的四配位 Al 的 δ 分别为 72 和 72.8，六配位 Al 的 δ 分别为 5 和 5.9。从图 4-17 看出，本研究所用绢云母原料四配位 Al 的 δ 为 71.4×10^{-6}（旋转边带分别为 118 和 25×10^{-6}），六配位 Al 的 δ 为 4.0×10^{-6}（旋转边带分别为 50 和 -42×10^{-6}），均与上述几种矿物的值相近。而硝酸处理后分别变为 67.5 和 4.0，四配位 Al 的 δ 发生显著变化。

^{27}Al NMR 的尖峰通常指示 Al 为短程有序，宽峰通常指示短程无序。对比显示，绢云母原料的共振谱峰比酸处理绢云母的尖锐，这说明绢云母酸处理产物的结构层有序度下降。另外，与绢云母原料相比，酸处理绢云母的四配位和六配位 Al 的共振谱峰强度分别降低了 34% 和 32%，说明结构中两种配位形式的 Al 都被溶出。并且，酸处理后四配位 Al 相对六配位 Al 含量升高，但是谱峰峰宽增加，说明四配位 Al 的分布不均匀；六配位 Al 相对含量虽然降低，但是峰宽变窄，说明其分布变得均匀，这可能是由于层电荷降低导致其有序度增大[26]的结果。

4. 硝酸处理前后绢云母结构层剩余电荷

表 4-5 为绢云母原料和酸处理绢云母的化学成分分析结果。与原料相比，酸处理绢云母除 SiO_2 含量相对增加外，其余氧化物的含量均下降，其中 Fe、K、Na 的降幅较大，这是由于绢云母层间和八面体片中的阳离子比四面体片中的 Si 更易溶出所致。由于这些离子被溶出，导致绢云母的四面体结构和八面体结构都产生较大的畸变。

表 4-5　各处理阶段的绢云母化学成分分析结果

样品	主要氧化物含量（%）									
	SiO_2	Al_2O_3	Fe_2O_3	FeO	TiO_2	K_2O	Na_2O	MgO	CaO	MnO
绢云母	47.30	30.02	2.02	0.41	0.64	10.37	0.45	1.53	0.22	0.040
酸处理绢云母	52.56	29.27	1.65	0.018	0.70	8.40	0.28	1.15	0.22	0.027

表 4-6 为根据酸处理绢云母滤液中的元素组分溶出情况推算得到的绢云母中各组分的溶出量。其中 Si 的溶出量很少，Al 和 K 的溶出量很多，Fe、Na 和 Mg 也有较多溶出量，这与酸处理绢云母的化学成分分析结果一致。

表 4-6　酸处理绢云母中各组分的溶出量

元素组分	Si	Al	Fe	K	Na	Mg
溶出量（mg/g）	1.14	37.64	4.31	24.53	5.53	5.89

根据化学成分分析和 Al 溶出位置研究结果，以 O=11 为基础，采用晶体化学式法计算了绢云母原料与酸处理绢云母的化学结构式和单元层电荷，结果列于表 4-7。结合表 4-5 可知，酸处理后四面体层的 Si/Al 增大，结构中的阳离子含量均有一定程度的降低，计算得到的单元层电荷从 1.00 降低到 0.78（以 $[Si_4O_{10}]$ 为基准单元层计），证实了酸处理通过溶出 Al、增大 Si/Al 而降低了层电荷数，并对晶层的膨胀和剥离现象产生了影响。

表 4-7　酸处理前后绢云母化学结构式及单元层电荷计算结果

样品	化学结构式	单元层电荷
绢云母	$K_{0.90}Na_{0.06}Ca_{0.02}[Al_{1.65}Ti_{0.03}Fe^{3+}_{0.10}Fe^{2+}_{0.02}Mg_{0.16}\square_{0.04}][Si_{3.23}Al_{0.77}]O_{10}(OH)_2$	1.00
酸处理绢云母	$K_{0.70}Na_{0.04}Ca_{0.02}[Al_{1.72}Ti_{0.03}Fe^{3+}_{0.08}Mg_{0.11}\square_{0.06}][Si_{3.45}Al_{0.55}]O_{10}(OH)_2$	0.78

测定绢云母在水介质中的 Zeta 电位可验证其单元层电荷的变化。绢云母结构层电荷主要来源于四面体中 Al^{3+} 对 Si^{4+} 的替代，Fe^{2+}、Mg^{2+} 等替代八面体中的 Al^{3+} 也会产生较小的剩余电荷。此外，绢云母粉碎时形成的端面不饱和断键也会导致表面带电。这些均可导致绢云母颗粒因结构层因素的带电，并受到溶液中定位离子（H^+ 和 OH^-）的影响。随溶液 pH 的增加，溶液中 H^+ 离子浓度减小，羟基增多，致使绢云母表面电位及 Zeta 电位不断下降，并在至零电点（P.Z.C）后变为负值。显然，在相同 pH 条件下，溶液中绢云母的 Zeta 电位主要是由结构层因素所导致。

图 4-18 是绢云母原料和硝酸处理绢云母在水中 Zeta 电位随 pH 的变化。在 pH=3～11 的范围内，绢云母和酸处理绢云母的 Zeta 电位均为负值，并随 pH 的增大，其绝对值增大，反映了结构层因素（负电）及 H^+、OH^- 的影响。绢云母原料与酸处理绢云母相比，酸处理绢云母的 Zeta 电位绝对值低于同等 pH 下绢云母原料的值。由于结构电荷是形成绢云母电位的主要因素，所以这一结果说明，绢云母经酸处理后其结构层电荷被降低，即酸处理成功地降低了绢云母的层间剩余负电荷。

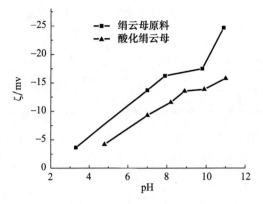

图 4-18　绢云母原料与酸处理绢云母的 Zeta 电位

4.5　绢云母钠化及对性能与结构的影响

绢云母钠化是指绢云母经热活化和酸处理后，通过 Na^+ 进入绢云母层间 K^+ 溶出的位置，或 Na^+ 对层间 K^+ 的交换替代，借助 Na^+ 强于 K^+ 的水化等作用实现提高绢云母层间离子交换能力的目的。钠化的原理可归纳为：K^+ 半径较大，与两晶层紧密连接，层间距离较固定。当 K^+ 与水接触时，水化作用弱。而 Na^+ 离子电价低，电荷密度较小，与绢云母晶格的结合能较小，水化作用强[39]。

4.5.1　钠化反应条件的影响

1. 反应时间的影响

将酸化绢云母加入到浓度 4mol/L 的 NaCl 溶液中，将其加热至 60℃ 分别搅拌反应 0.5h、1.0h、1.5h 和 2.0h，重复 3 次。所得钠化产物的 CEC 值和 XRD 谱示于图 4-19。

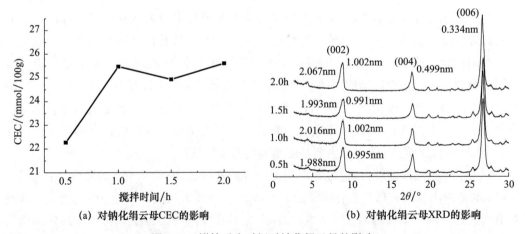

(a) 对钠化绢云母CEC的影响　　　　　(b) 对钠化绢云母XRD的影响

图 4-19　搅拌反应时间对钠化绢云母的影响

从图 4-19（a）看出，随搅拌时间从 0.5h 增加至 1.0h，所得钠化绢云母的 CEC 值也随之较大幅度提高，其中，在搅拌时间 1.0h 时达 25.5mmol/100g。搅拌时间超过

1.0h，钠化绢云母的 CEC 值先小幅降低，而后又开始提高。所以选择搅拌作用时间 1.0h 为优化条件。图 4-19（b）显示，不同搅拌时间钠化绢云母的 XRD 谱基本一致，说明绢云母晶体结构依然保持完整，只是在 d 值约为 2nm 位置出现了绢云母部分层间域扩张而形成的新的衍射峰。

2. 反应温度的影响

图 4-20 为钠化反应温度对钠化绢云母 CEC 值和 XRD 的影响。试验固定条件为：NaCl 溶液浓度 4mol/L，酸处理绢云母在 NaCl 溶液中的固含量为 30g/L，搅拌作用时间 1h。图 4-20（a）结果表明，随反应温度从 50℃升至 65℃，钠化绢云母的 CEC 下降；温度再升高，CEC 又较大幅度增加，其中温度至 95℃时达 29mmol/100g 以上，说明钠化反应温度对绢云母 CEC 的影响十分显著。从图 4-20（b）看出，随反应温度提高，钠化产物 XRD 中绢云母特征衍射峰强度、位置等均未发生明显变化，说明绢云母晶体结构完整。只是在 d 值大于 2nm 处出现了由绢云母部分层间域扩张导致的新衍射峰，并且峰强度和 d 值随温度升高而增强，其中反应温度 95℃产物 d 值为 2.132nm，表明扩张作用显著。

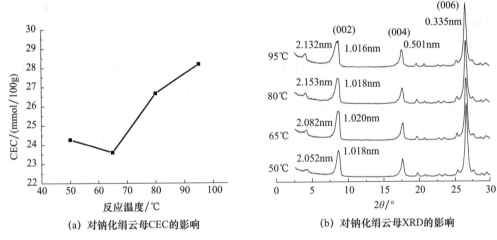

（a）对钠化绢云母CEC的影响　　　　（b）对钠化绢云母XRD的影响

图 4-20　搅拌反应温度对钠化绢云母的影响

3. Na$^+$ 浓度的影响

将硝酸处理绢云母与 NaCl 溶液混合成固含量为 30g/L 的悬浮液，将其在水浴加热（温度 60℃）条件下搅拌 1h 制得钠化绢云母。改变 NaCl 浓度从 1mol/L 增大到 4mol/L，所得钠化绢云母产物的 CEC 值和 XRD 谱分别示于图 4-21。

图 4-21（a）显示，随 NaCl 溶液浓度从 1mol/L 逐渐增大到 4mol/L，所得钠化绢云母的 CEC 值呈现先降低而后迅速增大的现象。从图 4-21（b）的 XRD 谱看出，钠化绢云母出现在 d 值约 2nm 处的新衍射峰尖锐和清晰，表明钠化绢云母层间域扩张的趋势明显，但绢云母的晶体结构依然保持完整。

为进一步提高绢云母的 CEC，又采用更高浓度（3～6mol/L）的 NaCl 溶液对酸化绢云母进行了钠化处理（95℃搅拌反应 1h），结果如图 4-22 所示。从中看出，NaCl 浓度从 3mol/L 增大到 6mol/L，所得钠化绢云母的 CEC 值一直呈增大趋势，浓度至 6mol/L，

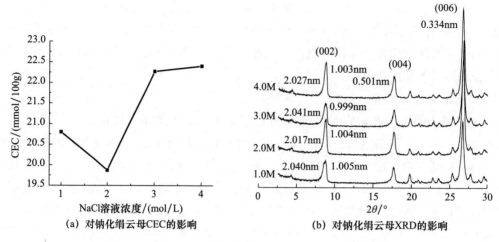

(a) 对钠化绢云母CEC的影响   (b) 对钠化绢云母XRD的影响

图 4-21 Na^+ 浓度对钠化绢云母的影响

CEC 为 29.07mmol/100g，比图 4-21（a）NaCl 浓度较低时提高明显，说明高浓度的 Na^+ 有利于绢云母的钠化和离子交换作用。钠化绢云母 XRD（图 4-22（b））中由层间域扩张导致的新衍射峰随 CEC 值的增大其强度明显增加，并且 d 值进一步增大到 2.154nm，表明绢云母层间域的扩张程度更加显著。图 4-22（b）还表明，高浓度 Na^+ 的钠化产物中，绢云母的晶体结构依然保持完整，只是与低浓度产物（图 4-21）相比，（002）晶面衍射峰的强度下降，峰形变宽且在 d 值 1.03～1.06nm 范围出现了肩峰，这无疑是绢云母经包括热活化、酸处理和钠化等结构改造加工后，因组分和结构变化导致层间域扩张，从而使（002）晶面在原位置上保留的特征相对减少、新位置特征逐渐增加的结果。

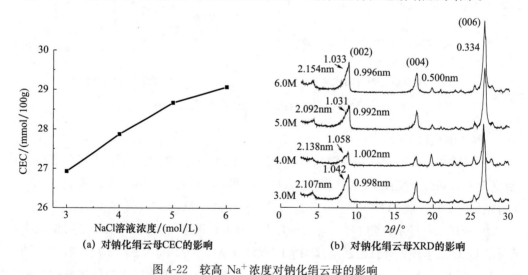

(a) 对钠化绢云母CEC的影响   (b) 对钠化绢云母XRD的影响

图 4-22   较高 Na^+ 浓度对钠化绢云母的影响

4.5.2　钠化绢云母的结构与性能表征

1. SEM 分析

图 4-23 展示了钠化绢云母的扫描电镜照片。SEM 照片显示，钠化绢云母片状颗粒

表面较酸化绢云母光滑。

图 4-23　钠化绢云母的 SEM 照片

2. 化学成分分析

表 4-8 为钠化绢云母的化学成分分析结果，其化学成分与酸处理绢云母（表 4-5）相似，只是 K^+ 含量比酸处理绢云母降低（K_2O 从 8.40% 降至 7.26%），Na^+ 含量增加（Na_2O 从 0.28% 增至 0.32%），这反映了 Na^+ 部分替代 K^+ 的结果。

表 4-8　钠化绢云母化学成分分析结果

成分	SiO_2	Al_2O_3	Fe_2O_3	FeO	TiO_2	K_2O	Na_2O	MgO	CaO	MnO
含量（%）	51.52	29.59	1.65	0.036	0.70	7.26	0.32	1.15	0.49	0.031

3. 结构改造绢云母的阳离子交换能力

表 4-9 为综合各优化条件，通过绢云母热活化、酸处理和钠化为手段制得的结构改造绢云母的 CEC 值及与原料和各阶段中间产物的对比。从中看出，绢云母原料的 CEC 仅为 7.42mmol/100g，说明绢云母原料基本无层间离子交换作用，较低的 CEC 应为端面离子交换的结果。绢云母热活化导致 CEC 降低，应是热处理使端面可交换离子部分脱出所致。绢云母热活化后再经硝酸处理，CEC 提高到 38.32mmol/100g，这显然是绢云母酸化处理后 Si/Al 增大，使单元片层剩余电荷变小和对层间离子（K^+）的束缚减弱所致。酸化绢云母再与 Na^+ 交换，钠化后层间部分 K^+ 被 Na^+ 置换，因 Na^+ 更易进行阳离子交换反应，故而绢云母获得了较高的阳离子交换量，CEC 提高至 56.37mmol/100g。上述结果表明绢云母的结构改造取得了良好效果，从而为进一步的层间插层改性和纳米化应用奠定了基础。

表 4-9　各处理阶段绢云母的阳离子交换容量

样品	绢云母原料	热活化绢云母	酸处理绢云母	钠化绢云母
CEC（mmol/100g）	7.42	3.46	38.32	56.37

4.6　小结

将绢云母分别进行温度 500~1000℃下热处理和搅拌磨湿法研磨，所得活化绢云母在保持晶体结构完整的前提下，呈现一定程度的晶格畸变现象，从而展示活化效应。热处理和搅拌磨湿法研磨两种方法相比，热处理活化绢云母的效果较佳。

热活化和机械研磨活化绢云母分别经硝酸处理，导致绢云母结构中 Al^{3+} 部分溶出，相同酸处理条件下，Al^{3+} 溶出量分别为 24.34mg/g 和 11.15mg/g，是绢云母原料（2.68mg/g）的 9.08 倍和 4.16 倍。酸处理优化条件下热活化绢云母 Al^{3+} 溶出量提高至 30mg/g。

绢云母经热活化和硝酸处理，因其结构层 Al^{3+} 等溶出导致结构层间剩余负电荷密度降低。经结构式计算，酸处理绢云母的结构单元负电荷从绢云母原料的 1.00 降到 0.78（以 $[Si_4O_{10}]$ 为基准单元层计）。绢云母硝酸处理前后 Zeta 电位测定证明了该结论。

绢云母经热活化、硝酸处理和 Na^+ 交换（钠化）处理，所得结构改造绢云母的部分层间距扩张至大于 2nm，且晶体结构总体完整。结构改造绢云母的 CEC 最高达 56.37mmol/100g，比绢云母原料、热活化绢云母和酸处理绢云母的 CEC（分别为 7.42mmol/100g、3.46mmol/100g 和 38.32mmol/100g）显著提高。

参考文献

[1] 朱青. 聚合物/层状硅酸盐纳米复合材料的制备与性能研究 [D]. 南京：南京大学，2016：11-13.

[2] 陈洋，杜鑫，郑水林. 聚合物/层状硅酸盐纳米复合材料的制备及其阻燃机理研究进展 [J]. 中国非金属矿工业导刊，2015，6：1-2＋52

[3] ALEXANDRE M, DUBOIS P. Polymer-layered silicate nanocomposites：preparation, properties and uses of a new class of materials [J]. Materials Science & Engineering R-Reports，2000，28 (1-2)：1-63.

[4] GIANNELIS E P. Polymer layered silicate nanocomposites [J]. Adv Mater，1996，8 (1)：29-&.

[5] KOJIMA Y, USUKI A, KAWASUMI M. Mechanical-Properties of Nylon 6-Clay Hybrid [J]. J Mater Res，1993，8 (5)：1185-1189.

[6] LEBARON P C, WANG Z, PINNAVAIA T J. Polymer-layered silicate nanocomposites：an overview [J]. Appl Clay Sci，1999，15 (1-2)：11-29.

[7] VAIA R A, PRICE G, RUTH P N, et al. Polymer/layered silicate nanocomposites as high performance ablative materials [J]. Appl Clay Sci，1999，15 (1-2)：67-92.

[8] MESSERSMITH P B, GIANNELIS E P. Synthesis and Barrier Properties of Poly (Epsilon-Caprolactone) -Layered Silicate Nanocomposites [J]. J Polym Sci Pol Chem，1995，33 (7)：1047-1057.

[9] RUNT J, XU R J, MANIAS E, et al. New biomedical poly (urethane urea) -Layered silicate nanocomposites [J]. Macromolecules，2001，34 (2)：337-339.

[10] GIANNELIS E P. Polymer-layered silicate nanocomposites：Synthesis, properties and applications [J]. Applied Organometallic Chemistry，1998，12 (10-11)：675-680.

[11] GILMAN J W, HARRIS R H, BROWN J E. Flammability studies of new cyanate ester resins [J]. Int Sampe Tech Conf，1997，42：1052-1061.

［12］ GILMAN J W，JACKSON C L，MORGAN A B. Flammability properties of polymer-Layered-silicate nanocomposites. Polypropylene and polystyrene nanocomposites ［J］. Chem Mater，2000，12 (7)：1866-1873.

［13］ SCHMIDT G，MALWITZ M M. Properties of polymer-nanoparticle composites ［J］. Curr Opin Colloid In，2003，8 (1)：103-108.

［14］ ABRAHAM T N，RATNA D，SIENGCHIN S，et al. Structure and Properties of Poly (ethylene oxide) -Organo Clay Nanocomposite Prepared via Melt Mixing ［J］. Polymer Engineering and Science，2009，49：379-390.

［15］ 刘福生，彭同江，张建洪. 蛭石改性处理研究现状评述 ［J］. 矿产综合利用，2002，2：24-28.

［16］ 郭亚平，胡曰利，吴晓芙. 阳离子改型蛭石的铵离子交换平衡特性 ［J］. 上海环境科学，2004，23 (6)：244-246＋256.

［17］ 黄振宇，廖立兵. 蛭石的结构修饰及有机插层试验 ［J］. 矿产保护与利用，2005，2：17-21.

［18］ 李陈. 蛭石对钙镁阳离子的吸附性能探讨 ［D］. 北京：中国地质大学 (北京)，2009：34-42.

［19］ 雅重庆. 酚醛树脂/蛭石纳米复合材料及其在刹车片中的应用研究 ［D］. 武汉：武汉理工大学，2008：49-52.

［20］ 张博. 聚合物/高岭土插层复合材料的研究 ［D］. 兰州：兰州大学，2007：16-21.

［21］ 刘雅静，盛珊. 酸改性高岭土处理含锌废水的研究 ［J］. 电镀与环保，2018，38 (5)：61-63.

［22］ 岳彩霞，李平，邬学清. 碱改性高岭土载体对钯基吸附剂脱汞性能的影响 ［J］. 化工管理，2017 (34)：196.

［23］ 高文秋，赵斯琴，吴哈申，等. 微波法改性煤系高岭土的制备及其性能 ［J］. 无机盐工业，2016，48 (12)：72-74＋80.

［24］ 刘显勇，何慧，贾德民. 聚合物/高岭土纳米复合材料的研究进展 ［J］. 高分子材料科学与工程，2007，3：25-29.

［25］ 江曙. 环氧树脂/金云母纳米复合材料制备及表征 ［D］. 北京：中国地质大学 (北京)，2006：22-24.

［26］ OBUT A，GIRGIN I. Hydrogen peroxide exfoliation of vermiculite and phlogopite ［J］. Miner Eng，2002，15 (9)：683-687.

［27］ 刘德春，熊小丽，黄晓英，等. 白云母的化学膨胀性及插层性能研究 ［J］. 非金属矿，2009，32 (3)：7-9＋13.

［28］ 商平，李梦，宋诗莹，等. 环氧树脂/白云母纳米复合材料的研究 ［J］. 热固性树脂，2010，3：44-46＋54.

［29］ 闫伟. 绢云母活化处理及对其结构和性能的影响研究 ［D］. 北京：中国地质大学 (北京)，2008.

［30］ UNO H，TAMURA K，YAMADA H，et al. Preparation and mechanical properties of exfoliated mica-polyamide 6 nanocomposites using sericite mica ［J］. Applied Clay Science，2009，46 (1)：81-87.

［31］ SHIH Y J，SHEN Y H. Swelling of sericite by $LiNO_3$-hydrothermal treatment ［J］. Appl Clay Sci，2009，43 (2)：282-288.

［32］ 王公领. 绢云母的酸处理与钠化修饰及其表征 ［D］. 北京：中国地质大学 (北京)，2009：65-67.

［33］梁宁．绢云母插层改性与环氧树脂/绢云母纳米复合材料制备［D］．北京：中国地质大学（北京），2011：32-33.

［34］CASERI W R，SHELDEN R A.，SUTER U W. Preparation of Muscovite with Ultrahigh Specific Surface-Area by Chemical Cleavage［J］．Colloid Polym Sci，1992，270（4）：392-398.

［35］周莹．蒙脱土/环氧树脂纳米复合材料的插层剥离行为及反应动力学研究［D］．杭州：浙江大学，2004：12-21.

［36］中华人民共和国国家发展和改革委员会．非金属矿物和岩石化学分析方法 第2部分 硅酸盐岩石、矿物及硅质原料化学分析方法：JC/T 1021.2—2007［S］．北京：中国建材工业出版社，2007：1.

［37］Rey-Perez-Caballero F. J. D.，Poncelet G. Microporous 18 Å Al-pillared vermiculites：preparation and characterization［J］．Microporous & Mesoporous Materials，2000，37（3）：313-327.

［38］黄继泰．粘土矿物的结构特征及其应用研究［J］．结构化学，1996，15（6）：438-443.

［39］粟笛．环氧树脂/钠基膨润土复合材料的制备和性能研究［D］．重庆：重庆大学，2008：43-45.

［40］JONATHAN F. Stebbins. Nuclear Magnetic Resonance Spectroscopy of Silicates and Oxides in Geochemistry and Geophysics. In " Handbook of Physical Constants，v. 2"［M］．Washington D. C.：American Geophysical Union，1995：303-332.

第5章　结构改造绢云母的有机插层改性研究

5.1 引言

5.1.1 层状硅酸盐矿物有机插层改性的作用

为了增强聚合物的各种性能和降低成本，人们很早就研究使用天然或合成的无机化合物作为填料填充聚合物。但使用传统填料存在一些缺点，如增加质量、脆性和不透明度等，这些都会降低聚合物的使用性能。纳米复合材料是指分散相粒子至少在一维方向上小于100nm的复合材料（两种或两种以上物理和化学性质不同的物质组合而成的一种多相固体材料）。纳米分散相粒子按其维度大小可分为零维纳米粒子、一维纳米棒或晶须以及二维层片状物质。其中，二维层片状晶体物质是厚度为一到几纳米、长度为几百或上千纳米的片状材料[1,2]。层状硅酸盐矿物资源丰富，通过对其进行插层改性[3-5]并在聚合物中填充可制备以层状硅酸盐纳米单元为分散相的纳米复合材料。层状硅酸盐的基本结构单元由 Si－O 四面体和 Al（或 Mg）－O（OH）八面体片构成，其中，2∶1型层状硅酸盐由二层四面体片夹一层八面体片组成，单元层厚度约1nm，侧向长度约30nm 到数微米不等，因此具有非常大的纵横比。2∶1型层状硅酸盐结构中离子替代产生的剩余负电荷由层间阳离子补偿。1∶1型层状硅酸盐由一层四面体片与一层八面体片共用氧原子连接而成。

聚合物/层状硅酸盐纳米复合材料（PLSN）是将高度分散的层状硅酸盐均化在聚合物基体中制得[6,7]。由于层状硅酸盐矿物具亲水性，而大部分有机聚合物具疏水性，因此层状硅酸盐难以充分分散于聚合物基体中。对层状硅酸盐进行预先表面有机处理可解决这一问题，显然，层状硅酸盐的有机插层改性可同时满足这一需求。

层状硅酸盐的有机插层改性是通过离子交换的方式将有机改性剂插入到层状硅酸盐的层间域予以实现。常用的改性剂包括伯、仲、叔、季烷基铵盐[8-10]、膦盐型、吡啶类衍生物[11]等阳离子表面活性剂、两性表面活性剂[12]、阴离子型表面活性剂[13]和非离子型表面活性剂[14]及 γ-氨丙基三乙氧基硅烷[15,16]、γ-巯丙基三乙氧基硅烷[17]等有机硅烷。这些有机改性剂具有降低硅酸盐矿物表面能、增加有机物浸润性的作用，还可以提供官能团与有机物基体反应，有些情况下还可作为引发剂引发单体聚合反应[18]。同时，有机插层改性还可增大层状硅酸盐矿物的层间距，从而为下一步与有机基体复合制备 PL-SN 或剥离制备层状硅酸盐纳米片体提供前驱体。

有机插层改性剂种类较多，对其选择应考虑以下因素：

（1）容易进入层状硅酸盐晶层间，能显著增大晶层间距。

（2）插层改性剂分子与聚合物单体或高分子链具有较强的物理或化学作用，从而易于单体或聚合物插层反应的进行，且可以增强硅酸盐片层与聚合物两相间的界面黏结。

（3）价廉易得，最好是现有的工业品。

目前，可用于制备 PLSN 的层状硅酸盐主要有蒙脱石[19]、蛭石[20]、高岭石[21]、滑石、沸石、云母等，其中研究较多的是蒙脱石。

此外，彭鹏、柴春霞[22]等人还通过十二烷基硫酸钠在 Mg/Al 双氢氧化物（层板带负电）层间的插层研究了阴离子的插层改性行为。结果表明，十二烷基硫酸钠在层间垂直排列，并且将层间距扩大到 2.776nm。曹永等[23]研究了十二烷基硫酸钠在水滑石层间的插层行为，表明插层剂在水滑石层间有两种不同的构型，有一部分十二烷基硫酸钠吸附在水滑石的外表面，还有一部分以活动性差的有序构形存在于水滑石层间。另外，康志强等[24]采用水杨酸根对水滑石进行有机插层改性，研究结果表明，水杨酸根离子代替 CO_3^{2-} 进入到水滑石层间，增大了水滑石的层间距，并且提高了复合材料吸收和屏蔽紫外线的功能。

云母族矿物具有与蒙脱石类似的层状结构，但是云母属于非膨胀性层状结构硅酸盐，结构层剩余负电荷为 1，结构单元层间 K^+ 不能被其他阳离子交换。因此不能像蒙脱石等膨胀性层状硅酸盐矿物那样直接制备 PLSN，而必须预先进行结构改造处理。

袁金凤等[25]先在磁力搅拌的条件下用硝酸处理黑云母，然后用甲基丙烯酰氧乙基三甲基氯化铵（DMC）对黑云母进行有机化处理。DMC 含有不饱和双键，一方面对黑云母层间吸附的阳离子进行置换，另一方面 DMC 的双键可以进行聚合，DMC 一旦聚合形成大分子链就会将黑云母片层撑开，这样就有利于黑云母与聚甲基丙烯酸甲酯（PMMA）之间形成纳米级分散。结果证明黑云母已经被有效剥离。

F. del Rey-Perez-Caballero 等[26,27]采用酸浸和加热综合处理方法降低蛭石和金云母的层间剩余负电荷，从而为其有机插层改性创造了条件。江曙等[28]采用类似处理方法对金云母进行结构修饰，降低了金云母的结构层剩余负电荷，使其结构单元层间的 K^+ 由不可交换变为可交换，而且交换容量可控。处理后的金云母因此可进行类似其他膨胀性层状结构硅酸盐的有机插层改性、无机柱撑以及制备 PLSN。

5.1.2 绢云母有机插层改性的前提和技术路线

可从绢云母与蒙脱石矿物结构与组分的差异及对制备纳米矿物材料和复合材料的影响方面分析绢云母纳米化的方法和技术路线。

以蒙脱石、蛭石和高岭石等矿物制备 PLSN 是因为这些矿物的纳米单元层具有适度的电荷密度和阳离子交换性。低的电荷密度因不能对层间域阳离子产生强的固定是形成阳离子交换性的前提，而阳离子交换性是层间插层的基础和驱动力，所以，可将特定物质（插层剂、有机单体）插入蒙脱石等矿物层间，通过增大片层间距，并在与聚合物基材料复合时引入聚合物进入层间形成嵌插，造成矿物纳米单元体在其中的剥离，由此完成它们在聚合物基复合材料中纳米尺度的分散与界面结合。绢云母矿物的结构单元虽然也由两层四面体夹一层八面体（2∶1 型）所构成，但层间物质稳定，不具有离子交换性和插层行为。绢云母不同于蒙脱石的特征与原因主要有：

（1）结构层剩余电荷密度大，电荷中心距离层间域近

绢云母结构单元内由 $[Si-O_4]$ 四面体形成的六方网层中，1/4 的 Si^{4+} 被 Al^{3+} 所代替，因此，以绢云母单位结构层 $[KAl_2[Si_3AlO_{10}](OH)_2]$ 计算，其剩余负电荷量为 1，并且因四面体靠近层间，故对层间的补偿阳离子（K^+）作用强烈[29]；而蒙脱石的结构层剩余负电荷主要来自 $[AlO_2(OH)_4]$ 八面体中 Al^{3+} 被 Mg^{2+}、Fe^{2+} 和 Fe^{3+} 等的置换，剩余负电荷量随置换量的不同而不同，如以结构式 $[E_{0.33}(Al_{5/3}Mg_{1/3})[Si_4O_{10}](OH)_2 nH_2O]$ 计算，剩余负电荷密度为 0.33[29]。再加之产生电荷的八面体较之四面体远离层间，故对层间补偿阳离子作用弱。

（2）层间阳离子被束缚程度强，与结构单元结合紧密，无交换性

由于绢云母结构层剩余负电荷密度大于蒙脱石，且对层间阳离子作用强，所以绢云母层间补偿的 K^+ 被上下结构层牢牢束缚，令外界其他离子难以克服而不具有交换性；而蒙脱石层间的 Na^+ 和 Ca^{2+} 等被束缚程度弱，具有相当大的交换性。

（3）结构稳定，缺乏反应活性

绢云母晶体单元结构稳定，$[Si-O_4]$ 四面体和 $[AlO_2(OH)_4]$ 八面体基本保持理论构架。而蒙脱石 $[AlO_2(OH)_4]$ 八面体中 Al^{3+}（半径 0.061nm）被尺寸更大的 Mg^{2+}、Fe^{2+} 和 Fe^{3+}（半径分别为 0.08nm、0.073nm 和 0.086nm）等置换，使它们与 O^- 或 OH^- 形成的化学键的键长各不相同，这导致八面体畸变，并在一定程度上使四面体也出现畸变。这种缺陷致使蒙脱石呈现活性，并由此促进了包括交换性在内的反应性能。

因此，只要将绢云母结构层的负电荷密度减小至一定程度，则层间阳离子的被束缚程度就会减弱并可能出现一定程度的离子交换性，于是层间插层行为和层间距的扩大现象都将出现。这便为绢云母纳米化，即制备纳米绢云母材料和填充制备 PLSN 奠定了基础。第 4 章的研究已通过单元活化（机械活化、热活化）、无机酸处理和钠化等工序的结构改造，使绢云母的结构层剩余负电荷从 1.00 降至 0.78，阳离子交换总量最高达 56.37mmol/100g。这为以该结构改造绢云母为原料进行有机阳离子插层改性及进一步纳米化创造了条件。

5.2 试验研究方法

5.2.1 原料和试剂

以经热活化-酸化-钠化手段制备的结构改造绢云母为原料 [其阳离子交换总量（CEC）30~57mmol/100g]，以十六烷基三甲基溴化铵（CTAB）为插层剂对绢云母进行插层改性，分别以蒸馏水和二甲基亚砜（DMSO）为插层反应体系溶剂，以氢氧化钠和盐酸调节 pH。以上试剂均为分析纯。

5.2.2 研究方法

称取一定量的绢云母（1.5g）置于三口烧瓶中（内有一定量溶剂，并根据试验条件调整 pH），在一定温度水浴环境下搅拌，将溶解好的插层剂 CTAB 倒入四口烧瓶。搅拌使其反应一定时间，之后将产物静置 2h，然后离心、洗涤，至无法检测出 Br^- 为止，低温烘干，获得插层改性绢云母。

5.2.3 过程评价与产物性能表征

通过测定绢云母结构层间距和插层率来评价绢云母的插层改性效果。

层间距的变化可说明有机分子是否插入层状硅酸盐层间及插入导致的层间域的扩张程度。层间距可通过 XRD 谱上直接反映层状硅酸盐单位构造高度（层间距）的相应衍射峰的晶面距（d）读出。绢云母的层间距由 d_{002} 值反映，所以，以 XRD 谱中反映（002）晶面距增大的新衍射峰对应的 d 值评判绢云母层间距扩张程度。

绢云母 XRD 谱测定在日本理学 D/MAX1200 型转靶 X 射线粉末衍射仪上进行，试验条件为：电压 40KV，电流 100mA，扫描速度 8℃/min，CuKa，$\lambda=0.15406nm$，石墨单色器；狭缝尺寸为：发射狭缝为 1.0mm，接受狭缝为 1.0mm，防反射狭缝为 0.3mm。

插层率（intercalation ratio）是指层状硅酸盐插层后在其 XRD 谱上出现的反映其层间距变化的晶面衍射峰的强度占总衍射峰（层间距变化和未变化）强度的百分比。显然，插层率可用来评价绢云母已被插层的比率。插层率用公式表示为：

$$R_I = I_c / (I_c + I_k) \tag{5-1}$$

式中　I_c——表示插层后产物中新出现的反映层状硅酸盐因膨胀而致层间距增大的晶面衍射峰的强度；

　　　I_k——表示插层后反映残余未膨胀层状硅酸盐层间距的晶面衍射峰的强度。

插层后，膨胀的层状硅酸盐越多，相应地残余未膨胀的层状硅酸盐则越少，所以用插层率可以反映产物中膨胀层状硅酸盐所占份额，即反映插层反应进行的程度。对于绢云母来说，由于绢云母的晶胞中包含两个层状结构，所以 XRD 反应其层间距的晶面是（002）面。所以根据 d_{002} 值的变化可反映插层改性效果。

此外，还采用红外光谱、热重分析（TG 或 TGA）、差热分析（DSC）、扫描电子显微镜（SEM）和 X 射线光电子能谱（XPS）对绢云母插层改性的机制进行研究。

5.3 绢云母有机插层改性试验研究

对十六烷基三甲基溴化铵为插层剂，水和二甲基亚砜分别为溶剂对绢云母进行插层改性研究，对改性过程各因素（包括绢云母活化程度，插层改性时间、温度，插层剂用量，溶剂种类和体系的 pH 值）等的影响进行了试验考察，并与正丁醇为溶剂的绢云母插层改性进行了对比。对插层改性绢云母性能进行了表征，对改性过程机理进行了研究[30,31]。

5.3.1　水为溶剂绢云母的有机插层改性

1. 绢云母结构改造程度的影响

为了探讨绢云母结构改造程度对其插层效果的影响，分别对绢云母原料、热活化绢云母、酸处理绢云母及钠化绢云母进行了插层改性试验。反应时间为 16h，反应温度 80℃，十六烷基三甲基溴化铵（CTAB）摩尔量/绢云母 CEC 值为 15，用质量为其 2 倍的正丁醇溶解，调节体系 pH＝4。试验结果见图 5-1。

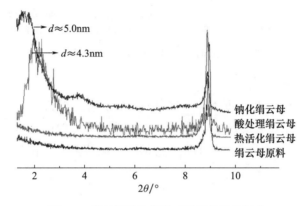

图 5-1　绢云母活化程度对插层效果的影响

结果表明，绢云母结构改造程度对插层效果有非常大的影响。没有经过任何处理的绢云母原料和热活化绢云母不能进行插层反应，表现为反映绢云母（002）晶面的衍射峰未出现新峰，即 d_{002} 值几乎没有变化。酸处理绢云母改性产物在 d 约为 4.3nm 位置出现了新峰，说明绢云母的层间距明显扩张，即呈现一定的插层行为。与之相比，钠化绢云母插层改性后层间距进一步扩大到了 5.0nm 左右。结果证明，绢云母经结构改造实现了其从不能进行插层到能进行插层改性的转变。

2. 插层改性时间的影响

以钠化绢云母为原料，探讨了插层改性时间（4h、10h、16h、24h）对 CTAB 插层效果的影响。其他因素条件为：反应温度 80℃，CTAB 摩尔量/绢云母 CEC 值＝15，用质量为其 2 倍的正丁醇溶解，调节至体系 pH＝4。结果见图 5-2。

从图 5-2 看出，反应 4h 绢云母产物虽没出现尖锐的新峰，但在低角度有一定的突起，说明有插层剂进入层间，根据突起位置 d 值判断层间距增至 2.4nm。不过，绢云母原（002）晶面的衍射峰强度仍然很强，插层率较低，仅为 60%。反应时间延长至 10h，绢云母产物 XRD 中反映层间距的新衍射峰强度增强，层间距增至 2.9nm，插层率提高至 73%，插层作用明显增强。当反应进行到 16h 和 24h，产物层间距大幅度扩张至 4.3nm 和 5.2nm，插层率进一步提高至 75% 和 82% 以上。上述结果说明，提高插层改性时间对 CTAB 插层绢云母非常关键。当插层改性进行到 24h，可将绢云母的层间距从 1nm 扩大到 5.2nm，插层率大于 82%，插层效果非常显著。

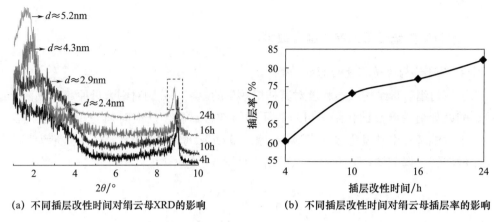

(a) 不同插层改性时间对绢云母XRD的影响　　　　(b) 不同插层改性时间对绢云母插层率的影响

图 5-2　不同插层改性时间对绢云母的影响

3. 插层改性温度的影响

图 5-3 为不同插层改性温度对 CTAB 插层改性钠化绢云母的影响。试验考察了 60℃、80℃、95℃三个温度的影响，其他因素条件为反应时间 24h，CTAB 摩尔量/绢云母 CEC 值＝15，用质量为其 2 倍的正丁醇溶解，调节至体系 pH＝4。

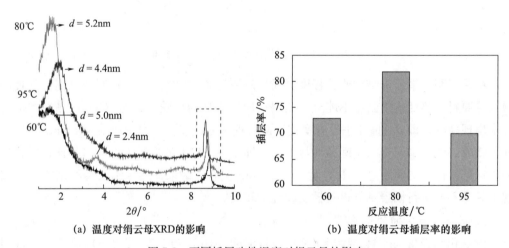

(a) 温度对绢云母XRD的影响　　　　　　　　(b) 温度对绢云母插层率的影响

图 5-3　不同插层改性温度对绢云母的影响

从图 5-3 看出，随改性温度从 60℃ 提高到 80℃，绢云母层间域扩张导致的新衍射峰 d 值由 5.0nm 增加至 5.2nm，插层率从 73％ 增大至 82％，说明插层效果逐渐增强。温度再提高，插层效果则变差，层间距和插层率分别减小至 4.4nm 和约 70％。所以，根据试验结果，选择改性温度 80℃下进行 CTAB 插层改性绢云母为宜。

4. 插层剂用量的影响

通过将 CTAB 摩尔数相对于绢云母 CEC 值的倍数分别调整为 5、10、15 和 20 对钠化绢云母进行插层改性，探讨了插层剂用量的影响。试验其他因素条件为反应时间 24h，反应温度 80℃，用 2 倍于 CTAB 质量的正丁醇溶解 CTAB，体系 pH＝4。试验结果示于图 5-4。

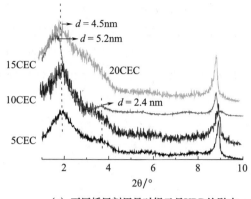
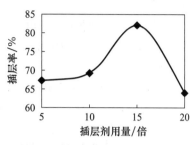

(a) 不同插层剂用量对绢云母XRD的影响　　(b) 不同插层剂用量对绢云母插层率的影响

图 5-4　不同插层剂用量对绢云母的影响

从图 5-4 可见，随 CTAB 摩尔数相对于绢云母 CEC 倍数从 5 增大至 10，所得插层改性绢云母的层间距最大扩张至约 4.5nm，插层率分别为 67％ 和 69％。将插层剂用量继续增大至 CTAB 摩尔数与绢云母 CEC 倍数为 15，绢云母层间距增大到 5.2nm，插层率大幅度提高至 82％，表明插层效果优异。将 CTAB 摩尔数与绢云母 CEC 倍数再提高至 20，绢云母的层间距又减小至 4.5nm，插层率降为 64％，即插层效果又降低。显然，CTAB 用量对绢云母插层的影响较为明显，用量过大和过小均不利于插层的进行，优化的 CTAB 用量应为绢云母 CEC 值的 15 倍。

CTAB 对绢云母的插层反应为可逆反应，可表示为：

$$X^{n+} - S + nNH_{4+} \xleftrightarrow{\hspace{1.5cm}} nNH_{4+} - S + X^{n+} \tag{5-2}$$

显然，为了让式（5-2）的反应充分向右进行，则需要有较大的插层剂用量[32]。所以，在 CTAB 摩尔数为绢云母 CEC 的 15 倍而保持较大用量时，绢云母插层率达到 80％ 以上，与上述分析一致。但 CTAB 用量再增大，绢云母的插层率又降低，这可能是因为 CTAB 浓度过大导致发生团聚，而团聚体因尺度增大而对进入绢云母层间形成阻碍所致。此外，进入层间的 CTAB 的排列也呈不规则形态。

5. 体系 pH 的影响

以水为溶剂，通过改变体系 pH 进行了 CTAB 插层改性钠化绢云母的试验，试验时，改性反应时间为 24h，反应温度 80℃，CTAB 摩尔量/绢云母 CEC 值＝15，体系 pH 对绢云母插层改性效果的影响见图 5-5。

从图 5-5 可见，当 pH 分别为 1 和 2 时，绢云母产物 XRD 谱中原 d_{002} 的衍射峰位置基本不变，也未出现新的衍射峰，说明未形成 CTAB（或其离子态 CTA^+）在绢云母层间的插入，这显然是 H^+ 大量存在阻碍了 CTA^+ 与层间阳离子的交换所致。两组 pH 条件相比，pH＝1 产物 XRD 谱上 d_{002} 衍射峰强度很低，这应是酸性太强导致绢云母结构破坏的结果。而 pH＝2 产物则因酸的作用减弱而未对绢云母结构产生破坏。当 pH＝4 和 pH＝7 时，所得绢云母产物的 XRD 谱中除原有的 d_{002} 衍射峰外，还出现了 d 值分别为 1.5nm、2.5nm 和 5.2nm 的新衍射峰，表明已有 CTA^+ 在绢云母层间插入，且排列方式也几乎相同。计算得出 pH＝4 和 pH＝7 两产物的插层率分别为 92％ 和 85％，说明在弱酸性和中性条件下对绢云母进行插层改性可取得良好效果。再将 pH 分别提高至 9 和 11 的碱性条件下，绢云母产物的 XRD 谱中除原 d_{002} 衍射峰有一些左移外，没有新衍射峰出现，说明 CTA^+ 未能插入绢云母的层间。由此可认为，钠化绢云母在弱酸性和中性条件下可取得良好的插层改性效果，而强酸性和强碱性条件都不利于插层改性反应的进行。由此，选择 pH＝4 为优化的 pH 值条件。

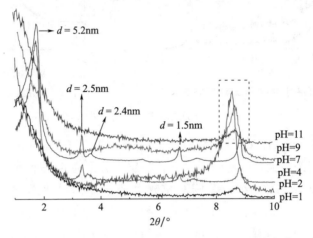

图 5-5　不同 pH 条件下插层改性绢云母的 XRD 图谱

6. 水为溶剂绢云母插层行为与以正丁醇为溶剂的对比

以正丁醇为溶剂进行了 CTAB 插层改性绢云母的试验。试验时选用钠化绢云母为原料，其在正丁醇中的固含量为 1％，改性反应时间 24h，反应温度 80℃，CTAB 摩尔量/绢云母 CEC 值＝15，调节至体系 pH＝4。图 5-6 为插层改性绢云母试验结果及与水为溶剂产物的对比。

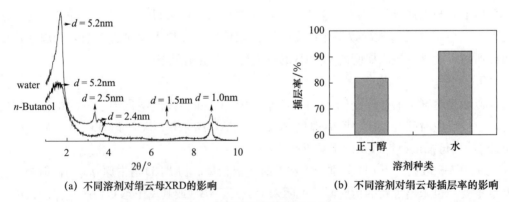

(a) 不同溶剂对绢云母XRD的影响　　　　　(b) 不同溶剂对绢云母插层率的影响

图 5-6　不同溶剂对绢云母的影响

从图 5-6 看出，以正丁醇为溶剂时，CTAB 插层改性使绢云母的层间距扩张至 5.2nm，与水为溶剂时相同；插层率二者分别为 81.71％和 92.29％，即正丁醇为溶剂比水为溶剂降低 10％以上，说明水为溶剂插层效果更好。分析原因可能是正丁醇中的羟基与绢云母层间可交换阳离子或结构片层的断键发生反应，一方面使参与交换的阳离子量减少，另一方面也导致绢云母反应活性降低。而 CTAB 在 80℃的热水中溶解很好，所以不影响烷基链的分散性。

5.3.2　二甲基亚砜为溶剂绢云母的有机插层改性

二甲基亚砜（DMSO）是一种具有高极性和强吸湿性的有机液体物质。由于其结构顶端的氧原子具有两个孤对电子而具有对阳离子的强溶剂化效应，对许多物质具有很强的溶解能力，常用于高岭石插层。利用它的上述特性，将其作为插层介质可望进一步提高绢云母的插层效果和效率。

1. 绢云母原料粒度的影响

以不同粒度（5μm、10μm 和 15μm）的结构改造绢云母为原料，以 DMSO 为溶剂，通过将绢云母置于 CTAB（摩尔量为绢云母 CEC 的 15 倍）、DMSO 和蒸馏水（体积比 100∶9）的混合物（体系固含量为 3%）中，搅拌得到悬浮体。将该悬浮体加热至 80℃，连续搅拌 24h 后进行离心，并用冷水洗涤和低温干燥，得到插层改性绢云母产物。图 5-7 是不同原料粒度的绢云母插层产物的 XRD 图谱和插层率图。

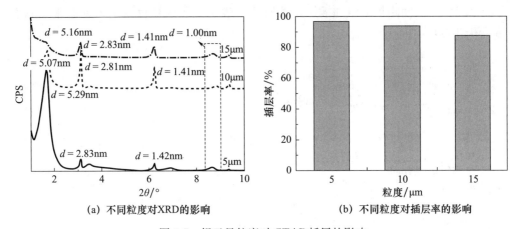

(a) 不同粒度对XRD的影响　　　　(b) 不同粒度对插层率的影响

图 5-7　绢云母粒度对 CTAB 插层的影响

从图 5-7 看出，由粒度分别为 5μm、10μm 和 15μm 原料所得插层改性绢云母的 XRD 谱中，除原有的 d_{002} 衍射峰外，还出现了 d 值分别为 1.41～1.42nm、2.81～2.83nm 和 5.07～5.29nm 的新衍射峰，表明已有 CTAB 或 CTA^+ 在绢云母层间插入，并导致层间距扩大为 2.81～2.83nm 和 5.07～5.29nm 两种程度（$d=1.41～1.42$nm 与 $d=2.81～2.83$nm 衍射峰应为同一面间距所致）。三者相比，绢云母原料粒度越小，其 XRD 谱中 $d=5.07～5.29$nm 峰强度越大，原 d_{002} 峰的强度随之减小，表明绢云母层间距扩张程度增大。插层率也随绢云母粒度降低而增大，原料粒度分别为 5μm、10μm 和 15μm 产物的插层率分别为 97.14%、94.29% 和 87.14%。这显然是因降低原料粒度，提高比表面积而有利于绢云母插层反应所致。

绢云母粒度对插层的影响行为还与插层改性的过程相关。它是从矿物片层的边缘开始，逐步向内部渗透，其中烷基链在片层边缘的揳入还引起绢云母片的弹性变形。若原料粒度过小，则烷基链从片层一端渗透产生的弹性变形就会较快地传递给整个片层，进而引起片层另一端的收缩，使插层作用受阻；若粒度过大，虽然由于片层一端插层所产生的弹性变形传递较慢，不影响另一端烷基链的插入，但边缘烷基链的存在会阻碍片层内部继续顺利地进行插层，即降低反应效率；若粒度适中，则渗透作用产生的弹性变形传递较慢，整个层间几乎被对称地撑开，反应度率较快。在实际插层过程中，考虑到样品纯度和试验时间的影响，一般选用 $2\sim5\mu m$，甚至小于 $2\mu m$ 样品进行插层[33]。

2. 插层改性时间的影响

通过改变插层改性时间进行了以 DMSO 为溶剂条件下 CTAB 插层改性绢云母的试验，绢云母为由 $5\mu m$ 原料制得的结构改造绢云母，其他条件与上一组试验相同，试验结果如图 5-8 所示。结果显示，插层改性时间 4h 绢云母产物的新衍射峰 d 值最大为 4.77nm，表明 CTAB 已在绢云母层间插入，但插层率偏低，仅为约 71%，这显然是反应时间不足而难以使 CTAB 与绢云母充分反应所致。将插层改性时间延长至 6h 到 12h 之间，绢云母产物层间距最大扩大值分别为 4.90nm 和 5.07nm，插层率分别为 88.18% 和 93.72%，说明延长插层改性时间显著改善了插层效果。随插层改性时间进一步延长至 16h 和 24h，层间距扩大值和插层率均减小，表明插层改性反应进入动态平衡状态。因此，优化反应时间为 12h。

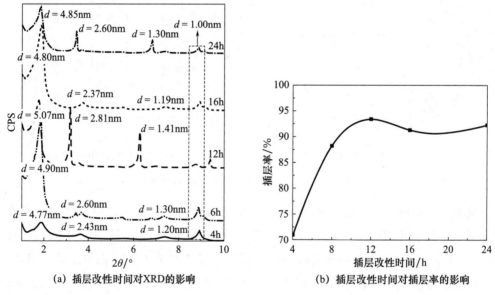

(a) 插层改性时间对XRD的影响　　(b) 插层改性时间对插层率的影响

图 5-8　插层改性时间对绢云母插层的影响

3. 插层改性温度的影响

图 5-9 为插层改性体系温度对绢云母产物插层的影响，试验时插层改性时间 12h，其他条件与第二组试验相同。从图 5-9 看出，随改性体系温度从 60℃ 至 95℃，绢云母产物的插层率和层间距呈现先小幅增加后较大幅度减小的趋势。当反应温度为 60℃ 和 70℃ 时，最大层间距和插层率基本保持不变。当温度升高至 80℃ 时，插层率提高至 93.72%，最大层间距扩大至 5.07nm。温度 95℃ 时，层间距和插层率又分别降低至 4.88nm 和 85.20%。因此，优化的反应温度为 80℃。

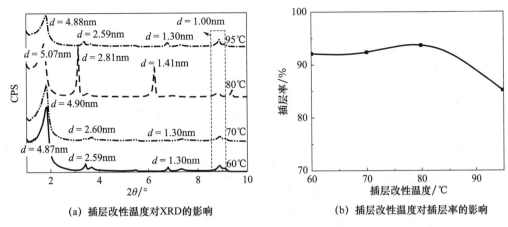

（a）插层改性温度对XRD的影响　　　　（b）插层改性温度对插层率的影响

图 5-9　插层改性温度对绢云母插层的影响

4. 体系固含量的影响

改变插层改性体系绢云母固含量对绢云母插层影响的试验结果如图 5-10 所示。结果显示，体系固含量对 CTAB 插层改性绢云母影响显著，固含量 1％时，绢云母层间距仅扩张至 2.30nm，插层率小于 50％；固含量提高至 5％和 10％，扩张的层间距分别增大至 4.93nm 和 5.07nm，插层率分别提高至 79％和 93.72％。体系固含量再提高到15％，层间距和插层率均降低。因此，优化体系固含量为 10％。

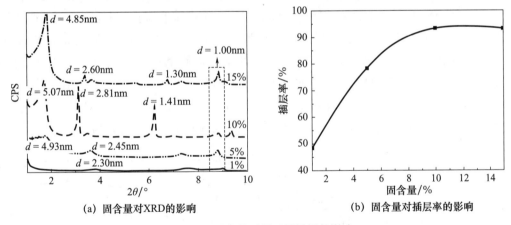

（a）固含量对XRD的影响　　　　（b）固含量对插层率的影响

图 5-10　固含量对绢云母插层的影响

5. 插层剂用量的影响

通过改变 CTAB 摩尔量与绢云母 CEC 的倍数，进行了插层剂用量对所制备的插层改性绢云母性能的影响试验，图 5-11 为插层剂用量对 XRD 谱和插层率的影响。当插层剂 CTAB 用量为 1～3 倍 CEC 时，绢云母扩大的层间距最大仅为 2.35～2.49nm，插层率小于 60％。将插层剂用量从加大至绢云母 CEC 的 4 倍开始，插层产物的最大层间距达到 5.00nm 以上。插层率也大幅上升至大于 90％。其中，CTAB 为绢云母 CEC 的 10倍时，绢云母的插层效果最佳，其层间距最大为 5.38nm，插层率为 93.72％。因此，选择 CTAB 为 10 倍 CEC 为其优化用量。

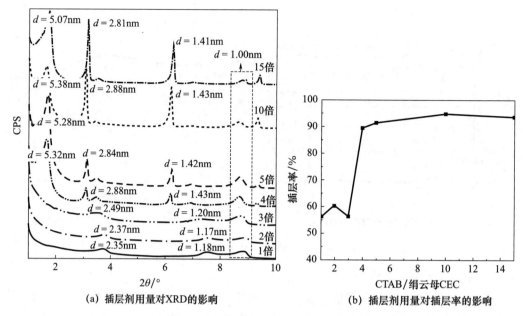

（a）插层剂用量对XRD的影响　　（b）插层剂用量对插层率的影响

图 5-11　插层剂用量对绢云母插层的影响

6. 体系 pH 的影响

图 5-12 是改变体系 pH 对 CTAB 插层改性绢云母的影响。从图 5-12 可见，当反应体系的 pH=1 时，产物插层效果最差，XRD 中没有出现 $d=5.00\text{nm}$ 左右的新衍射峰，其最大层间距仅为 2.35nm，插层率仅为 60.72%。而当体系 pH 上升至 3.9 时，产物的插层率与层间距获得了大幅度提高，最大层间距扩大至 4.75nm，插层率也提高至 91.71%。随着反应体系 pH 的一步增大，产物的层间距和插层率没有发生明显变化。其中，pH=7.5（体系原始 pH，未加酸碱调节）时的产物层间距为 5.07nm，插层率为 93.72%，表现出了较好的插层效果。pH 再继续增大到 10.2 和 13.5，对绢云母插层反应无太大影响。因而，根据试验结果，认为体系原始的 pH=7.5 可作为优化条件。

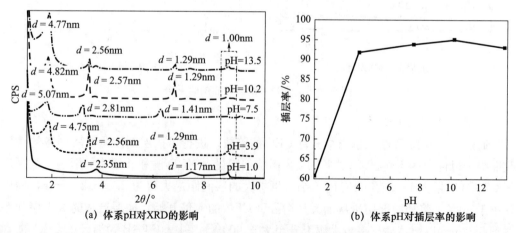

（a）体系pH对XRD的影响　　（b）体系pH对插层率的影响

图 5-12　体系 pH 对绢云母插层的影响

插层改性体系 pH 的影响可分为四个方面：CTA^+ 的水解、绢云母的分散、CTAB 在反应介质中的临界胶束浓度以及 H^+ 对层间可交换阳离子的互动。其中 CTA^+ 的水解过程为：

$$CTA^+ + H_2O \rightleftharpoons CTA-OH + H^+ \tag{5-3}$$

从反应式来看，酸性介质抑制 CTA^+ 的水解，H^+ 的加入使反应向左方向移动，体系内产生更多 CTA^+，这有利于插层反应的进行；相反，碱性环境则促进其水解，造成反应速率降低。因此从这个角度讲，酸性环境有利于插层反应的进行。但酸浓度过大，则大量的 H^+ 则又会与绢云母层间阳离子形成与 CTA^+ 交换的竞争关系，从而降低插层效率。

5.4　绢云母有机插层改性产物性能和机理

5.4.1　水为溶剂插层改性绢云母的性能和机理

1. 红外光谱分析

对绢云母原料和以水为溶剂制得的 CTAB 插层改性绢云母进行了红外光谱分析，结果见图 5-13。从图 5-13 看出，插层改性绢云母的红外谱图上 $2918cm^{-1}$ 和 $2849cm^{-1}$ 位置出现了 $-CH_2$ 的非对称和对称伸缩振动吸收峰，而 $962cm^{-1}$ 和 $909cm^{-1}$ 处对应的是 C—N 和 C—C 弯曲振动峰，这些特征都表明了 CTAB 与绢云母间的作用；同时，反映绢云母的 $1024cm^{-1}$ 处的振动峰与绢云母原料相比变宽，CTAB 谱中 $720cm^{-1}$ 处代表烷基链直链的特征峰在插层改性绢云母中未见，这说明烷基链在层间是以弯曲的状态存在。分析原因认为，这是绢云母层间的烷基链受到两侧结构单元片层的作用，使其形态发生一定程度改变的体现。

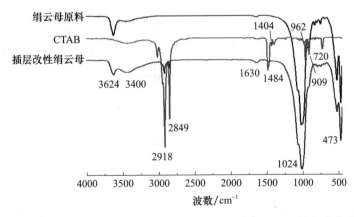

图 5-13　绢云母原料、插层剂 CTAB 及其插层改性绢云母的红外光谱

2. 热重和差热分析

对绢云母原料和插层改性绢云母进行了热重和差热分析，结果见图 5-14。

从图 5-14（a）看出，绢云母原料在温度 670~841℃ 存在一个明显的失重台阶，失重率约为 3%，与图 5-14（b）绢云母的吸热谷位置一致，源于绢云母结构水的脱附。插层改性绢云母则有四个失重台阶：在 200℃ 以下的微小失重，对应着吸附水的脱除；216~265℃ 的 4% 失重对应吸附于绢云母表面的插层剂的燃烧分解；265~670℃ 的 4%

失重对应着进入层间的插层剂的分解；位于 670～841℃约 3％的失重对应着结构水的脱附。由于经过一系列活化与结构改造，插层改性绢云母较绢云母原料在结构上有了一定程度的改变，所以吸热谷对应的温度有一定的差别。900℃以上的放热峰对应着绢云母的结构相变。由此可见，并不是所有的插层剂分子都能进入层间，约有一半的插层剂仅在绢云母表面附着。由此推断，绢云母结构单元片层两侧都有插层剂的吸附，层间为化学吸附，表面为物理吸附。进入层间的部分，与绢云母层结合紧密，需要更高的能量才能分解。

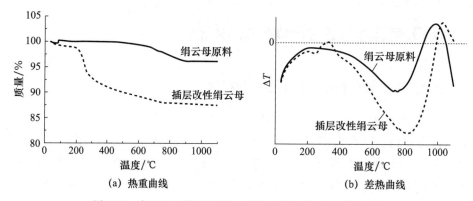

(a) 热重曲线　　　　　　　　(b) 差热曲线

图 5-14　绢云母原料和插层改性绢云母的热重和差热曲线

3. 扫描电镜分析

图 5-15 是绢云母原料和 CTAB 插层改性绢云母的 SEM 照片。从中可以看出，与绢云母原料相比，插层改性绢云母的片层得到一定程度的分散和剥离，但分散和剥离程度并不均匀，推断插层剂在层间的排布方式应有多种形式。

(a)　　　　　　　　(b)

(c)　　　　　　　　(d)

图 5-15　绢云母原料与插层改性绢云母的 SEM 照片

(a) 绢云母原料；(b) ～ (d) 插层改性绢云母

4. CTAB 在绢云母层间的插层方式

图 5-16 是优化条件试验获得的插层改性绢云母的 XRD 谱及结合 CTAB 的结构参数（链长 2.5nm，宽高 0.46～0.51nm）计算得到的 CTA^+ 在绢云母层间的插层效果与排列情况的示意图。其中，约 80% 的 CTA^+ 进入到绢云母层间，并以烷基链双层倾斜方式排列，烷基链与绢云母结构单元片层（TOT）的交角约为 60°；约 10% 的 CTA^+ 在绢云母层间单层垂直排列；约 2% 的 CTA^+ 呈单层平卧排列。

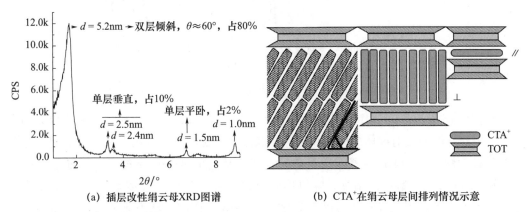

(a) 插层改性绢云母XRD图谱　　　(b) CTA^+在绢云母层间排列情况示意

图 5-16　CTAB 在绢云母层间的插层效果与排列情况

5.4.2 二甲基亚砜为溶剂插层改性绢云母的性能和机理

1. 绢云母结构变化及层间有机物形态

对绢云母原料、结构改造绢云母和 CTAB 插层改性绢云母及 CTAB 进行了红外光谱分析，结果如图 5-17 和图 5-18 所示。

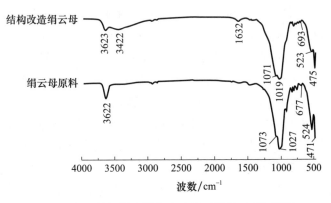

图 5-17　绢云母原料和结构改造绢云母的 FTIR 图谱

结果显示，虽然绢云母层间或多或少地存在一些水分子（或 H_3O^+），但在绢云母原料的红外谱图中并不存在反映这一特征的吸收峰（应在波数 3422cm^{-1} 位置），其原因应是绢云母原料层间水含量较低所致。相反，结构改造绢云母的红外谱图中却存在此峰，这是因为绢云母经结构改造处理，其层间阳离子变成水合 Na^+，故水从数量到作用都得以强化。结构改造绢云母存在层间水可引起介电常数增大，从而有利于有机物的插层。

101

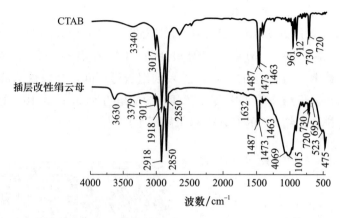

图 5-18　CTAB 插层绢云母和 CTAB 的 FTIR 图谱

从图 5-18 看出，CTAB 插层改性谱图上 2918cm^{-1} 和 2850cm^{-1} 位置的吸收峰分别为 —CH$_2$ 中 C—H 的反对称伸缩振动和对称伸缩振动引起，它们对亚甲基链的空间立体异构构型较为敏感。CTAB 分子在结晶态时，其烷基链呈 All-trans 构型，而随烷基链集合体中 Gauche 构型数量的增加，吸收峰的位置向着高波数方向移动[34]。Gauche 构型数量的不断增加使吸收峰的峰形逐步宽化。图 5-18 中谱图的状态表明烷基链在层间为 All-trans 构型。

亚甲基基团内的剪切振动（1473cm^{-1} 和 1463cm^{-1}）和面内摇摆振动（730cm^{-1} 和 720cm^{-1}）是烷基链集合体填充排列的鉴定特征。这些吸收峰会因烷基链间的靠近而相互作用并分裂。通常，在一些脂肪类双层体系中，这两处的吸收峰会以双峰形式出现在结晶相中[34]。图 5-18 中谱图的状态表明烷基链在层间为结晶态，即 All-trans 构型排列，而非似液态的 Gauche 构型状态。

Si—O 伸缩振动和 Si—O—Si 伸缩振动受层间阳离子和层间插入物影响。结构改造绢云母谱图在这两处的吸收峰（图 5-17）从 1073cm^{-1} 和 1027cm^{-1}，减小为 1071cm^{-1} 和 1019cm^{-1}，说明结构改造降低了硅氧四面体的对称程度。插层改性后，这两处吸收峰进一步减小为 1069cm^{-1} 和 1015cm^{-1}（图 5-18），这说明了烷基链和 CTAB 分子进入层间后，硅氧四面体片中 Si—O 和 Si—O—Si 的振动对称性进一步降低。

图 5-17 绢云母原料谱中 524cm^{-1} 和 471cm^{-1} 处吸收峰的出现证明了绢云母存在 Fe 和 Mg 对八面体中 Al 的类质同象替代。在结构改造绢云母的谱图中，Si—O—Fe 波数变小为 523cm^{-1}，而 Si—O—Mg 波数变大为 475cm^{-1}，这说明结构改造对这两个吸收峰所对应的振动的影响是相反的，而插层改性后，这两个峰的波数没有变化。这一变化过程的具体原因和机理尚需进一步研究。

2. 插层改性产物中有机物含量的测定

为测定插层改性绢云母中有机物的量，对绢云母原料、结构改造绢云母和 CTAB 插层改性绢云母进行了热分析，结果见图 5-19。可以看到，绢云母原料在约 89.7℃ 出现第一个平缓失重台阶，是其脱去极少量吸附水所致，所对应的失重率为 0.4%。在约 703.8℃ 出现第二个平缓失重台阶，对应差热曲线为大而宽缓的绢云母脱羟吸热谷，热失重为 3.6%。二者合计总失重率约为 4.2%。

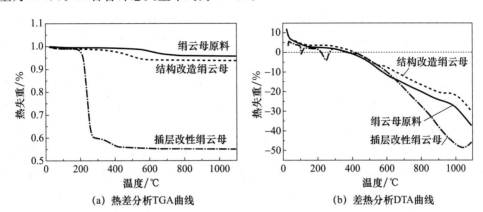

(a) 热差分析TGA曲线　　　　　　(b) 差热分析DTA曲线

图 5-19　绢云母原料、结构改造和插层改性产物的 TGA 和 DTA 曲线

对结构改造绢云母，其 TGA 上在 136.3℃ 出现第一个平缓失重台阶，失重率 1.0%。由于此温度高于 100℃，因此说明它不仅仅源于表面吸附水的蒸发，而且是结构改造绢云母存在少量层间水（挥发温度高于吸附水）所致，这与其红外分析结果一致。结构改造绢云母在 567.9℃ 出现第二个平缓失重台阶，失重率为 4.9%。二者合计总失重率约为 6.2%，说明结构改造绢云母含水增多。另外，结构改造绢云母比绢云母原料的脱羟结束温度提前约 136℃，说明结构改造破坏了绢云母结构的完整性，即结晶度下降，与其 XRD 的表征一致。

从插层改性绢云母的差热结果（图 5-19（b））看，它在 108.0℃ 出现明显的吸热谷，相较于结构改造绢云母降低了约 28℃，热失重约为 1.0%，这应是其吸附水和插层引入的层间水的逸出所致。它在 222.2～260.6℃ 出现第二个失重台阶，失重 39.1%。这对应差热曲线上 249.8℃ 附近的吸热谷，是有机物，包括层间烷基链 CTA^+、层间及绢云母表面吸附的 CTAB 分子的分解所致。在约 418.4℃ 出现第三个热失重台阶，失重 4.1%。此处为脱羟基过程，较结构改造绢云母再次降低约 150℃。此外，在插层改性绢云母 DTA 曲线 1050℃ 左右位置上甚至出现了构造分解及相变谷。这说明，插层改性所实现的层间距的加大进一步破坏了绢云母晶体结构的完整性，导致结晶度下降。插层改性绢云母的总失重约为 44.4%。

通过热分析测定的插层改性绢云母中有机物含量如表 5-1 所示。有机物含量是指插层反应后，存在于插层产物中的有机物的量，如前所述，包括层间烷基链 CTA^+、层间 CTAB 分子以及绢云母表面吸附的 CTAB 分子。由于三者烧失温度为同一区间（222.2～260.6℃），因此此处无法确定三者的比例。

表 5-1　TGA 测定的有机物含量

CTAB 加入量（与绢云母 CEC 的倍数）	CTAB 加量与结构改造绢云母的质量比（%）	插层改性绢云母中有机物的热失重率（%）	插层反应中 CTAB 的利用率（%）
5	50.7	39.1	77.1

3. XPS 表征插层改性绢云母各组分含量及结构变化

采用 XPS 分析对插层改性绢云母进行了有机物含量表征，插层改性绢云母的 XPS 谱图如图 5-20 所示，所得可能存在的物质及其元素原子个数百分比如表 5-2 所示，据此可得到如下分析结论：

（1）由于 XPS 显示插层改性绢云母中存在 K^+ 而不存在 Na^+，可知插层前结构改造绢云母中存在没有被钠化的 K^+，且没有全部参与插层反应。而结构改造绢云母中的 Na^+ 则全部被 CTA^+ 置换。

（2）理论上，Si 在绢云母的三步结构改造过程（热活化、酸处理、钠化）中均不会存在损失，因此采用 Si 的原子个数为标准进行其他原子的分析。在绢云母的标准化学式中 $Si : O = 3 : 12 = 1 : 4$，而实际元素原子个数比却为 $11.13 : 28.59 \approx 1 : 2.57$，氧元素含量偏低。原因可能有两方面：一方面，在结构改造过程中，最可能造成氧元素流失的是热活化过程中绢云母脱羟基环节，脱去的羟基本可以在酸化和钠化过程中得到恢复[35]，但现有数据表明脱去的羟基并没有完全得以恢复；另一个方面是结构改造前的绢云母原料中混有 SiO_2。

（3）在绢云母的标准化学式中 Al : Si（包括四面体和八面体中）$= 1 : 1$，而根据结果计算其实际比为 $6.72 : 11.13 \approx 0.6 : 1$，证明酸化造成了绢云母中 Al^{3+} 的溶出。

（4）由于插层改性绢云母结果中不含 S，由此证明其不含 DMSO（二甲基亚砜）。也就是说 DMSO（二甲基亚砜）在插层过程仅作为反应介质，而没有作为插层剂进入绢云母层间。

（5）由于插层改性绢云母不含 DMSO（二甲基亚砜），因此其中的唯一碳源为 CTA^+ 和 CTAB。

（6）Br 的唯一来源是 CTAB，因此证明插层改性绢云母中存在此物质。

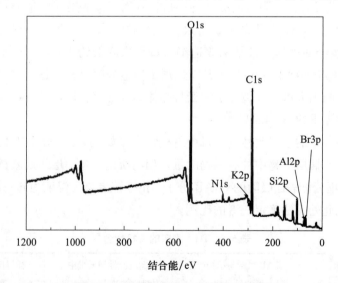

图 5-20　插层改性绢云母的 XPS 图谱

表 5-2　插层改性绢云母中可能存在的物质及其元素原子个数百分比

物质及元素	原子个数比（%）	
有机相：CTA$^+$ 和 CTAB 化学式：C$_{16}$H$_{33}$（CH$_3$）$_3$N$^+$ 和 C$_{16}$H$_{33}$（CH$_3$）$_3$NBr	C	48.65
	N	2.11
	Br	1.45
无机相：失去层间可交换阳离子的结构改造绢云母 绢云母的结构式：KAl$_2$［AlSi$_3$O$_{10}$］（OH）$_2$	K	1.35
	Na	0
	Al	6.72
	Si	11.13
	O	28.59
DMSO（二甲基亚砜） 化学式：C$_2$H$_6$OS	C	0
	O	0
	S	0

4. 插层改性绢云母的表面形貌

结构改造绢云母和插层改性后绢云母的 SEM 照片如图 5-21 所示。由图 5-21 可知，结构改造和插层改性都没有彻底破坏绢云母的层状结构，并且显示插层改性后绢云母颗粒的表面没有明显的 CTAB 残留，与文献记载相符[36]。这是由于绢云母结构层边缘周围的表面积占总表面积的百分比不足 4%，而只有结构层边缘周围会吸附 CTAB 分子，因此认为插层改性后绢云母中的 CTAB 分子绝大部分存在于绢云母层间。

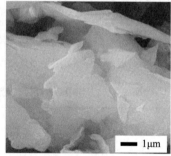

(a) 结构改造绢云母　　　　　　　(b) 插层改性绢云母

图 5-21　结构改造和插层改性绢云母的 SEM 照片

5. 插层剂在绢云母层间的排列方式

在优化条件下制备的插层改性绢云母的 XRD 图谱如图 5-22（a）所示，由此可推算出进入层间的 CTAB 分子的排列方式：约 84.8% 的 CTA$^+$ 和 CTAB 与结构层呈约 57.6° 的倾斜双层排列，约 15.2% 的以约 37.8° 的倾斜单层排列，如图 5-22（b）所示。

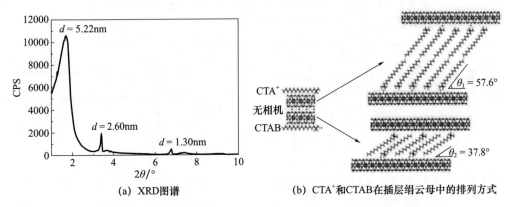

(a) XRD图谱   (b) CTA⁺和CTAB在插层绢云母中的排列方式

图 5-22　插层改性绢云母的 XRD 谱及 CTA⁺和 CTAB 在其中的排列方式

5.4.3　二甲基亚砜加速绢云母插层的机理分析

对比 5.3 节的研究结果，以 DMSO 为反应介质比水为介质进行 CTAB 插层改性绢云母的效率提高了 1 倍以上（从 24h 降低为 12h）。一般认为，DMSO 在插层改性过程中可能存在两种作用。一种是作为插层剂分子进入层间域；另一种则作为反应介质，加速反应进行。由 XPS 的结果分析可知，DMSO 在插层改性过程中仅起到反应介质的作用。下面对其加速插层反应的机制进行讨论。

表 5-3 是分别以 DMSO 和水为溶剂对结构改造绢云母进行以 CTAB 为插层剂的插层改性效果对比，表明在其他条件完全相同（以粒度为 $10\mu m$ 的结构改造绢云母为原料，CTAB 加量为其 CEC 值的 15 倍）的情况下，相比于蒸馏水，以 DMSO 为溶剂可以大大缩短插层反应时间，并能提高体系固含量，且无须调整溶剂的 pH。这就意味着，以 DMSO 为溶剂可以在更短的时间内，更为方便地产出更多的插层改性产物。不仅如此，以 DMSO 为溶剂还将产物的插层率提高至 93.72%，采用粒度为 $5\mu m$ 的绢云母插层，插层率甚至几乎达到 100%。较以蒸馏水为溶剂的插层产物插层率（92%）有了很大提高。以上对比充分反映了 DMSO 作为溶剂的优势。

表 5-3　以 DMSO 和水为溶剂插层改性绢云母的效果对比

		以 DMSO 为溶剂	以蒸馏水为溶剂
条件	反应时间（h）	12	24
	反应温度（℃）	80	80
	体系固含量（%）	10	1
	体系 pH	pH=7.5，无须调节	pH=4
效果	层间距最大扩张（nm）	5.07	5.2
	插层率（%）	97.32 或 100	92

DMSO 的上述作用与其介电常数（ε）和极性有关。DMSO 的 ε 为 46.68 F/m，属于极性非质子型溶剂，结构中由于存在未共用电子对而表现为较强的电子给体性质，能

和某些阳离子作用，展示较强的溶剂化作用，可因此增加反应介质极性而不利于过渡态的形成，进而使反应速率降低。另一方面，DMSO 具有较强的极性，对阳离子的溶剂化作用使其对很多有机物，包括 CTAB 具有很高的溶解度。其中 DMSO 较蒸馏水对 CTAB 的溶解度大，CMC 也大。CTAB 在水中 CMC 为 mmol/L 数量级（$25\sim45^{\circ}$C），而本试验中 CTAB 在反应介质中的浓度为 0.259mol/L，高于其 CMC100 倍。因此，在 80°C 时，CTAB 在水中依然以胶束形式和 CTA^{+} 动态平衡存在。CTAB 在 DMSO 中也是以胶束和 CTA^{+} 动态平衡存在，但 CTAB 在 DMSO 的溶解度和 CMC 较水中高。因此在加入相同量 CTAB 的情况下，CTA^{+} 的浓度在 DMSO 中较水中高，这有利于反应的进行。因此，DMSO 较蒸馏水加速了反应的进行。

5.5 有机插层改性绢云母的机械研磨和超声剥离

以 CTAB 插层改性绢云母为原料，对其进行了以机械研磨和超声振荡为手段的剥离，以利用插层改性绢云母相比未处理绢云母层间距大、单元层间结合力较弱和活性强的特点，增强其在搅拌磨研磨介质的机械力作用，特别是增强剪切和摩擦力作用及超声波振荡下沿片层方向的剥离效果，由此制得由结构单元单层，或少层片体构成的纳米片层材料。克服对未经改性处理绢云母进行传统机械剥片和研磨存在的垂直片层粉碎性强，而平行片层方向剥离效果差和过度研磨破坏矿物晶体结构等问题[37-39]。

5.5.1 插层改性绢云母的机械剥离试验

将 CTAB 插层改性绢云母加水搅拌制得悬浮体，再置于搅拌磨中，加入研磨介质球在转速 580r/min 条件下进行搅拌研磨，研磨产物经球料分离、干燥和打散制得绢云母剥离产物。分别对介质球用量、水用量和搅拌磨研磨时间等因素的影响进行试验考察。

1. 介质球用量的影响

固定绢云母与水质量比为 1:3，通过改变介质球的用量使球:料:水的比例分别为 5:1:3、10:1:3 和 15:1:3，并分别置于搅拌磨中研磨 1h 制备了绢云母剥片产物。图 5-23 是各绢云母剥片产物的 XRD 谱。

从图 5-23 可见，当搅拌磨中球:料:水为 5:1:3 时，所得绢云母剥片产物的 XRD 谱中，除绢云母原有的 d_{002} 为 9.9068×10^{-1}nm 的衍射峰外，还呈现 d 值分别为 22.7568×10^{-1}nm 和 62.9262×10^{-1}nm 的衍射峰，这表明绢云母的部分层间距被扩大，且远大于研磨剥离前的层间距值，表明研磨剥离使绢云母的层间距在原有插层导致增大的基础上进一步增大，即剥离取得一定的效果。将介质球比例增加至球:料:水为10:1:3，研磨产物扩大的层间距为 61.0145×10^{-1}nm，而 d 值 25.4521×10^{-1}nm 的衍射峰强度变弱，说明剥离程度增强。球:料:水为 15:1:3 时，绢云母层间距保持在 $61\times10^{-1}\sim62\times10^{-1}$nm，但原 d_{002} 衍射峰消失，说明较多量绢云母被剥离而导致晶体化程度降低。

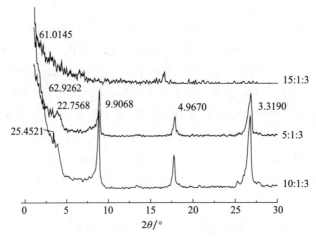

图 5-23 改变研磨球比例（球：料：水）条件下绢云母剥片产物的 XRD 谱（d/Å）

2. 水用量的影响

调整研磨过程水的用量，将球：料：水设定为 10：1：0、10：1：3、10：1：6 和 10：1：9 进行了搅拌磨研磨剥离绢云母的试验，试验其他条件与介质球用量的试验相同，试验结果示于图 5-24。结果显示，各绢云母剥片产物的 XRD 谱中均出现了 d 值约为 $64.0145 \times 10^{-1} nm$ 的衍射峰，同时原 d_{002}（$9.9068 \times 10^{-1} nm$）的衍射峰减弱，表明均具有良好的片体剥离效果。相比之下，以球：料：水为 10：1：9 产物 XRD 谱中层间距扩张峰强度最大，原 d_{002} 衍射峰强度最弱，剥离效果更好。

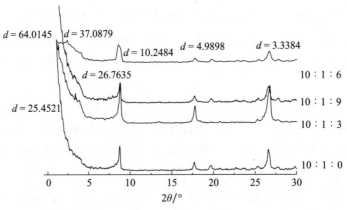

图 5-24 改变水加入比例（球：料：水）条件下绢云母剥片产物的 XRD 谱（d/Å）

3. 研磨时间的影响

在固定球：料：水的比例为 10：1：3、搅拌磨转速 580r/min 的条件下，通过改变搅拌磨研磨时间进行了绢云母剥离试验。不同研磨时间产物的 XRD 谱示于图 5-25。

从图 5-25 看出，在搅拌磨研磨时间 1h 绢云母剥离产物的 XRD 谱中，在 $d = 45.7896 \times 10^{-1} nm$ 处出现了反映绢云母层间距扩张的新衍射峰，说明研磨使绢云母的层间距在原有插层改性的基础上得到进一步扩大。当研磨时间继续增加到 2h 和 3h 时，层

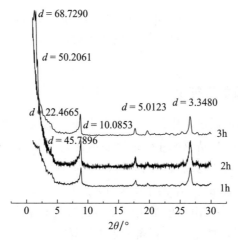

图 5-25 改变搅拌磨研磨时间条件下绢云母剥片产物的 XRD 谱（d/Å）

间距值分别为 50.2061×10^{-1} 和 68.7290×10^{-1} nm，且峰强度增大，同时原 d_{002}（10.0853×10^{-1} nm）的衍射峰减弱，说明剥离作用进一步增强，效率提高。

5.5.2 插层改性绢云母的超声剥离试验

超声波可产生局部超高温、超高压，并且超声空化作用可产生很高的空化能，从而造成固体表面颗粒间的剧烈碰撞，使颗粒尺寸减小[40]。用超声处理水和高岭石的混合物，可达到良好剥片效果，且晶体结构保持良好。阎琳琳[41]等研究了高岭石插层－超声法剥片的可行性，表明该方法可在较短时间内实现对高岭石的剥片与分散，在使高岭石实现纳米化的同时保持了良好的晶形。本章节对插层改性绢云母进行超声处理，有望在短时间内取得较好的剥片效果。图 5-26 是将 CTAB 插层改性绢云母的水悬浮液置于超声清洗机中，在频率 50Hz 下超声振荡 1h，然后离心、清洗、过滤、烘干所得绢云母剥离产物的 XRD 谱。

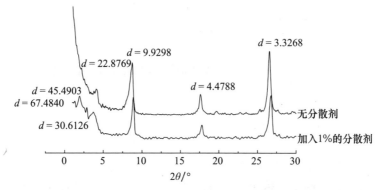

图 5-26 插层改性绢云母超声振荡产物的 XRD 谱（d/Å）

结果表明，当体系中不加和加入分散剂（聚丙烯酸钠，1%）时进行超声处理，其产物的层间距都得到较大程度的扩张，其中不加分散剂的层间距扩大至 22.8769×10^{-1} nm，并呈层间距向更大发展的趋势，而加入分散剂产物的层间距扩大至 30.6126×10^{-1} nm、

45.4903×10^{-1} nm 和 67.4840×10^{-1} nm，说明二者均取得明显的剥离效果。二者相比，加入分散剂产物 XRD 谱中原 d_{002} 的衍射峰强度相对较低，说明绢云母被剥离量大于未加分散剂产物。

5.5.3 绢云母剥离产物的表征

根据 XRD 测试数据，通过谢乐公式计算了上述分别经搅拌磨研磨剥离和超声剥离所得产物绢云母（002）面的晶粒尺寸，结果显示优化条件研磨剥离绢云母产物晶粒尺寸为 16.6nm，而超声剥离产物绢云母的晶粒尺寸为 8.1nm，均小于 CTAB 有机插层改性绢云母（晶粒尺寸 20.1nm）。由于绢云母剥离产物（002）面的晶粒尺寸代表了片体厚度，所以认为它们已形成了由少层结构单元构成的纳米片体。相比之下，超声剥离所得到的绢云母剥离产物的晶粒更小，剥离效果更优异。

图 5-27 是绢云母剥离产物和插层改性绢云母的红外光谱，从中看出，绢云母剥离产物谱图中，反映绢云母特征的吸收峰都存在，与插层改性绢云母基本一致，说明绢云母经剥离处理，其晶格结构仍然保持完整。另外，绢云母剥离产物红外谱图上反映 CTAB 特征的 2844cm^{-1} 和 2917cm^{-1} 处的吸收峰（来自甲基和亚甲基）的强度比插层改性绢云母明显降低，说明剥离导致了绢云母层间的有机阳离子发生脱嵌，这将使其有机化特征减弱。

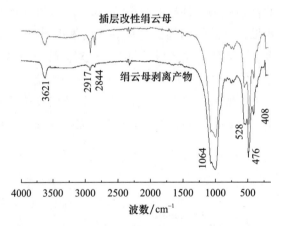

图 5-27　绢云母剥离产物和插层改性绢云母的红外光谱

5.6　小结

（1）以水为溶剂，十六烷基三甲基溴化铵（CTAB）为插层剂，通过加热搅拌方式对结构改造（热活化、酸化、钠化）绢云母进行了插层改性，其优化试验条件产物绢云母的层间距从 1.0nm 最大扩张至 5.2nm，插层率大于 92%。

（2）以二甲基亚砜（DMSO）为溶剂，制备了 CTAB 插层改性绢云母，其层间距由 1.00nm 增至 5.22nm，插层率约 100%。进入绢云母层间的有机物质为 CTA^+ 和 CTAB，摩尔比约为 $1:2.22$。DMSO 作为反应介质（未进入绢云母层间），显著提高了绢云母的插层效率，插层反应时间由水为溶剂时的 24h 降低为 12h，并使反应体系固含量提高。

（3）以水为溶剂插层改性绢云母中，进入绢云母层间的 CTAB 烷基链约 80％双层倾斜排列，与绢云母结构单元片层（TOT）交角约为 60°；约 10％单层垂直排列；约 2％单层平卧排列。以 DMSO 为溶剂插层改性绢云母中，CTAB 在绢云母层间以直链（All-trans）构型排列，约 84.8％的烷基链与结构层呈约 57.6°的倾斜双层排列，约 15.2％的烷基链与结构层呈约 37.8°的倾斜单层排列。

（4）对插层改性绢云母进行搅拌磨湿法研磨和超声波振荡处理，均可使其得到一定程度的剥离，剥离产物绢云母层间距增大至 6.5nm 以上。通过 XRD 计算可得绢云母片层厚度从剥离前的 20.1nm 分别降低至 16.6nm 和 8.1nm。

参考文献

［1］SCHMIDT E P D, SHAH D, GIANNELIS E P. New advances in polymer/layered silicate nano-composites ［J］. Current Opinion in Solid State & Materials Science, 2002, 6 (3): 205-212.

［2］GIANNELIS. Polymer-layered silicate nanocomposites: Synthesis, properties and applications ［J］. Applied Organometallic Chemistry, 1998, 12 (10-11): 675-680.

［3］S. THOMAS, S. THOMAS, J. ABRAHAM, et al. Investigation of the mechanical, thermal and transport properties of NR/NBR blends: impact of organoclay content ［J］. Journal of Polymer Research, 2018, 25 (8): 165.

［4］K. SANKARAN, P. MANOHARAN, S. CHATTOPADHYAY, et al. Effect of hybridization of organoclay with carbon black on the transport, mechanical, and adhesion properties of nanocomposites based on bromobutyl/epoxidized natural rubber blends ［J］. Rsc Advances, 2016, 6 (40): 33723-33732.

［5］G. GORRASI, M. TORTORA, V. VITTORIA, et al. Transport and mechanical properties of blends of poly (epsilon-caprolactone) and a modified montmorillonite-poly (epsilon-caprolactone) nanocomposite ［J］. Journal of Polymer Science Part B-Polymer Physics, 2002, 40 (11): 1118-1124.

［6］H. FISCHER. Polymer nanocomposites: from fundamental research to specific applications ［J］. Materials Science & Engineering C-Biomimetic and Supramolecular Systems, 2003, 23 (6-8): 763-772.

［7］A. P. MEERA, S. THOMAS, A. K. ZACHARIAH, et al. Effect of organoclay on the solvent diffusion behavior and mechanical properties of natural rubber nanocomposites ［J］. Polymer Composites, 2018, 39 (9): 3110-3118.

［8］杜冰娟，刘颖，吴大鸣，等 . AC/LDHs 插层复合材料的制备及其在挤出发泡成型中的应用 ［J］. 塑料，2007，36 (06)：58-62.

［9］D. K. SHENG, J. J. TAN, X. D. LIU, et al. Effect of organoclay with various organic modifiers on the morphological, mechanical, and gas barrier properties of thermoplastic polyurethane/organoclay nanocomposites [J]. Journal of Materials Science，2011，46（20）：6508-6517.

［10］ M. YOUSFI，J. SOULESTIN，B. VERGNES，et al. Compatibilization of Immiscible Polymer Blends by Organoclay：Effect of Nanofiller or Organo-Modifier [J]. Macromolecular Materials and Engineering，2013，298（7）：757-770.

［11］ G. CHIGWADA，D. Y. WANG，C. A. WILKIE. Polystyrene nanocomposites based on quinolinium and pyridinium surfactants [J]. Polymer Degradation and Stability，2006，91（4）：848-855.

［12］ 袁道升. 改性蒙脱土及其对聚乙烯稳定性的影响研究 [D]. 南宁：广西大学，2008：34-41.

［13］ Z. ZHANG，L. LIAO，Z. XIA. Ultrasound-assisted preparation and characterization of anionic surfactant modified montmorillonites [J]. Applied Clay Science，2010，50（4）：576-581.

［14］ SHEN Y H. Preparations of organobentonite using nonionic surfactants [J]. Chemosphere，2001，44（5）：989-995.

［15］ H. P. HE，J. DUCHET，J. GALY，et al. Grafting of swelling clay materials with 3-aminopropyl-triethoxysilane [J]. Journal of Colloid and Interface Science，2005，288（1）：171-176.

［16］ 覃宗华，袁鹏，何宏平，等. 热处理蒙脱石的 γ-氨丙基三乙氧基硅烷改性研究 [J]. 矿物学报，2012，32（01）：17-24.

［17］ A. D. M. FERREIRA GUIMARAES，V. S. T. CIMINELLI，W. L. VASCONCELOS. Smectite organofunctionalized with thiol groups for adsorption of heavy metal ions [J]. Applied Clay Science，2009，42（3-4）：410-414.

［18］ R. KRISHNAMOORTI，R. A. VAIA，E. P. GIANNELIS. Structure and dynamics of polymer-layered silicate nanocomposites [J]. Chemistry of Materials，1996，8（8）：1728-1734.

［19］ S. TUNC，O. DUMAN. Preparation and characterization of biodegradable methyl cellulose/montmorillonite nanocomposite films [J]. Applied Clay Science，2010，48（3）：414-424.

［20］ S. C. TJONG，Y. Z. MENG，Y. XU. Preparation and properties of polyamide 6/polypropylene-vermiculite nanocomposite/polyamide 6 alloys [J]. Journal of Applied Polymer Science，2002，86（9）：2330-2337.

［21］ S. CHEN，Z. YANG，F. WANG. Preparation and characterization of polyimide/kaolinite nanocomposite films based on functionalized kaolinite [J]. Polym. Eng. Sci.，2019，59：E380-E386.

［22］ 彭鹏，柴春霞. Mg/Al 双氢氧化物的十二烷基磺酸钠插层研究 [J]. 周口师范学院学报，2007（05）：83-84.

［23］ 曹永，郭灿雄，吴大鸣. 十二烷基硫酸钠在水滑石层间的插层行为研究 [J]. 北京化工大学学报（自然科学版），2007，34（02）：181-184.

［24］ 康志强，杜宝中，陈博，等. 水杨酸根插层 Mg-Al 水滑石的制备与表征 [J]. 化学工程师，2007（01）：9-11+29.

［25］ 袁金凤，张留成. PMMA/黑云母纳米复合材料的制备及表征 [J]. 高分子学报，2005（01）：24-28.

［26］ F. DEL REY-PEREZ-CABALLERO，G. PONCELET. Preparation and characterization of microporous 18 angstrom Al-pillared structures from natural phlogopite micas [J]. Microporous and Mesoporous Materials，2000，41（1-3）：169-181.

［27］ F DEL REY-PEREZ-CABALLERO，G. PONCELET. Microporous 18 angstrom Al-pilared vermiculites：preparation and characterization [J]. Microporous and Mesoporous Materials，2000，37

(3)：313-327.

[28] 江曙，廖立兵. 环氧树脂/金云母纳米复合材料的制备与表征 [J]. 矿物学报，2008，28（04）：381-385.

[29] 国家建筑材料工业局地质公司. 中国高岭土矿床地质学 [M]. 上海：上海科学技术文献出版社，1984：12-15.

[30] HAO DING，YUEBO WANG，YU LIANG，et al. Preparation and Characterization of Cetyl Trimethylammonium Intercalated Sericite [J]. Advances in Materials Science and Engineering，2014，480138：1-8.

[31] YU LIANG，HAO DING，YUEBO WANG，et al. Intercalation of cetyl trimethylammonium ion into sericite in the solvent of dimethyl sulfoxide [J]. Applied Clay Science，2013，74：109-114.

[32] 崔振民，廖立兵，陈光明，等. 不同蒙脱石的有机插层及聚合剥离 [J]. 硅酸盐学报，2005，33（05）：599-603.

[33] 王林江，谢襄漓，陈南春，等. 高岭石插层效率评价（英文）[J]. 无机化学学报，2010，26（05）：853-859.

[34] N. V. VENKATARAMAN，S. VASUDEVAN. Conformation of methylene chains in an intercalated surfactant bilayer [J]. Journal of Physical Chemistry B，2001，105（9）：1805-1812.

[35] Y. -J. SHIH，Y. -H. SHEN. Swelling of sericite by LiNO$_3$-hydrothermal treatment [J]. Applied Clay Science，2009，43（2）：282-288.

[36] W. XIE，Z. M. GAO，W. P. PAN，et al. Thermal degradation chemistry of alkyl quaternary ammonium montmorillonite [J]. Chemistry Of Materials，2001，13（9）：2979-2990.

[37] G. BAUDET，V. PERROTEL，A. SERON，et al. Two dimensions comminution of kaolinite clay particles [J]. Powder Technol.，1999，105（1-3）：125-134.

[38] P. J. SANCHEZ-SOTO，M. D. J. DE HARO，L. A. PEREZ-MAQUEDA，et al. Effects of dry grinding on the structural changes of kaolinite powders [J]. Journal of the American Ceramic Society，2000，83（7）：1649-1657.

[39] G. SURAJ，C. S. P. IYER，S. RUGMINI，et al. The effect of micronization on kaolinites and their sorption behaviour [J]. Applied Clay Science，1997，12（1-2）：111-130.

[40] M. C. J. DE HARO，J. L. PEREZ-RODRIGUEZ，et al. Effect of ultrasound on preparation of porous materials from vermiculite [J]. Applied Clay Science，2005，30（1）：11-20.

[41] 阎琳琳，张存满，徐政. 高岭石插层-超声法剥片可行性研究 [J]. 非金属矿，2007，30（1）：1-4.

第6章　插层改性绢云母填充制备纳米
复合材料的研究

6.1　引言

6.1.1　聚合物/层状硅酸盐纳米复合材料及其研究进展

1. 聚合物/层状硅酸盐纳米复合材料的种类与性能

聚合物/层状硅酸盐纳米复合材料（PLSN）是近数十年来迅速发展的一种先进功能材料。作为 PLSN 的基础，早在 20 世纪 60～70 年代就有关于聚合物和改性的硅酸盐矿物材料复合的研究报道。根据聚合物基体与层状硅酸盐之间界面作用的强度可将 PLSN 分为两种[1]：

（1）插层型纳米复合材料。如图 6-1（a）所示，有机聚合物分子插入层状硅酸盐的层间，使层间距扩大，但仍保持短程有序状态，X 射线衍射峰向低角度方向位移。

（2）剥离型纳米复合材料。如图 6-1（b）所示，层状硅酸盐结构单元被剥离成一定厚度的纳米片体，并均匀分散在聚合物基体中，X 射线衍射图中低角度处层状硅酸盐的特征峰消失。剥离型纳米复合材料中层状硅酸盐添加量一般小于插层型。由于片层的所有表面均与聚合物发生作用，因而剥离型 PLSN 比插层型具有更好的机械性能。

(a) 插层型　　　　　(b) 剥离型

图 6-1　PLSN 结构示意

聚合物材料一般存在耐热性和高温力学性能差、尺寸稳定性欠佳和易燃烧等缺点。在聚合物中加入无机填料是改善其性能的传统方法。其中，加入少量层状硅酸盐（一般不大于 10%），可利用纳米粒子的量子尺寸效应、表面效应、界面效应、体积效应等将无机材料的刚性、尺寸稳定性、热稳定性与聚合物的韧性、加工性能、介电性能与聚合物的特性相结合，从而使 PLSN 具有良好的力学、热学、阻燃、气体阻隔、光电等性能。与传统的聚合物复合材料相比，PLSN 具有很多优点，主要体现在以下方面[1-3]：

（1）力学性能。在 PLSN 中，由于高分子受限于硅酸盐片层中，分子链的运动受阻，因此硅酸盐起到了增强增韧的作用，使 PLSN 的力学性能得到提高。PLSN 中的一条高分子链可以进入多个硅酸盐片层中，而一个硅酸盐片层也可以容纳多条高分子链。因层状硅酸盐可以在二维方向对聚合物起到增强作用，其力学性能有望优于仅在一维方向起增强作用的纤维。

（2）热稳定性。由于聚合物分子链被限制在硅酸盐片层中，分子链的转动和平动以及链段的运动受到了束缚，所以导致聚合物的玻璃化转变温度大大提高，甚至无玻璃化。

（3）电学及光学性能。高分子电解质的电导率在熔点温度以下常因晶体对离子的运动形成阻止作用而下降很多，而 PLSN 因高分子在层状硅酸盐层间，阻止了晶体的生长，从而提高了电解质的电导率。同时，由于分散在聚合物基体中的层状硅酸盐相的尺寸小于可见光的波长，所以 PLSN 表现出良好的光学性质。

（4）气体阻隔性能。在 PLSN 中，层状硅酸盐分散在聚合物基体中，由于其长径比很大，迫使气体分子在扩散时必须绕过这些片层，从而增加小分子的渗透路径，阻碍了气体的扩散，使 PLSN 对气体形成很强的阻隔作用。最简单的模型为 Neilson 的"曲线通道"模型，如式（6-1）所示。由此模型可知，大的硅酸盐片层长径比 φ（L/D）可提供高的 PLSN 的气体阻隔性。

$$P_{PLSN} = \left[(1-\varphi)P_{matrix} \right] / (1 + \frac{\alpha\varphi}{2}) \tag{6-1}$$

式中　P_{PLSN}——复合材料的渗透系数；

　　　P_{matrix}——聚合物基体的渗透系数；

　　　α——层状硅酸盐的含量；

　　　φ——层状硅酸盐的长径比。

（5）阻燃性能。PLSN 主要由层状硅酸盐在聚合物基体中的气体阻隔作用和对分子链的限制作用而提高聚合物的阻燃性能，具体体现在以下两方面：第一，在聚合物基体中以纳米尺寸分散的层状硅酸盐片层对聚合物分子链的活动具有显著的限制作用，从而使聚合物分子链在受热分解时比完全自由的分子链具有更高的分解温度。此外，由于层状硅酸盐片层的物理交联点的作用，使得复合材料在燃烧时更容易保持初始的形状，从而表现出较好的阻燃性能。第二，PLSN 具有良好的气体阻隔性，当其燃烧时，位于燃烧表面的层状硅酸盐片层具备阻隔内部因为聚合物分子链分解而产生的可燃性小分子向燃烧界面迁移的能力，同时也可以延缓外界的氧气向燃烧界面内部迁移的速度，因而延缓了燃烧的进程，起到阻燃的作用。

（6）其他性能。研究表明[4]，当生物可降解聚合物与层状硅酸盐形成纳米复合材料后，其生物降解能力可得到显著提高，可能由层状硅酸盐的催化作用所致。PLSN 也拓展了聚合物在某些特殊场合（如核电站）中的应用。例如，蒙脱石能在高剂量的"辐照"下保持片层结构不被破坏，从而有效阻止 γ 射线在基体中的穿透以及氧气在基体中的扩散。

2. 聚合物/层状硅酸盐纳米复合材料的制备及原理

PLSN 在制备上与传统复合材料的不同之处在于其独特的插层复合技术方面。插层复合，是指将单体或聚合物分子插入到层状硅酸盐层间的纳米空间中，利用聚合热或剪切力将层状硅酸盐剥离成纳米基本结构单元或微区，并使之均匀分散到聚合物基体中。按照复合过程，插层复合法可分为两大类[1]，如图 6-2 所示：

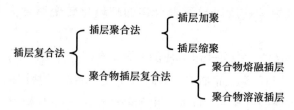

图 6-2 插层复合法的分类

（1）插层聚合法。即先将聚合物单体分散、插层进入层状硅酸盐片层中，然后引发原位聚合或固化反应，利用聚合时放出的大量热量，克服硅酸盐片层间的作用力，从而使硅酸盐片层以纳米尺度与聚合物基体复合。按照聚合反应类型的不同，插层聚合可以分为插层加聚和插层缩聚两种类型。插层聚合法可有效解决无机-有机组分之间的不相容和有机大分子难以插层的问题，但也存在有机单体与层状硅酸盐之间配伍性差等局限性问题。

（2）聚合物插层复合法。即将聚合物熔体或溶液与层状硅酸盐混合，利用化学或热力学作用使层状硅酸盐剥离成纳米尺度的片层或微区并均匀分散在聚合物基体中。聚合物插层可分为聚合物熔融插层和聚合物溶液插层两种。聚合物熔融插层是聚合物在高于其软化温度下加热，在静止条件或剪切力作用下直接插层进入层状硅酸盐片层间。聚合物熔融插层法是最简单易行和最易实现工业化的方法，而且制备过程中没有有机溶剂和单体等有机挥发物的存在，不用附加额外的加工设备和工艺，符合节能、绿色环保的要求。聚合物溶液插层是聚合物大分子链在溶液中借助于溶剂而插层进入层状硅酸盐片层间，然后再挥发除去溶剂。这需要合适的溶剂溶解聚合物和同时使层状硅酸盐分散。因溶液插层需使用大量的溶剂，且不易回收，所以对环境保护不利。

用于制备 PLSN 的部分聚合物可分为以下几种（表 6-1）：

表 6-1 用于制备 PLSN 的部分聚合物

种类	定义	聚合物种类
热塑性塑料	在特定的温度范围内能反复加热软化和冷却硬化的塑料	聚乙烯（PE）、聚丙烯（PP）、聚苯乙烯（PS）、聚乙烯醇（PVA）、聚甲基丙烯酸甲酯（PMMA）、聚酰胺（PA）、聚砜（PSU）等
热固性塑料	在受热或其他条件下能固化或具有不溶（熔）特性的塑料	酚醛树脂（PF）、环氧树脂（EP）、聚酰亚胺（PI）等
橡胶	一种高弹性的高分子化合物	丁基橡胶（IIR）、丁腈橡胶（NBR）、硅橡胶（SBR）等

PLSN 的优良性能和较低的成本，使其具有广阔的发展前景。PLSN 具有高耐热性、高强度、高模量、高气体阻隔性和低的膨胀系数，而密度仅为一般复合材料的 65%～75%，因此可以作为新型的高性能工程塑料用于航空、汽车、家电、电子等行业。丰田公司已成功地将 PA6/层状硅酸盐纳米复合材料应用于汽车塑料领域。PLSN 良好的气体阻隔性使之能用来制造高性能包装和高档保鲜膜材料。随着研究工作的深入，PLSN 的种类会越来越多，性能会越来越优异，应用领域将越来越广，从而为人类生活提供更多性能的新材料。

3. 相关研究进展

本研究采用的聚合物为环氧树脂。环氧树脂产量大、应用广泛且占据主导地位，其纳米复合材料成为研究热点之一。据不完全统计，1991 年以来，SCI、EI 数据库，中国学位论文库，中国科技期刊库所收录的关于热固性聚合物基纳米复合材料的文献中，环氧树脂基纳米复合材料的文献约占总数的 70%[5]。

Giannelis 采用酸酐类固化剂制备了剥离型环氧树脂/层状硅酸盐纳米复合材料，其弹性模量得到了提高[6]。Lan 等[7]与 Wang 等[8]认为使用胺类固化剂制备环氧树脂/层状硅酸盐纳米复合材料时，硅酸盐能否剥离与固化温度有关。Lan 等以间苯二胺为固化剂制备环氧树脂/蒙脱石纳米复合材料，研究发现固化温度对纳米复合材料的形成有显著影响，在 75℃慢速固化或在 140℃快速固化时形成插层型纳米复合材料，而在中等固化速率 75℃/2h+125℃/4h 或 125℃/4h 时形成剥离型纳米复合材料[9]。Pustkova 等研究表明，剥离型环氧树脂/层状硅酸盐纳米复合材料的玻璃转化温度与固化反应温度有密切的关系[10]。

哈恩华等将用十六烷基三甲基氯化铵在 80℃下高速搅拌反应 3h 改性后的蒙脱石加入到环氧树脂中，加热到 80℃并搅拌 1h。而后加入 80phr（质量为环氧树脂的 80%）的甲基四氢苯酐和 1phr（质量分数）的苄基二甲胺，搅拌使之混合均匀，真空消泡，然后将混合料浇铸到预热的模具中，在烘箱中加热固化，固化条件为 80℃/2h+130℃/3h+150℃/3h。结果表明，有机化后蒙脱石与环氧树脂有好的相容性。与纯环氧固化物相比，复合材料性能有一定的提高和改善，冲击强度和弯曲强度在蒙脱石含量为 1%～2% 时，分别提高了 28.1%和 19.4%；在蒙脱石含量为 5%时复合材料的玻璃化温度比纯环氧固化物的高出 13.2℃，热变形温度在 3%时提高了 16℃，而且在蒙脱石含量为 1%时线膨胀系数下降 44%。此外，材料的阻隔性能也大大提高[11]。

周莹等对制备的环氧树脂/蒙脱石纳米复合材料的插层剥离性能进行了研究，认为蒙脱石容易插入环氧树脂层间，提高混合温度和延长混合时间对插层有利。力学性能测试表明，剥离型复合材料的拉伸强度比纯树脂提高了 46.5%，无缺口冲击强度提高了 177.8%。复合材料的耐热性能也得到显著提高，热变形温度比纯树脂提高了 13.2℃[12]。

张楷亮等将十六胺改性后的蒙脱石与环氧树脂插层复合，以甲基四氢酸酐为固化剂，以三（二甲氨基甲基）苯酚为促进剂，在 80℃左右反应制备的复合材料抗冲击强度提高了 60.67%，抗张强度提高了 11.78%，热变形温度提高了 8.7℃。动态热机械分析测试结果表明，在玻璃态时，复合材料的储能模量较纯树脂提高了 38.78%；在高弹态时，提高了 84.87%。说明有机蒙脱石的加入提高了复合材料的储能模量，尤其是高弹态时提高幅度更为显著[13]。

黄振宇以用量为 10 倍于蛭石阳离子交换量的十六烷基三甲基溴化铵对蛭石进行了插层改性，试验结果显示烷基链在蛭石层间双层倾斜排列，层间距增大，而且大部分蛭石已剥离。采用二甲基苄胺为固化剂，制备了环氧树脂/蛭石纳米复合材料。结果表明：环氧树脂和有机蛭石之间的相容性好，互混时环氧树脂很容易插入蛭石层间，可以得到稳定的环氧树脂/蛭石纳米复合材料。当蛭石含量为 3% 时，与纯树脂相比，复合材料的冲击强度提高了 91%，弯曲强度提高了 36.6%。蛭石在环氧树脂基体中剥离，片层间距达 10nm 左右[14]。

刘黎明等采用有机改性后的累托石与环氧树脂复合制备了纳米复合材料。改性后累托石层间距由 2.4nm 扩大到 4.2nm。在含量为 0.5% 时纳米复合材料具有最佳的力学和热学性能，冲击强度增加了 120%，断裂伸长率增加了 330%，玻璃化转变温度提高了 28℃。XRD、TEM 和 FTIR 结果表明，层状累托石和环氧树脂发生了化学反应，观测到层状累托石完全剥离和插层两种结构形态，且累托石在含量较低时容易形成剥离型[15]。

郑亚萍等以甲基四氢苯酐为固化剂复合丙酮分散的海泡石，并与环氧树脂复合制备纳米复合材料。当海泡石含量为 1% 时，环氧树脂的玻璃化温度提高了近 50℃，冲击强度提高了 5 倍，弯曲强度提高了 2 倍[16]。

江曙先采用酸浸和加热的方法对金云母进行结构修饰，然后进行钠化试验。结果表明金云母 d_{001} 从 1.0nm 移至 1.2nm，证明层间 K^+ 与溶液中的 Na^+ 发生了交换，Na^+ 进入了层间。用十六烷基三甲基溴化铵改性钠化后的金云母，金云母 d_{001} 从 1.2nm 移至 3.2nm。之后制备的环氧树脂/金云母纳米复合材料在金云母含量为 1% 时，拉伸强度较纯树脂提高了 32.33%，弯曲强度提高了 53.77%，冲击强度提高了 127%[17]。

商平等以环氧树脂为基体，酚醛胺（T31）为固化剂和有机改性后的海泡石为增强剂，制备了有机海泡石/环氧树脂复合材料[18]。通过 X 射线衍射（XRD）分析、傅里叶变换红外（FTIR）分析、热重分析（TG）、拉伸试验研究了复合材料的结构、力学性能、耐热性能。结果表明，环氧树脂可插层进入有机海泡石中。随着有机海泡石加入量的增加，环氧树脂的力学性能和耐热性能逐渐增强。有机海泡石含量为 1% 时，其拉伸剪切强度比纯环氧树脂提高了 69.5%；有机海泡石含量为 2% 时，热分解温度提高了 31℃。

朱青[19]通过"浆料-混合"的方法制备了有机黏土含量高达 7.5% 的氢化双酚 A 环氧树脂纳米复合材料，并选用六氢苯酐和戊二酸酐作为混合固化剂对样品固化。通过 XRD 与 TEM 的测试发现，C18-clay 在氢化双酚 A 环氧树脂中呈现剥离结构，而在双酚 A 环氧树脂中仅能观察到插层结构。

张静[20]以双酚 A 型环氧树脂为基体树脂，蒙脱石为无机填料，十八烷基氯化铵和偶联剂 KH550 为改性剂，甲基六氢邻苯二甲酸酐为固化剂，制备出了不同有机改性蒙脱石以及不同蒙脱石含量的环氧树脂/蒙脱石复合材料，并探讨了蒙脱石的改性及蒙脱石含量对复合材料介电性能的影响。结果表明，偶联剂 KH550 改性的蒙脱石（K-MMT）和十八烷基铵盐改性的蒙脱石（O-MMT）均能使环氧树脂（EP）的介电常数（ε）与损耗角正切值（tanδ）降低。特别当温度达到 160℃时，K-MMT/EP 的 ε 和 tanδ 分别下降了 5％和 35％，而 O-MMT/EP 的 ε 和 tanδ 分别下降 16％和 41％。可见，有机化蒙脱石的加入有望提高环氧树脂的耐温等级；对于 O-MMT/EP 复合材料，当蒙脱石含量为 5％时，其介电常数及损耗角正切值最低，常温工频时与纯环氧树脂相比，分别下降了 18％与 42％。

李曦[21]将纳米 TiO₂和有机蒙脱石加入到环氧树脂中，成功制备出一种在多项性能上都大幅提高的纳米复合材料。力学性能测试和热分析表明，所得纳米复合材料在拉伸、冲击、玻璃化转变温度和热分解温度等多项性能上都比纯环氧树脂和有机蒙脱石/环氧树脂纳米复合材料大幅提高。X 射线衍射谱和透射电镜结果表明，在环氧树脂中纳米 TiO₂与有机蒙脱石同时存在，使蒙脱石层高度剥离，所得的二维蒙脱石纳米单片与零维纳米 TiO₂颗粒交错分布于树脂基体中，形成了新的微观结构。

6.1.2　纯丙乳液的性质及应用

纯丙乳液是用作水性建筑涂料基料（主要成膜物质）的重要合成树脂乳液。它是由多种丙烯酸、甲基丙烯酸、甲基丙烯酸甲酯、丙烯酸酯类以及功能性助剂通过优化工艺共聚而成的乳液，具有乳滴粒径小、光泽高、耐候性优良、抗回黏性好等特点，具有广泛的适用性[22]。由于纯丙乳液以耐候性优异的丙烯酸酯为原料，因此纯丙乳液涂料的耐候性，特别是在耐老化性和保色保光性方面[23]性能优良。纯丙乳液涂料是目前较为高档的一种水性涂料，已广泛用作建筑涂料、防水涂料、纺织助剂（如涂料印花增稠剂、织物黏合、静电植绒黏合剂、纺织经纱上浆浆料、抗迁移剂、抗缩性后整理剂、织物防水剂及涂层加工等）[24]、皮革纸张处理剂、砂带用胶黏剂及压敏胶等[25]。

在乳胶涂料中保持光、热稳定性是纯丙乳液重要的物理性能之一[26]。现行国产纯丙乳液在提高稳定性、降低最低成膜温度（MFI）和有效调节流变性等方面还需进一步加以改进[27]。陈元武等[28]将功能性热交联单体甲基丙烯酸羟丙酯（HPMA）引入纯丙乳液中，通过热交联作用，使纯丙乳液和由其制造的防水涂料的防水性能、拉伸强度得以明显提高。肖雪平[29]将功能性单体氨基丙烯酸酯引入到纯丙乳液中，使原纯丙乳液的耐水性明显提高，并使其在水浸及其他苛刻条件下具有更佳的附着力。此外，填料与漆基间的作用力和乳胶漆黏度也由于氨基丙烯酸酯的引入而明显降低。甘孟渝等[30]将交联性单体丙烯酰胺、耐水性单体丙烯腈、苯酚、三聚氰胺等引入纯丙乳液中，采用间歇式种子乳液聚合技术制备乳液，使涂料的耐水性、耐老化性得以有效提高。鲁德平等[31]用丙烯酰胺系列高分子乳化剂制备纯丙乳液。由于乳化剂分子的长链效应、体积效应以及其所含基团的空间位阻等特性，使纯丙乳液粒子形态和性能呈多样化。刘敬芹等[32]以乙烯基磺酸钠（SVS）为聚合乳化剂，改善了乳液的稳定性、耐水性、附着力、硬度和贮存稳定性。

除采用在纯丙乳液中引入有机类助剂外，将其与无机材料复合也是改善其性能的重要举措。由于绢云母具有一系列优良的特性，如良好的化学稳定性、良好的紫外屏蔽性能等，所以将绢云母，特别是改性插层后的绢云母与纯丙乳液复合，将会使制备出的复合材料在耐紫外稳定性和涂膜力学性能等方面的性能更优良，从而进一步提高乳液性能。

6.2　试验研究方法

6.2.1　原料和试剂

1. 制备环氧树脂/绢云母纳米复合材料用原料和试剂

经热活化-酸化-钠化-十六烷基三甲基溴化铵（CTAB）插层改性的绢云母作为添加剂原料，双酚 A 型环氧树脂 E-51（双酚 A 二缩水甘油醚，简称 DGEBA）作为树脂原料，二氨基二苯甲烷为固化剂，三（二甲氨基甲基）苯酚为固化反应促进剂。上述绢云母原料为自制，其他几种试剂均为分析纯试剂。

其中，DGEBA 由环氧氯丙烷和双酚 A 在有氢氧化钠条件下反应合成，具有原材料来源广泛、成本低、应用范围广等特点。DGEBA 是一种多分子量的混合物，其通式为：

$$\text{H}_2\text{C}\overset{O}{\underset{H}{\underset{|}{\text{C}}}}\text{C}\overset{H}{\underset{H}{\text{C}}}\text{O}-\left[\right]-\overset{CH_3}{\underset{CH_3}{\text{C}}}--\text{O}\overset{H}{\underset{H}{\text{C}}}\overset{CH}{\text{C}}\overset{H}{\underset{H}{\text{C}}}\text{O}--\overset{CH_3}{\underset{CH_3}{\text{C}}}--\text{O}\overset{H}{\underset{H}{\text{C}}}\overset{O}{\text{C}}\overset{}{\text{CH}_2}$$

其中 $n=0$，1，2…

DGEBA 有多种产品，本试验所用产品的牌号为 E-51（618）。其为无色透明液体，环氧值为 0.48～0.52mol/100g，环氧当量为 184～194，有机氯值≤0.02mol/100g，无机氯值≤0.001mol/100g，挥发分≤2%，黏度为 11～14Pa·s。其环氧值最高，黏度最小，适宜常压浇铸。

固化剂二氨基二苯基甲烷（DDM）属于芳香胺的一种，结构式为：

$$\text{NH}_2--\text{CH}_2--\text{NH}_2$$

DDM 室温下为琥珀色固体，熔点为 89℃，胺当量为 49.6。用作固化剂时用量为双酚 A 型环氧树脂的 30%。

促进剂三（二甲氨基甲基）苯酚（DMP-30）属于叔胺盐，是环氧树脂固化反应中重要的促进剂。结构式为：

$$(\text{CH}_3)_2\text{N}-\text{H}_2\text{O}-\overset{OH}{\underset{}{}}-\text{CH}_2-\text{N}(\text{CH}_3)_2$$
$$\text{CH}_2-\text{N}(\text{CH}_3)_2$$

DMP-30 为淡黄色液体，沸点为 250°C，相对密度为 0.98 （20°C），水分$\leqslant 0.5\%$，纯度$\geqslant 97\%$。它作为环氧树脂固化剂、促进剂的用量为 3%。

2. 制备纯丙乳液/绢云母纳米复合材料用原料和试剂

绢云母原料为绢云母经热活化-酸化-钠化-十六烷基三甲基溴化铵插层改性工序制备，纯丙乳液为市售产品，外观为乳白色半透明黏稠液体，固含量为 （50 ± 1）$\%$，pH$=7\pm1$，最低成膜温度为 20°C，黏度 $200\sim800\text{mPa}\cdot\text{s}$，玻璃化温度为 （$T_g$）$23^\circ\text{C}$，稀释稳定性为 20%水通过。聚乙二醇为分散液，分析纯试剂。

6.2.2　环氧树脂和纯丙乳液/绢云母纳米复合材料的制备

将环氧树脂 DGEBA 加热至 80°C，搅拌 30min 后加入绢云母，再搅拌 2h 使之充分混合。然后在其中加入预热好的固化剂和促进剂，搅拌 30min，在真空下脱泡，热模浇铸，使之发生固化反应，自然冷却后即得到环氧树脂/绢云母纳米复合材料。

将插层改性绢云母按固含量 20%比例置于浓度为 12.5% 的聚乙二醇水溶液中，超声分散 30min 得到悬浮液，再将该悬浮液与纯丙乳液混合（绢云母添加量 2%），并在一定温度下机械搅拌（或超声振荡）提前设定的时间。然后将浆体倒入培养皿中自然成膜，室温挥发 24h 后揭下薄膜，再置于培养皿中 24h 即得到纯丙乳液/绢云母纳米复合材料。

试验所用主要设备有电子天平、电热恒温水浴锅、电动搅拌器、真空干燥箱。主要测试仪器有转靶 X 射线粉末衍射仪、透射电子显微镜、电子万能试验机。

6.2.3　复合材料结构与性能表征

通过测定绢云母与环氧树脂、纯丙乳液复合前后的层间距，观察微观形貌和测试环氧树脂/绢云母纳米复合材料的力学性能，测试纯丙乳液/绢云母纳米复合材料耐紫外性能进行结构与微观形貌表征。

1. 结构表征

层间距是判断插层复合效果的重要参数，XRD 被广泛用来表征这一参数。根据 Bragg 方程：

$$2d\sin\theta=\lambda \tag{6-2}$$

式中　d——绢云母的层间距；

　　　θ——半衍射角；

　　　λ——入射 X 射线的波长。

若与环氧树脂复合后，d 值较插层改性后的绢云母有所提高，但仍有衍射峰存在，表明形成的产物为插层型复合材料。若在 XRD 图上观察不到绢云母（002）面的衍射峰，只有与之相关的宽泛的峰，则表明绢云母的层间距已经被扩大到了相当大的程度，以至于在 X 射线衍射图谱上无法显示。此时的层间距可以用 XRD 扫射的最低角度来估算，表明绢云母与环氧树脂形成了剥离型纳米复合材料。将热模浇铸前的环氧树脂和绢云母的混合物涂于载玻片上，经固化反应之后进行 XRD 测试。

2. 微观形貌表征

环氧树脂/绢云母和纯丙乳液/绢云母纳米复合材料的微观形貌通过透射电子显微镜（TEM）观察，确定其复合类型。试样首先被机械磨至 $30\mu m$，然后进行离子减薄至 100nm 左右，使样品对电子的吸收减少到可以忽略不计。

3. 复合材料的性能测试

根据国家标准《树脂浇铸体性能试验方法》（GB/T 2567—2021）的要求，对所制备的环氧树脂-绢云母纳米复合材料进行试样制备和力学性能测试。测试的力学性能有拉伸强度、弯曲强度和冲击强度。

测试添加纯丙乳液/绢云母纳米复合材料的外墙涂料涂膜的紫外屏蔽性能，用以表征其耐候性。用不同波长的紫外—可见光照射涂膜，测试其透光率，并与添加纯丙乳液涂膜和添加绢云母原料复合纯丙乳液涂膜对比予以评判。紫外线透过率越小，表示其抗紫外耐候性越优异。

6.3 环氧树脂/绢云母纳米复合材料的制备与性能

6.3.1 制备过程各因素的影响

1. 绢云母活化程度的影响

按 6.2.2 节方法，使用插层改性绢云母（CTA-S，添加量 0.5%）与环氧树脂（EP）复合制备了环氧树脂/绢云母纳米复合材料（EP/CTA-S）。为考察绢云母不同活化程度对复合效果的影响，将 EP/CTA-S 与在相同条件下分别使用绢云母原料（R-S）、热活化绢云母（H-S）、酸化绢云母（A-S）和钠化绢云母（N-S）的复合材料进行了对比。各样品的 XRD 谱如图 6-3 所示。

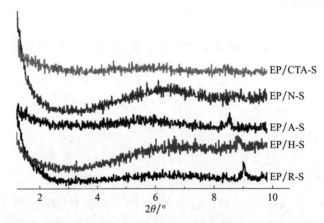

图 6-3 不同活化程度绢云母分别与环氧树脂插层复合产物的 XRD 谱

图 6-3 显示，在 EP/R-S 的 XRD 谱中，依然可见绢云母原 d_{002} 的衍射峰，峰的位置没有明显变化，说明环氧树脂没能将与其复合的绢云母片层剥离或使层间距扩张，即没

能达到插层复合的效果，这显然是绢云母原料层间距小、片层间结合作用强所致。与之相比，在热活化绢云母和酸化绢云母与环氧树脂复合所得 EP/H-S 和 EP/A-S 的 XRD 谱中，虽然绢云母原 d_{002} 的衍射峰仍然存在，但衍射峰位置向低角度方向明显位移，即绢云母的层间距增大，这无疑是环氧树脂在绢云母层间插层的结果，说明 EP/H-S 和 EP/A-S 具有一定程度的插层复合效果。不过，EP/R-S、EP/H-S 和 EP/A-S 的 XRD 谱中绢云母原 d_{002} 峰仍存在，说明绢云母片层仍保持着短程有序特征，因此认为插层复合作用有限。

与绢云母原料、热活化和酸化绢云母的复合不同，钠化绢云母与环氧树脂复合材料（EP/N-S）XRD 谱图上绢云母原 d_{002} 峰消失，并在低角度出现了非常宽化的衍射峰，说明绝大部分的绢云母均被环氧树脂插层，并且层间距相比 EP/H-S 和 EP/A-S 进一步扩大（以衍射峰为 $2\theta = 1°$ 测算，绢云母层间距大于 8.8nm）。而插层改性绢云母与环氧树脂复合产物（EP/CTA-S）的 XRD 谱中，不仅绢云母的原 d_{002} 衍射峰消失，而且也未出现新 d_{002} 峰，整个 XRD 谱近乎为一条直线，说明绢云母的层间距已扩大到非常大的程度，即片层间已处在剥离状态，故认为 EP/CTA-S 应为剥离型纳米复合材料。以上结果说明绢云母的活化程度对其与环氧树脂复合行为有显著影响。绢云母活化程度越高，环氧树脂在绢云母层间插层的效果就越好，其中绢云母为预先 CTAB 插层产物时，可得到剥离型的环氧树脂/绢云母纳米复合材料。

2. 绢云母添加量的影响

通过改变与环氧树脂复合过程插层改性绢云母（CTA-S）的添加量（0.1%、0.5%、1%、1.5%和2%），制备了环氧树脂/绢云母纳米复合材料，各产物的 XRD 谱如图 6-4 所示。

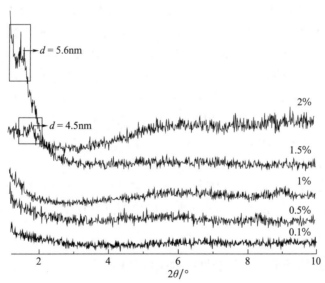

图 6-4　不同添加量插层改性绢云母与环氧树脂复合产物的 XRD 谱

由图 6-4 可知，当绢云母的添加量小于 1% 时，所制备 EP/CTA-S 的 XRD 谱未见绢云母 d_{002} 原位置和扩张位置的衍射峰，说明 EP/CTA-S 为剥离型纳米复合材料。这显然是环氧树脂具有相对绢云母的数量优势而使其插层作用增强所致。绢云母添加量增大到 1.5％和 2％时，EP/CTA-S 的 XRD 谱在 $2\theta<2°$ 的位置，出现了反映绢云母层间距扩张（一定限度）的衍射峰，根据 d 值判断其层间距分别为 4.5 和 5.6nm，说明因环氧树脂的插入使绢云母的层间距得到了扩张，但程度有限，绢云母没能实现完全的剥离，因而认为所得 EP/CTA-S 应为剥离和插层结合型纳米复合材料。

6.3.2　环氧树脂/绢云母纳米复合材料的性能

分别对添加不同量 CTA-S 的 EP/CTA-S 复合材料进行了拉伸强度、弯曲强度和冲击强度的测试，并与纯环氧树脂（CTA-S 添加量为 0）进行了对比，结果如图 6-5 所示。

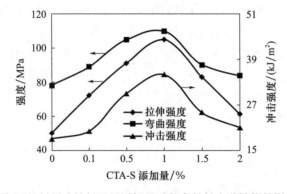

图 6-5　插层改性绢云母添加量对复合材料力学性能的影响

由图 6-5 可见，随 CTA-S 的添加量从 0 逐渐增大至 1％，所制备的 EP/CTA-S 复合材料的各项力学性能均持续显著提高，表明在环氧树脂中添加绢云母可明显提升其力学性能。其中 CTA-S 为添加量为 1％时，EP/CTA-S 的力学性能达到最佳，其拉伸强度、弯曲强度和冲击强度分别为 105MPa、110MPa 和 35kJ/m²，而纯环氧树脂仅分别为 50MPa、78MPa 和 18kJ/m²，EP/CTA-S 比纯环氧树脂分别提高 110％、41％和 94％。结合 XRD 测试（图 6-4），认为这是当绢云母添加量小于 1％时，EP/CTA-S 因形成剥离型纳米复合材料而致绢云母纳米片层很好地分散于环氧树脂基体中，所以起到了增强和增韧的效果。CTA-S 添加量 0.1％和 0.5％产物力学性能低于添加量 1％产物是因为添加量较低，所以增强、增韧作用未达到理想用量。

图 6-5 还显示，将 CTA-S 添加量再增至 1.5％和 2％，其 EP/CTA-S 的各项力学性能又逐渐降低，这主要是 EP/CTA-S 转变成插层型复合材料，绢云母在其中不能达到完全剥离所致。

6.3.3　环氧树脂/绢云母纳米复合材料的微观形貌

图 6-6 是环氧树脂/绢云母纳米复合材料（CTA-S 添加量 1％）的透射电镜（TEM）照片，可据此对其微观结构进行表征。TEM 中的深色纹理为绢云母片层，分散在连续相的环氧树脂基体中，并且彼此间保持较大的间距和一定的平行关系，说明绢云母的大

部分片层被剥离。这与 XRD 的表征结果相符合，证明了所得到的 EP/CTA-S 为剥离型环氧树脂/绢云母纳米复合材料。

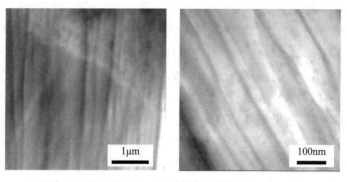

图 6-6　环氧树脂/绢云母纳米复合材料的 TEM 照片

6.4　纯丙乳液/绢云母纳米复合材料的性能及其应用

6.4.1　制备条件对纯丙乳液/绢云母纳米复合材料的影响

1. 复合温度的影响

按 6.2.2 节，通过改变复合温度制备了纯丙乳液/绢云母纳米复合材料。其中，插层改性绢云母的添加量（即绢云母在其悬浮液与纯丙乳液混合液中）占比为 2%。采用对混合液机械搅拌方式进行复合，搅拌时间为 1h。所得各产物的 XRD 图谱示于图 6-7。

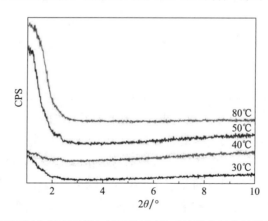

图 6-7　不同复合温度所制备纯丙乳液/绢云母纳米复合材料的 XRD 谱

从图 6-7 看出，复合温度为 30℃时，所得纯丙乳液/绢云母纳米复合材料的 XRD 谱中未见绢云母原位置的 d_{002} 衍射峰，但在低角度（2θ 小于 2°）出现了宽泛的新峰，说明绢云母层间距呈现一定程度的扩张，但未实现完全剥离，复合材料应属于剥离和插层综合型。将复合温度提高至 40℃，其产物的 XRD 近乎为一条直线，说明绢云母的层间距已扩大到非常大的程度，即片层间处在剥离状态。然而同时在试验过程中观察到了乳液破乳的征兆。复合温度提高至 50℃和 80℃，产物 XRD 谱中又出现绢云母 d_{002} 在低角度的宽泛衍射峰，说明绢云母在复合材料中为插层状态。同时由于温度过高，乳液破乳现象严重。综合以上因素，优化的复合温度应为 30℃。

2. 复合时间的影响

图 6-8 是改变复合时间制备的各纯丙乳液/绢云母纳米复合材料产物（复合温度 30℃，其余条件与 6.4.1.1 相同）的 XRD 谱。可以看出，复合时间为 0.5h 产物的 XRD 谱为一平缓直线。这是因复合时间过短，绢云母不仅没有与乳液很好复合，而且因分散不充分而沉底，所以在复合产物因含量低而未显示绢云母的特征峰。复合时间增加到 1h，产物 XRD 谱在低角度（2θ 小于 2°）出现宽泛的新峰。这是绢云母层间距在原有基础上扩张的反映，说明有乳液在绢云母层间插层的现象出现，即取得了较好的复合效果。复合时间再增加至 2h 和 3h，产物 XRD 图谱呈非晶质状态，背底高且厚，无明显衍射峰。同时复合产物出现不同程度的破乳现象。所以，合理的复合时间应为 1h。

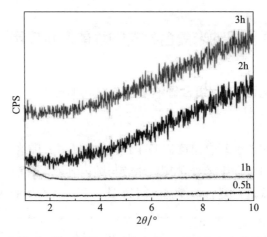

图 6-8 不同复合时间所制备纯丙乳液/绢云母纳米复合材料的 XRD 谱

3. 复合方式的影响

图 6-9 为分别采用机械搅拌和机械搅拌-超声联合复合方式制备的纯丙乳液/绢云母纳米复合材料的 XRD 谱。从中可以看出，机械搅拌产物的 XRD 谱在低角度出现宽泛的新峰，说明有乳液在绢云母层间插层而导致其层间距显著扩张，即纯丙乳液和绢云母之间形成了良好的复合关系。与之相比，机械搅拌-超声复合产物 XRD 谱中，宽泛的新峰弱化或消失，并呈现绢云母原有的 d_{002} 衍射峰，说明因乳液插入而致绢云母的层间距扩张的效果很弱，即复合效果差。这是因为在机械搅拌后再增加超声作用，会导致能量输入过高，从而造成绢云母片层自身的结合及其与乳液相互作用的破坏。此外，该过程还会导致破乳现象。因而复合方式以机械搅拌为宜。

6.4.2 添加纯丙乳液/绢云母纳米复合材料的涂料涂膜抗紫外线性能

按表 6-2 配方，以纯丙乳液/绢云母纳米复合材料为基料（主要成膜物质）制备了外墙涂料，其制备步骤如下：（1）将原料 1～8（序号）混合，并搅拌均匀，然后加入原料 9～11（颜料、填料）高速搅拌 0.5h，用 80 目筛网过滤出杂质得到含固体浆料。

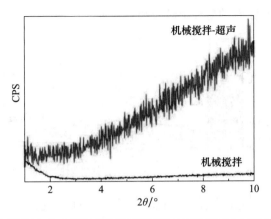

图 6-9　不同复合方式所制备纯丙乳液/绢云母纳米复合材料的 XRD 谱

（2）向上述含固体浆料中加入原料 12、13 和 14 后搅拌，其中纯丙乳液/绢云母纳米复合材料（原料 12）的加入比例为 25％。随黏度的增高，慢慢提高转速，使纤维素（原料 14）完全溶解。（3）加入原料 15。搅匀，再加入原料 16 调节黏度至合适，即得到涂料。

表 6-2　外墙涂料实验配方

序号	原料名称	原料规格	加入量（％）
1	水		16.2
2	NP-10	润湿剂	0.15
3	8030N	分散剂	0.5
4	AMP-95	pH 调节剂	0.1
5	CF-754	消泡剂	0.2
6	XL2	防腐剂	0.15
7	乙二醇		1.5
8	C-12 Texanol	成膜助剂	1.3
9	钛白粉	金红石型	15
10	煅烧高岭石	1250 目	10
11	超细重钙	800～1000 目	21
12	AC-261	纯丙乳液/绢云母复合乳液	25
13	CF-754	消泡剂	0.1
14	3 万纤维素	2.0％	8
15	流平剂	2020	0.2
16	增稠剂 ASE-60	1:1 水溶液	0.6
	总计		100

　　对添加纯丙乳液/绢云母纳米复合材料为成膜物质的涂料涂膜和与之对比的、分别添加纯丙乳液/绢云母原料（未经任何处理）和纯丙乳液涂料涂膜的光透过率进行了测定。由于这些膜都涂覆在玻璃基底上，所以为对比，也测试了玻璃的光透过率。图 6-10

是测试结果，可据此对涂膜的紫外屏蔽及耐候性能予以表征。

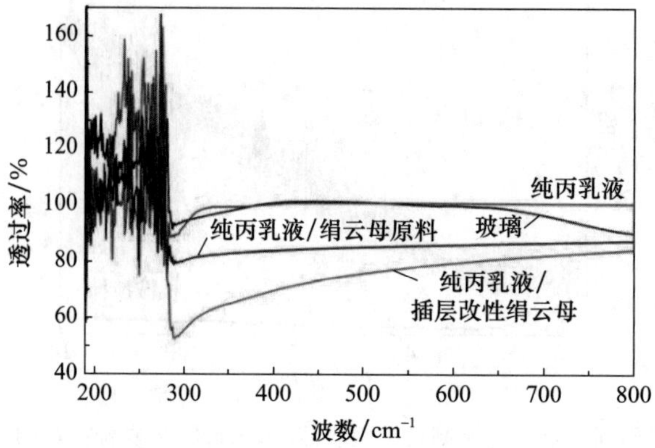

图 6-10　添加不同乳液涂料涂膜的紫外-可见光透过率

从图 6-10 看出，对于太阳光中能够到达地面和对物体造成损害的紫外线 UVA（波长 320～400nm）和 UVB（波长 280～320nm）部分，添加纯丙乳液涂料涂膜的紫外透过率大体上和玻璃一致，说明该涂膜不具有在玻璃透光基础上与紫外线的作用，由此可认为基本无紫外屏蔽性。与之相比，添加纯丙乳液/绢云母原料的涂料涂膜对波长 280～400nm 紫外光的透过率比玻璃透过率（分别为 80％和 90％）明显降低，说明它具有一定的屏蔽紫外线性能，这应是涂料中绢云母具有较强的吸收紫外线作用所致。而添加纯丙乳液/插层改性绢云母的涂料涂膜对波长 280～400nm 紫外光的透过率进一步降低至 52％～70％，说明插层改性绢云母通过与纯丙乳液复合形成了相比绢云母原料复合更强的紫外屏蔽作用，这显然是插层改性绢云母在乳液中发生部分剥离，而更小尺度的绢云母纳米粒子更有利于发挥紫外吸收作用的结果。

6.5　小结

（1）以 DDM 为固化剂，DMP-30 为促进剂，将插层改性绢云母与环氧树脂复合，在 80℃/2h＋150℃/2h 的条件下固化制备了环氧树脂/绢云母纳米复合材料。当绢云母添加量小于 1％时，可获得绢云母剥离型纳米复合材料。

（2）环氧树脂/绢云母纳米复合材料的力学性能明显优于纯环氧树脂材料。绢云母添加量 1％时，复合材料的力学性能最佳，其拉伸强度较纯环氧树脂材料提高 110％，弯曲强度提高 41％，冲击强度提高 94％，体现了绢云母结构单元片层显著的纳米增强效应。

（3）将插层改性绢云母与纯丙乳液通过机械搅拌复合制备了纯丙乳液/绢云母纳米复合材料。其中绢云母呈插层有序剥离状形态。添加纯丙乳液/绢云母纳米复合材料的涂料涂膜对波长 280～400nm 紫外光透过率比添加纯丙乳液涂料涂膜降低 50％以上，显示出良好的屏蔽紫外线作用。

参考文献

[1] 漆宗能，尚文宇．聚合物/层状硅酸盐纳米复合材料理论与实践［M］．北京：化学工业出版社，2002.

[2] 胡源，宋磊，等阻燃聚合物纳米复合材料［M］．北京：化学工业出版社，2008.

[3] 梁玉蓉．有机黏土纳米增强弹性体复合材料［M］．北京：化学工业出版社，2008.

[4] RAY S S，YAMADA K.，OGAMI A.，et al. New Polylactide/Layered Silicate Nanocomposite：Nanoscale Control Over Multiple Properties［J］．Macromolecular Rapid Communications，2002，23（16）：943-947.

[5] 张以河，付绍云，黄传军，等．热固性聚合物基纳米复合材料的研究进展［J］．金属学报，2004（08）：833-840.

[6] GIANNELIS E P. Polymer Layered Silicate Nanocomposites［J］．Advanced Materials，1996，8（1）：1-9.

[7] LAN T，PINNAVAIA T J. Clay-Reinforced Epoxy Nanocomposites［J］．Chemistry of Materials，1994，6（12）：2216-2219.

[8] WANG Z，LAN T，PINNAVAIA T. J.．Hybrid Organic-Inorganic Nanocomposites Formed from an Epoxy Polymer and a Layered Silicic Acid（Magadiite）［J］．Chemistry of Materials，1996，8（9）：2200-2204.

[9] LANCET T. Mechanism of Clay Tactoid Exfoliation in Epoxy-Clay Nanocomposites［J］．Chemistry of Materials，1995，7（11）：2144-2150.

[10] PUSTKOVA P，HUTCHINSON J M.，ROMÁN.，et al. Homopolymerization Effects in Polymer Layered Silicate Nanocomposites Based Upon Epoxy Resin：Implications for Exfoliation［J］．Journal of Applied Polymer Science，2010，114（2）：1040-1047.

[11] 哈恩华，寇开昌，颜录科，等．剥离型环氧树脂/蒙脱土纳米复合材料研究［J］．材料科学与工程学报，2004（04）：568-571.

[12] 周莹，詹晓力，方和良，等．纳米蒙脱土/环氧树脂复合材料的插层剥离及性能研究［J］．中国塑料，2004（01）：29-33.

[13] 张楷亮，王立新．改性蒙脱石增强增韧环氧树脂纳米复合材料性能研究［J］．中国塑料，2001（03）：39-41.

[14] 黄振宇，廖立兵．蛭石的结构修饰及有机插层试验［J］．矿产保护与利用，2005（02）：17-21.

[15] 刘黎明，张明，方鹏飞，等．层状硅酸盐累托石/环氧树脂纳米复合材料的结构和性能研究［J］．高分子学报，2005（01）：128-131.

[16] 郑亚萍，张国彬，张文云，等．海泡石/环氧树脂纳米复合材料的研究［J］．西北工业大学学报，2004（05）：614-617.

[17] 江曙．环氧树脂/金云母纳米复合材料制备及表征［D］．北京：中国地质大学（北京），2006：34-36.

[18] 商平，闫丰，高留意，等．有机海泡石/环氧树脂复合材料的研究［J］．非金属矿，2012，35（01）：4-6.

[19] 朱青．聚合物/层状硅酸盐纳米复合材料的制备与性能研究［D］．南京：南京大学，2016：

14-17.

[20] 张静. 环氧树脂/蒙脱土纳米复合材料介电性能研究 [D]. 哈尔滨：哈尔滨理工大学，2011：23-25.

[21] 李曦. 纳米 TiO_2 对蒙脱石/环氧树脂复合材料结构与性能的影响 [J]. 硅酸盐学报，2018，46 (10)：1408-1413.

[22] 丁浩，邓雁希，杜高翔. 建筑装饰材料及其环境影响 [M]. 北京：化学工业出版社，2014.

[23] 李晓洁，赵如松，慕朝. 涂料用纯丙乳液的性能研究 [J]. 精细石油化工，2006 (01)：33-36.

[24] 汪多仁. 丙烯酸酯乳液在纺织助剂中的应用 [J]. 胶体与聚合物，2001 (03)：40-41.

[25] 陈立军，张心亚，黄洪，等. 纯丙乳液研究进展 [J]. 中国胶粘剂，2005 (09)：34-38.

[26] CHERN C S, CHEN Y C. Stability of the polymerizable surfactant stabilized latex particles during semibatch emulsion polymerization [J]. Colloid and Polymer Science，1997，275 (2)：124-130.

[27] 刘积灵，张玉坤，董薇. 水性纯丙乳液及外墙涂料的研究 [J]. 吉林化工学院学报，2003 (02)：10-12.

[28] 陈元武，陈智君. 防水涂料用弹性丙烯酸酯共聚乳液的研制 [J]. 化学与粘合，2002 (05)：238-240.

[29] 肖雪平. 改性纯丙乳液的制备 [J]. 涂料工业，2002 (05)：38-40+46.

[30] 甘孟渝，杨治国，马利. 改性丙烯酸酯乳液型防水涂料 [J]. 涂料工业，2003 (05)：19-21 +52.

[31] 鲁德平，熊传溪. 高分子乳化剂在丙烯酸酯乳液共聚物中的应用 [J]. 高分子材料科学与工程，2000 (02)：26-28.

[32] 刘敬芹，张力，朱志博，等. 丙烯酸酯乳液的合成与性能研究 [J]. 华南师范大学学报（自然科学版），2002 (04)：98-103.

第7章 化学沉积法制备绢云母-TiO₂ 复合颜料及表征

7.1 引言

绢云母具有优良的物理化学特性，在光学、力学、热学、电学和药学性质等方面性能优异，且结构稳定，目前在涂料、塑料、橡胶、造纸、化妆品、建筑、钻井和电焊条等众多领域得到广泛应用，或展示出良好的应用前景[1,2]。绢云母是天然的层状硅酸盐矿物，在中国、日本和韩国均储量丰富[3]。为了提高其应用水平、拓展应用领域和提高资源利用价值，对其进行材料化加工以赋予新的功能和消除原有不足非常必要。二氧化钛（TiO_2）是重要的金属氧化物，颗粒大小在亚微米范围的颜料 TiO_2（钛白粉）是当今性能最优异、应用最广泛的白色颜料[4-8]，将 TiO_2 粒子紧密附着在绢云母表面构建复合颗粒材料，可提高绢云母的白度、使其有与 TiO_2 相当的颜料性能。由于绢云母具有在微观形貌、晶体结构和光吸收等方面协同提升 TiO_2 颜料功能的作用[9,10]，因而，构建绢云母-TiO_2 复合颜料还可减少 TiO_2 用量，从而降低成本。这一工作也由此成为缓解 TiO_2 生产和应用中存在的资源、环境、成本价格等制约问题的重要手段。

在绢云母-TiO_2 复合颜料结构中，绢云母主要基于两点而形成协同提升 TiO_2 性能的作用：一是高纵横比的片理特性、良好的自然分散性和上下重叠的取向特点强化了可见光吸收、散射与遮盖效果；二是晶体偏光效应、片体单元的高度定向性、结构层间水分子的光干涉效应、类质同象元素的吸收效应导致的强烈吸收、屏蔽紫外线作用[11]。通过在绢云母表面包覆 TiO_2 构建复合功能材料已有许多研究，但多以赋予材料珠光效应为目标开展研究。韩利雄等对绢云母制备具有良好光学屏蔽性的新型珠光颜料的工艺条件和性能进行了研究表征[12]。任敏等对片状绢云母表面直接沉积金红石型纳米 TiO_2 制备云母钛纳米复合材料的性能进行了分析，认为复合材料白度、亮度和反射系数与 TiO_2 含量和结晶性密切相关[13]。韩国 Young Hoon Yun 等人采用醇盐水解法制备了由锐钛矿和金红石混合相 TiO_2 包覆的绢云母基体复合功能材料，改善了绢云母的外观白度，提高了 SPF 指数[14]。但这些研究未利用绢云母矿物重要的颜料协同效应。

在矿物等无机基体表面包覆 TiO_2 的研究主要集中在方法及其机理方面。根据日本 Okubo 提出的"粒子设计"概念[15-17]与相关研究，制备包覆型矿物-TiO_2 复合颗粒的实质是通过一定的结合方式将作为子颗粒的 TiO_2 膜或 TiO_2 微小粒子"构织"在矿物母颗粒（包核基体）表面，在保持颗粒表面原有结构不发生显著改变的前提下，赋予复合颗粒新的物理化学性能。其中，使矿物与 TiO_2 颗粒间形成合理的结构形态和牢固结合的界面是其关键所在。制备包覆型复合颗粒的方法有多种，按照颗粒包覆结合的性质及方

131

式分为物理法、化学法和机械法；按照包覆作业的形态分为干法（空气介质）和湿法（水等液体介质）；按照包覆环境与形态分为液相法、气相法和固相法[18,19]。目前，国内外制备包覆型矿物-TiO_2复合颗粒主要以归属液相法的化学沉积法、液相机械力化学法和归属固相法的固相机械力化学法等最为常用。

化学沉积法是制备包覆型复合颗粒的传统方法[20]，具体包括化学镀法[21]、沉淀法、溶胶-凝胶法、盐水解法[22]和化学沉积包覆方法[23-26]等。对于化学沉积法 TiO_2 包覆，一般采用钛盐水解及水解物沉积方式进行，即在加入矿物颗粒的钛盐（$TiOSO_4$、$TiCl_4$ 及钛金属醇盐溶液等）水解体系里，引发钛盐水解，生成水合二氧化钛（$TiO_2 \cdot nH_2O$）覆盖在矿物颗粒表面，再经热处理使复合物表面的 $TiO_2 \cdot nH_2O$ 生成结晶型 TiO_2 包膜物[27]。从目标上看，国内外近些年来的研究主要集中在赋予复合材料珠光效应和白色颜料功能为目标上。其中对于云母（白云母和绢云母等）为基体表面包覆 TiO_2 主要为前者[28-30]，高岭土[31-33]、硅灰石[34,35]、SiO_2[36,37]和电气石[38,39]等为基体包覆 TiO_2 主要为后者。采用化学沉积法制备矿物-TiO_2复合颜料，可通过控制钛盐浓度和水解速度以控制包覆量、包膜层厚度和形成均匀致密包覆层，因此具有包覆效果好、与纯 TiO_2 颜料相似性强等特点。

基于上述背景，作者团队对采用化学沉积法制备绢云母表面包覆 TiO_2 复合颜料进行了研究[40]，包括水解沉积及产物焙烧过程主要因素影响的考察和优化、绢云母-TiO_2复合颜料的结构、性能表征和绢云母-TiO_2之间的结合机理分析。本章即是对上述研究工作的总结。

7.2 试验研究方法

7.2.1 化学沉积包覆法原理和流程

以硫酸氧钛（$TiOSO_4$）为钛盐，采用化学沉积包覆方法，通过其水解沉淀物包覆途径制备绢云母-TiO_2复合颜料主要包括以下工艺环节：

（1）绢云母基体的制备和粒度控制。矿物基体粒度是决定复合颜料粒度及复合效果的主要因素，为此，以绢云母为原料制备超细研磨基体，并控制其粒度以进行试验优化。

（2）绢云母基体存在时，$TiOSO_4$水解和水解产物在基体表面包覆。将绢云母基体和水配成悬浮液置于反应器中搅拌，然后加入 $TiOSO_4$ 溶液加温搅拌，使 $TiOSO_4$ 完成水解及将水解产物在绢云母表面沉积，从而得到绢云母-$TiO_2 \cdot nH_2O$ 复合物。$TiOSO_4$水解反应式为[41,42]：

$$TiOSO_4 + (1+n) H_2O \xrightarrow{\Delta} TiO_2 \cdot nH_2O\downarrow + H_2SO_4$$

（3）水解包覆物的水洗除杂。因 $TiOSO_4$ 溶液中含有少量 Fe^{3+} 和 Fe^{2+}（以硫酸盐形式存在），并在绢云母-$TiO_2 \cdot nH_2O$ 中残留。为防止其中的 Fe^{2+} 氧化成 Fe^{3+} 及 Fe^{3+} 在后续作业中生成深色的 $Fe(OH)_3$ 和 Fe_2O_3 以降低白度[42,43]，当 $TiOSO_4$ 水解结束时，

对绢云母-TiO₂·nH_2O进行酸性水洗,以最大程度地去除其中的Fe^{3+}和Fe^{2+}。

（4）绢云母-TiO₂·nH_2O中TiO₂·nH_2O脱水、TiO₂晶型转化和绢云母-TiO₂复合颜料生成。将水洗后的绢云母-TiO₂·nH_2O高温焙烧,使其中的TiO₂·nH_2O脱水并使TiO₂晶体化,从而得到绢云母表面包覆结晶TiO₂的复合颜料。

为进一步去除杂质、提高白度和改善产物的酸碱性,在绢云母-TiO₂·nH_2O焙烧时加入盐处理剂,包括碳酸钾（K_2CO_3）、硫酸钾（K_2SO_4）和磷酸二氢钾（KH_2PO_4）。KH_2PO_4在其中的反应式为:

$$2KH_2PO_4 + 2Fe(OH)_3 \xrightarrow{\Delta} 2FePO_4 + K_2O + 5H_2O$$

（5）将所制备的绢云母-TiO₂复合颜料打散并进行粒度还原。

综上所述,化学沉积法制备绢云母-TiO₂复合颜料的工艺流程示于图7-1。

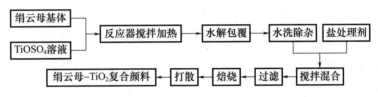

图 7-1　化学沉积法制备绢云母-TiO₂复合颜料流程

7.2.2　原材料和试剂

绢云母原料产地、有用矿物含量及与颜料相关性能指标（白度、粒度、吸油量和遮盖力）列于表7-1,所用试剂和助剂情况列于表7-2。

表 7-1　绢云母原料产地、有用矿物含量及与颜料相关性能

产地	吸油量 (g/100g)	遮盖力 (g/m²)	白度 (%)	有用矿物		粒度 (μm)		
				含量（%）	判别方法	d_{50}	d_{90}	d_{max}
湖北孝感	27.30	193	65.0	绢云母 92.5	XRD 与化学分析	1.59	6.88	7.91

表 7-2　所用试剂和助剂表

药剂	分子式	纯度	用途	来源
硫酸氧钛	TiOSO₄	工业纯,浓度37g/100mL（以 TiO₂计）	水解包覆剂	河南佰利联化工基团
氢氧化钠	NaOH	分析纯	pH 调节剂	天津市化学试剂三厂
硫酸	H₂SO₄	分析纯	pH 调节剂	北京化工厂
无水碳酸钾	K₂CO₃	分析纯	盐处理剂	北京化工厂
硫酸钾	K₂SO₄	分析纯	盐处理剂	北京化工厂
磷酸二氢钾	KH₂PO₄	分析纯	盐处理剂	北京红星化工厂
聚丙烯酸钠 (CD-458)		工业纯,有效成分42%	分散剂、助磨剂	苏州金鸿福纺织新材料有限公司
精制亚麻仁油		化学纯	测试	中美合资郑州天马美术颜料有限公司

7.2.3　试验设备

绢云母基体制备试验在 GSDM-003 型超细盘式搅拌磨中进行。搅拌磨筒体容积 750～1000mL，刚玉材质。搅拌器由三个多孔圆盘和轴组成，圆盘材料为聚氨酯，搅拌器转速采用变频器无级调节，研磨介质为不同直径（0.5～2mm）按一定比例配成的莫来石微珠。

$TiOSO_4$ 水解和基体颗粒包覆试验在自制恒温控制反应器中进行，使用定时增力电动搅拌器（TLJ—2 型，姜堰市天力医疗器械有限公司），由耐强酸的轴和叶片构成，温度由电子恒温水浴锅（DZKW—4 型，北京中兴伟业仪器有限公司）控制。水解包覆物水洗以高速离心机离心→水洗→离心方式进行。

水解包覆物焙烧（$TiO_2 \cdot n H_2O$ 脱水、晶型转化）试验在 RJX-4-13 型箱式电阻炉中进行，最高工作温度 1350℃，温度控制器为 ZVDOG-5 型电阻炉变压器，用瓷舟盛装试料。

7.2.4　评价与表征方法

1. 物理性能测试

用离心沉降法粒度测试仪（BT-1500 型，丹东市百特仪器有限公司）测定粉体的粒度。待检测试样加入 DC-854 分散剂后，用超声波超声分散 15min 后进行测试。环境温度 25℃±10℃，相对湿度小于 80％。

白度检测采用 SBDY-1 型数显白度仪。将粉体在成型装置中被压成具有平整表面的样品块，测试样品表面对波长为 457nm 单色光的反射率，即得到蓝光白度。

吸油量是指完全润湿 100g 颜料所需的调墨油（亚麻仁油，下同）的最低量，是反映颜料性能的重要指标之一。吸油量按照国家标准《颜料和体质颜料通用试验方法 第 15 部分：吸油量的测定》（GB/T 5211.15—2014）[44]进行测定。

遮盖力是指颜料和调墨油研磨成的色浆，均匀涂刷于单位面积黑白格玻璃板上恰好使黑白格遮盖的最小颜料用量，以 g/m^2 表示，是反映颜料性能最直观与最重要的指标。遮盖力值越小，表明遮盖越强。遮盖力按照行业标准《颜料遮盖力测定法》（HG/T 3851—2006）[45]进行测定。

2. 颗粒形貌和包覆状态表征

采用扫描电子显微镜（SEM）观察颗粒形貌，所用仪器为 S-3500N 型（日本日立产）。通过与 SEM 配套的能谱仪（Link-ISIS300 型）对 Na、Si、Al、Ti 等元素进行定性、定量分析，输出所测试样品颗粒表面各元素的能谱图、各元素相对重量百分含量以及原子个数相对百分含量。

3. 结构分析

采用 X 射线衍射手段（XRD）对复合颗粒表面物质的晶相进行测试分析。所用仪器为日本理学 D/MAX.RC 型 X 射线衍射仪，试验采用铜靶，电压 50kV，电流 50mA。对水解包覆物焙烧样品，可通过测得的 XRD 谱中金红石和锐钛矿晶相衍射峰强度，计算 TiO₂ 的晶型转化率。

若测得样品 XRD 谱中金红石和锐钛矿晶相衍射峰强度分别为 I_R 和 I_A，则 TiO₂·nH_2O 分别向金红石和锐钛矿晶型的转化率 X_R、X_A 与 I_R、I_A 和系数 K（取 0.93）存在下列关系[46]：

$$X_A + X_R = 1 \tag{7-1}$$

$$K \cdot X_R / X_A = I_R / I_A \tag{7-2}$$

由式（7-1）和式（7-2）推导得出：

$$X_R = 1/(1 + K \cdot I_A / I_R) \tag{7-3}$$

$$X_A = 1/[1 + I_R/(K \cdot I_A)] \tag{7-4}$$

4. 包覆性质研究

通过 X 射线光电子能谱（XPS）对复合颗粒进行表面组分和化学状态分析，以确定 TiO₂ 在绢云母颗粒表面的吸附形式。所用设备为日本 ULVAC—PHI 公司生产的 PHI Quantera SXM 型扫描式 X 射线光电子能谱仪，试验采用单色器，选用 Al 阳极靶，灵敏度 3M CPS，角度为 45°，分析室真空度为 $6.7 \times 10^{-8} Pa$。

通过傅里叶红外光谱分析绢云母-TiO₂复合颜料和绢云母-TiO₂·nH_2O 复合物中各组分间的作用性质。使用 V33 型傅里叶变换红外光谱仪，扫描范围为 $4000 \sim 400cm^{-1}$，分辨率为 $4cm^{-1}$。

7.3 绢云母-TiO₂复合颜料制备试验研究

7.3.1 硫酸氧钛水解制备绢云母-TiO₂·nH_2O 复合物研究

1. 绢云母基体粒度的影响

首先进行了制备绢云母基体的试验，考察了搅拌磨湿法研磨绢云母粒度的变化规律。研磨条件为：绢云母固含量 40%，研磨介质与绢云母质量比（球料比）为 4:1，不同直径介质球的配比为 $\phi 3mm : \phi 2mm : \phi 1mm = 5:3:2$。绢云母粒度随研磨时间的变化示于图 7-2。

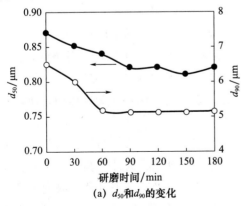

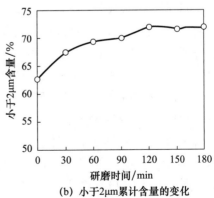

(a) d_{50} 和 d_{90} 的变化

(b) 小于 2μm 累计含量的变化

图 7-2 绢云母粒度随研磨时间的变化

从图 7-2 看出，随研磨时间的增加，绢云母的 d_{50} 与 d_{90} 均逐渐减小，小于 $2\mu m$ 累计含量逐渐增加，表明绢云母的粒度显著降低。其中，研磨时间大于 90min，产物 d_{50} 与 d_{90} 趋于稳定；研磨时间大于 120min，小于 $2\mu m$ 累计含量不再增加，说明绢云母已处于粉碎和团聚的动态平衡阶段[31]。绢云母达到平衡时 d_{50}、d_{90} 和小于 $2\mu m$ 累计含量分别为 $0.76\mu m$、$5.14\mu m$ 和 70.12%，可满足作为基体的粒度要求。

通过将绢云母不同时间研磨产物作为基体分别加入到 $TiOSO_4$ 溶液中进行水解反应制备了绢云母-$TiO_2 \cdot nH_2O$ 复合物，通过其与基体对比的增重计算 $TiOSO_4$ 的水解率，再将绢云母-$TiO_2 \cdot nH_2O$ 焙烧后测定遮盖力。绢云母研磨时间对水解率和遮盖力的影响如图 7-3 所示，试验其他条件分别为：$TiOSO_4$ 用量（以 TiO_2 计）$1g/g$ 绢云母；$TiOSO_4$ 溶液一次性加入，水解温度 $90℃$，水解时间 60min，绢云母基体悬浮液浓度 0.5%，绢云母-$TiO_2 \cdot nH_2O$ 在 $700℃$ 下焙烧 1h。

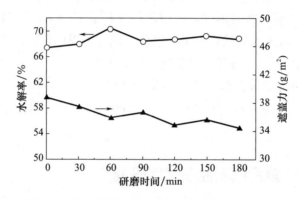

图 7-3　绢云母研磨时间对水解率和遮盖力的影响

从图 7-3 看出，随绢云母研磨时间的增加，$TiOSO_4$ 水解率提高，其中研磨 60min 条件达到最大值 70.2%。研磨时间再增至 90min，水解率又略微降低至 68.25% 并保持平稳；绢云母-$TiO_2 \cdot nH_2O$ 焙烧后遮盖力随绢云母研磨时间增加呈减小趋势，表明遮盖力逐渐增强，其中研磨 120min 的遮盖力最优。综合遮盖力和 $TiOSO_4$ 水解率指标，认为绢云母研磨 120min 为优化条件，此条件下 $TiOSO_4$ 水解率为 68.70%，最终产物遮盖力为 $34.85g/m^2$。

2. $TiOSO_4$ 水解条件影响的正交试验

绢云母-$TiO_2 \cdot nH_2O$ 复合物的制备包括 $TiOSO_4$ 的水解和水解产物 $TiO_2 \cdot nH_2O$ 在绢云母颗粒表面附着两个过程，因此，在绢云母基体存在时 $TiOSO_4$ 的水解条件，包括水解温度、时间、$TiOSO_4$ 用量、$TiOSO_4$ 溶液滴加方式和基体悬浮液浓度等，对绢云母-$TiO_2 \cdot nH_2O$ 的制备均产生重要影响。考虑到各因素之间可能存在交互作用，所以用正交试验对其进行考察和优化。

以 $TiOSO_4$ 用量等 5 个条件进行了 5 因素 4 水平 $[L_{16}(4^5)]$ 的正交实验，试验以 $TiOSO_4$ 水解率和绢云母-$TiO_2 \cdot nH_2O$ 复合物焙烧产物遮盖力为评价指标。正交实验设计的（参照了 $TiOSO_4$ 单独水解的相关研究[47]）试验结果及其数据处理结果列于表 7-3。试验以绢云母研磨 120min 产物作为基体，各条件下所得绢云母-$TiO_2 \cdot nH_2O$ 均在

700℃下焙烧 1h，然后测试焙烧产物的遮盖力。

表 7-3　TiOSO₄水解条件影响的正交试验结果

试验号	TiOSO₄用量（g/g）	水解温度（℃）	水解时间（min）	基体悬浮液浓度（%）	滴加方式	水解率（%）	遮盖力（g/m²）
1	0.5	70	30	0.5	一次性加入	64.37	54.96
2	0.5	80	60	1.0	3滴/s	70.54	49.26
3	0.5	90	90	1.5	1滴/s	76.38	44.27
4	0.5	100	120	2.0	分次加入	78.68	40.74
5	1.0	70	60	1.5	分次加入	69.69	36.29
6	1.0	80	30	2.0	1滴/s	68.44	38.54
7	1.0	90	120	0.5	3滴/s	71.56	23.83
8	1.0	100	90	1.0	一次性加入	70.22	32.09
9	1.5	70	90	2.0	3滴/s	66.21	30.89
10	1.5	80	120	1.5	一次性加入	68.72	38.26
11	1.5	90	30	1.0	分次加入	73.86	24.69
12	1.5	100	60	0.5	1滴/s	71.07	22.23
13	2.0	70	120	1.0	1滴/s	65.24	28.34
14	2.0	80	90	0.5	分次加入	68.32	21.40
15	2.0	90	60	2.0	一次性加入	66.13	26.91
16	2.0	100	30	1.5	3滴/s	65.75	26.57
$K(1, 1, j)$	72.49	66.38	68.11	68.83	67.36		
$K(1, 2, j)$	69.98	69.01	69.36	69.97	68.52		
$K(1, 3, j)$	69.97	71.98	70.28	70.14	70.28		
$K(1, 4, j)$	66.36	71.43	71.05	69.87	72.64		
极差 R	6.13	5.61	2.94	1.30	5.28		
$K(2, 1, j)$	47.31	37.62	36.19	30.61	38.06		
$K(2, 2, j)$	32.69	36.87	33.67	33.60	32.64		
$K(2, 3, j)$	29.02	29.93	32.16	36.35	33.35		
$K(2, 4, j)$	25.81	30.41	32.79	34.27	30.78		
极差 R	21.50	7.70	4.03	5.74	7.28		
优化条件	2g/g	90℃	90min	0.5%	分次加入		

表 7-3 中，$K(1, i, j)$ 表示以水解率为评价指标时，第 j 列因素在 i 水平下试验结果的平均值，$K(2, i, j)$ 表示以遮盖力为评价指标时，第 j 列因素在 i 水平下试验结果的平均值。对比各水平的平均值，可对不同因素的水平即试验条件进行优化，平均值大者为优。极差作为各因素四个水平对应评价指标平均值间的最大差值，在数量上能直接反映因素对试验指标影响的显著性。不同因素在各水平下的极差值越大，说明该因素对指标的影响程度越大。

从表 7-3 可见，以水解率进行评价，各因素的影响显著顺序为：$TiOSO_4$ 用量 > 水解温度 > $TiOSO_4$ 溶液滴加方式 > 水解时间 > 基体悬浮液浓度。以遮盖力进行评价的顺序为：$TiOSO_4$ 用量 > 水解温度 > $TiOSO_4$ 溶液滴加方式 > 基体悬浮液浓度 > 水解时间。两个评价指标的最大极差均为 $TiOSO_4$ 用量，所以 $TiOSO_4$ 用量是其中最重要因素。

由于绢云母-$TiO_2 \cdot nH_2O$ 焙烧后其遮盖力体现了绢云母-TiO_2 复合颜料最重要的性能，所以在试验因素对水解率和遮盖力影响程度相当的情况下，若水解率不是很低，则以遮盖力数据好的水平为最优。因此，可确定各因素影响的优化条件：$TiOSO_4$ 用量 2g/g 基体，水解温度 90℃，水解时间 90min，基体悬浮液浓度 0.5%，分次加入 $TiOSO_4$ 溶液。由于该条件组合在正交试验表中未出现，所以又在该组合条件下进行了复合颗粒的制备试验，测试其产物遮盖力为 22.12g/m²，$TiOSO_4$ 水解率 75.53%，优于表 7-3 各条件试验。因此认为此条件组合为最优。

3. 各因素的单一影响规律

根据水解条件各因素影响的正交试验结果，可对各因素的单一影响规律进行分析与评判。$TiOSO_4$ 用量等因素对水解率和遮盖力的影响分别示于图 7-4 中。

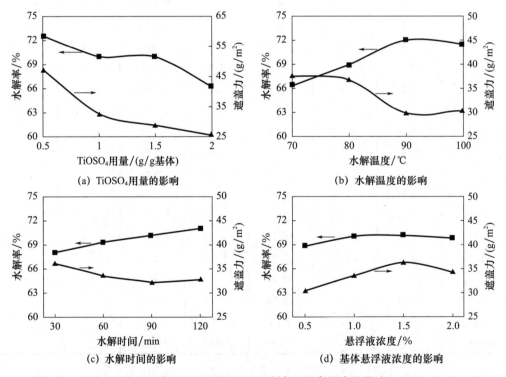

(a) $TiOSO_4$ 用量的影响

(b) 水解温度的影响

(c) 水解时间的影响

(d) 基体悬浮液浓度的影响

图 7-4　绢云母-$TiO_2 \cdot nH_2O$ 制备过程各因素的影响

从图 7-4（a）看出，随着 $TiOSO_4$ 用量的增加，其水解率逐渐降低，而最终产物遮盖能力逐渐增强（遮盖力值逐渐减小）。在试验范围内，遮盖力以 2g/g 基体为效果较好，同时为保证足够多的 $TiO_2 \cdot nH_2O$ 对绢云母形成包覆，故认为 $TiOSO_4$ 用量以 2g/g 基体为宜。

从图 7-4（b）看出，随着水解体系温度的升高，$TiOSO_4$ 水解率逐渐增加，温度

90℃时达最大值，其后又略微降低；遮盖力值随水解温度升高也逐渐减小，温度 90℃时最低，温度 100℃略有增大。水解温度的上述影响反映了 $TiOSO_4$ 的水解为吸热反应的特征。显然，水解温度 90℃为最优。

图 7-4（c）反映了水解时间的影响规律和程度，表明延长水解时间有助于水解率及遮盖效果的提高。随水解时间的增加，$TiOSO_4$ 的水解率逐渐增加，遮盖力值先逐渐减小，至 90min 后保持平稳。虽然水解时间为 120min 时其水解率比 90min 时大，但此时遮盖效果二者相当，显然水解时间 90min 为优化条件。

从图 7-4（d）看出，绢云母基体悬浮液浓度对 $TiOSO_4$ 水解率的影响程度最小。当悬浮液浓度从 0.5％变化到 2％时，$TiOSO_4$ 水解率基本保持稳定，数值变化微小。说明绢云母的存在对 $TiOSO_4$ 水解析出 $TiO_2 \cdot nH_2O$ 影响很小。但悬浮液浓度对遮盖力存在较显著的影响，浓度越高，遮盖力值越大，遮盖性降低。显然，绢云母浓度应保持在 0.5％。

$TiOSO_4$ 溶液加入方式也对试验效果产生不同的影响。从图 7-5 看出，在 4 种方式中，分 5 次加入（在水解过程内以相同间隔时间每次加入 1/5 量的 $TiOSO_4$）条件下水解率最高，所得复合颜料遮盖力最强，表明试验效果最好，这是因为每次加入 1/5 量的 $TiOSO_4$，相当于在每个阶段都使 $TiOSO_4$ 用量减少，这有利于提高 $TiOSO_4$ 的水解率和水解产物 $TiO_2 \cdot nH_2O$ 粒子与绢云母基体的充分接触，从而提高复合效果。其他加入方式中，一次性全部加入的效果最差，水解率最低，遮盖力最差。按不同速度滴加（3 滴/s 或 1 滴/s），效果介于分 5 次加入和一次性加入之间。因而，$TiOSO_4$ 溶液应分次加入。

显然，由各因素的单一影响行为中得到的优化条件与正交试验一致。

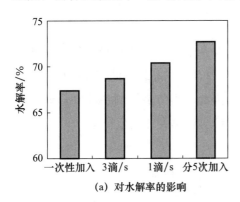
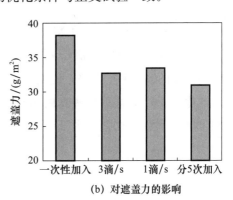

图 7-5　$TiOSO_4$ 加入方式对水解率及遮盖力的影响

4. 绢云母-TiO₂·nH₂O 的微观形貌

图 7-6 是绢云母基体和绢云母-$TiO_2 \cdot nH_2O$ 的 SEM 照片。从中看出，绢云母颗粒呈较规则的片状，径厚比较大，表面和端面均光滑，无覆盖物，片体长宽约 $10\mu m$。而绢云母-$TiO_2 \cdot nH_2O$ 颗粒表面则均匀附着细小、致密的包覆物，且包覆物粒子间无大量团聚现象。这造成了颗粒表面的粗糙与不平整，显然是因 $TiO_2 \cdot nH_2O$ 粒子（TiOSO₄水解产物）在绢云母表面包覆所致。从 SEM 还可判断：在 $TiOSO_4$ 水解并对绢云母进行包覆的过程中，$TiO_2 \cdot nH_2O$ 粒子包覆绢云母的区域既包括表面，也包括端面，并

且分布均匀。由于水解产物已经多次水洗、搅拌和离心脱滤等处理，而表面包覆粒子并未脱落，说明 $TiO_2 \cdot nH_2O$ 与绢云母的结合是牢固的。

(a) 绢云母基体

(b) 绢云母-$TiO_2 \cdot nH_2O$

图 7-6　绢云母基体和绢云母-$TiO_2 \cdot nH_2O$ 的 SEM 照片

7.3.2　绢云母-$TiO_2 \cdot nH_2O$ 中 TiO_2 晶型的转化

1. 绢云母-$TiO_2 \cdot nH_2O$ 的 XRD

图 7-7 是绢云母-$TiO_2 \cdot nH_2O$ 的 XRD 谱，从中看出，除绢云母的衍射峰外，它还呈现低矮宽泛的锐钛矿衍射峰，说明 $TiO_2 \cdot nH_2O$ 含有结晶较差的锐钛矿型晶相。由于只有晶体化的 TiO_2 才能形成优良的颜料性能，因此，为使最终制备的复合颗粒具有类似 TiO_2 的颜料性能，必须对绢云母-$TiO_2 \cdot nH_2O$ 进行热处理晶型转化。

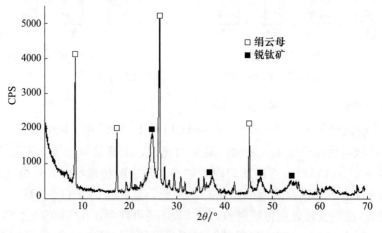

图 7-7　绢云母-$TiO_2 \cdot nH_2O$ 的 XRD 谱

2. 焙烧温度的影响

图 7-8 是绢云母-TiO₂·nH₂O 不同温度焙烧（保温时间 1h）产物的 XRD 谱，图 7-9 为各产物的白度和根据 XRD 数据计算得出的 TiO₂转化为锐钛矿晶型的转化率（X_A，%）结果。

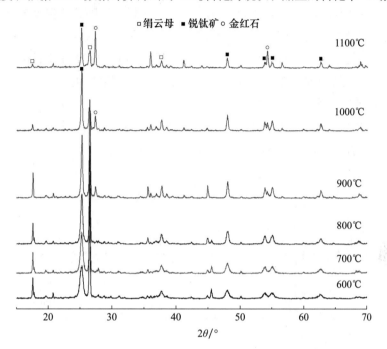

图 7-8　绢云母-TiO₂·nH₂O 不同温度焙烧产物的 XRD 谱

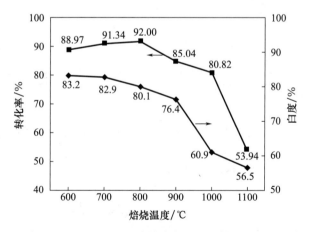

图 7-9　绢云母-TiO₂·nH₂O 焙烧产物白度和锐钛矿晶型的转化率

从图 7-8 看出，随焙烧温度从 600℃升高至 800℃，绢云母-TiO₂·nH₂O 焙烧产物 XRD 谱中锐钛矿的衍射峰强度逐渐增大，且峰形尖锐，而金红石衍射峰未出现，说明已发生晶型转化的 TiO₂主要转化为锐钛矿晶型。焙烧温度再从 800℃升至 1100℃，锐钛矿的衍射峰强度逐渐降低，金红石衍射峰出现并逐渐增强。图 7-9 显示，随焙烧温度升高，各焙烧产物锐钛矿晶型的转化率呈现逐渐增大，而后又逐渐减小的现象，其中在温度 800℃时转化率最大，达 92.00%，温度 1100℃降至最低，为 53.94%。不过，焙烧温度为 800℃ 或更低时，锐钛矿晶型的转化率虽高，只能说明已结晶的 TiO_2 部分中锐钛矿型占比高，但已结晶的 TiO_2 占全部 TiO_2 的占比未必高，即焙烧物中仍有大量无定形 TiO_2 存在。为同时兼顾已结晶 TiO_2 的比例，选择焙烧温度为 900℃ 较为适宜。

从图 7-9 还可看出，绢云母-$TiO_2·nH_2O$ 焙烧产物白度随焙烧温度升高而呈现的变化。随焙烧温度升高，焙烧产物白度持续降低，特别是温度大于 900℃，白度的下降幅度变得更大。这是温度升高致使水解包覆物中 Fe^{3+} 或 Fe^{2+} 更容易被氧化为深颜色氧化物的结果。因此，从白度变化的角度看，也应选择 900℃ 焙烧为宜。

3. 焙烧时间的影响

将绢云母-$TiO_2·nH_2O$ 在温度 900℃ 下分别焙烧不同时间，其产物的 XRD 谱示于图 7-10，锐钛矿晶型的转化率和产物白度示于图 7-11。

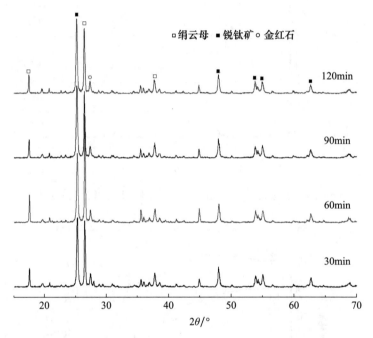

图 7-10　绢云母-$TiO_2·nH_2O$ 不同时间焙烧产物的 XRD 谱

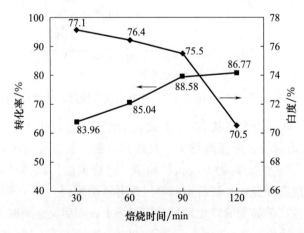

图 7-11　绢云母-$TiO_2·nH_2O$ 不同时间焙烧产物锐钛矿晶型转化率和产物白度

结果表明，绢云母-TiO₂·nH₂O 焙烧产物的 XRD 谱中除绢云母外，还主要有锐钛矿和金红石的衍射峰，其中，锐钛矿的衍射峰强度大，而金红石强度很低，说明焙烧产物中 TiO₂ 主要为锐钛矿型。另外，锐钛矿晶型转化率随焙烧时间的增加而提高，并在焙烧时间 90min 时趋于稳定。焙烧产物白度随焙烧时间增加而降低，其中在焙烧时间 90min 后降幅显著增大。显然，焙烧时间应选定 90min，此时，焙烧产物锐钛矿晶型转化率 86.58%，白度 75.5%。

4. 盐处理剂的影响

为进一步去除绢云母-TiO₂·nH₂O 中因 TiOSO₄ 原料和水解过程带入的 Fe^{3+} 和 SO_4^{2-}，从而起到提高焙烧产物白度、稳定晶型和提高分散性等作用，在绢云母-TiO₂·nH₂O 焙烧时加入盐处理剂十分必要。图 7-12 是分别采用 K₂CO₃、K₂SO₄、KH₂PO₄ 作为盐处理剂的焙烧产物（900℃，90min）的 XRD 谱，图 7-13 是各产物锐钛矿晶型的转化率和白度结果。

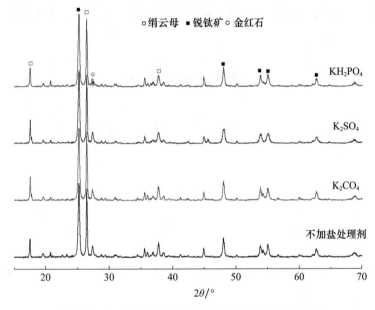

图 7-12　加入不同种类盐处理剂焙烧产物的 XRD 谱

从图 7-12 看出，与绢云母-TiO₂·nH₂O 直接焙烧产物相比，加入盐处理剂焙烧产物的 XRD 谱中锐钛矿的衍射峰强度更大，其中以加入 KH₂PO₄ 的产物最强。图 7-13 显示，加入 KH₂PO₄ 产物的锐钛矿晶型转化率已达 93.57%，加入 K₂CO₃ 和 K₂SO₄ 产物的转化率也分别达 88.85% 和 86.91%，均高于绢云母-TiO₂·nH₂O 直接焙烧产物（转化率 86.58%），这说明盐处理剂促进了 TiO₂ 向锐钛矿晶型的转化。

从图 7-13 看出，加入盐处理剂也明显提高了焙烧产物的白度，与未加盐处理剂的白度 75.5% 相比，加入 KH₂PO₄ 白度提高至 80.3%，提高幅度最大；加入 K₂CO₃ 和 K₂SO₄ 其白度也分别提高到 77% 以上。因此，选择 KH₂PO₄ 作为盐处理剂，对其在焙烧过程中的用量作了试验考察。

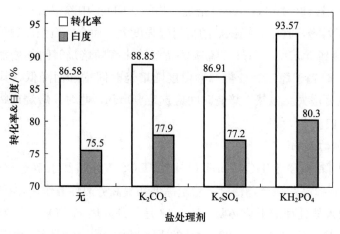

图 7-13　盐处理剂对焙烧产物锐钛矿晶型转化率和白度的影响

图 7-14 是绢云母-$TiO_2 \cdot nH_2O$ 焙烧时加入不同用量 KH_2PO_4（占水解包覆物的比例）所得产物的 XRD 谱，图 7-15 是焙烧产物锐钛矿晶型转化率和白度随 KH_2PO_4 用量的变化。

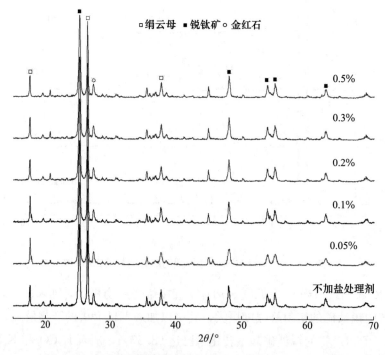

图 7-14　加入不同量盐处理剂 KH_2PO_4 焙烧产物的 XRD 谱

结果表明，随 KH_2PO_4 用量的增加，焙烧产物 XRD 谱中锐钛矿衍射峰强度增大，锐钛矿晶型转化率显著提高，其中在 KH_2PO_4 加量 0～0.1% 提高幅度最大，用量 0.1% 时增幅减小，用量达 0.3% 时转化率基本稳定，达 93% 以上。另外，焙烧产物白度随 KH_2PO_4 用量的增加而提高，其中 KH_2PO_4 用量在 0～0.2% 提高幅度大，其后白度变化趋于平缓，基本稳定在略大于 80% 的范围。显然，KH_2PO_4 用量应以 0.2% 为佳。

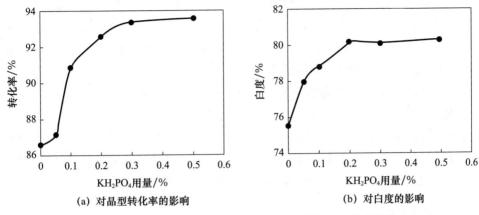

(a) 对晶型转化率的影响　　　　　(b) 对白度的影响

图 7-15　盐处理剂 KH$_2$PO$_4$对焙烧产物晶型转化率和白度的影响

根据上述研究，确定制备绢云母-TiO$_2$复合颜料的优化工艺条件和结果为：

（1）绢云母-TiO$_2$·nH$_2$O 制备工序：TiOSO$_4$用量 2g/g 基体，TiOSO$_4$溶液分 5 次加入，水解温度 90℃，水解时间 90min，基体悬浮液浓度 0.5％。TiOSO$_4$的水解率为 75.53％；

（2）绢云母-TiO$_2$·nH$_2$O 焙烧工序：焙烧温度 900℃，时间 90min，焙烧时加入 0.2％的 KH$_2$PO$_4$（占绢云母-TiO$_2$·nH$_2$O 的比例）。

7.4　绢云母-TiO$_2$复合颜料的性能与结构

7.4.1　颜料性能

根据 7.3 的优化条件制备了绢云母-TiO$_2$复合颜料，其主要性能及与绢云母和锐钛矿型钛白粉的对比列于表 7-4。

表 7-4　绢云母-TiO$_2$复合颜料性能及其对比

项目	绢云母-TiO$_2$复合颜料	锐钛矿型钛白粉	绢云母
<1μm 含量（％）	70.75	89.2	—
<2μm 含量（％）	93.32	98.2	67.66
<5μm 含量（％）	97.31	99.5	88.81
中位径（μm）	0.82	0.38	1.03
比表面积（m^2/kg）	4692	—	2977
密度（g/cm^3）	3.31	4.12	2.62
白度（％）	80.3	97.9	65.0
吸油量（g/100g）	25.03	22.90	27.30
遮盖力（g/m^2）	16.58	14.06	193.00

结果显示，绢云母-TiO_2复合颜料的遮盖力为 16.58g/m^2，几乎达到锐钛矿型钛白粉（遮盖力 14.06g/m^2）的 85%，与绢云母相比遮盖能力更是大幅度提高（绢云母遮盖力 193.00g/m^2）。二者的吸油量也接近（分别为 25.03g/100g 和 22.90g/100g）。显然，绢云母-TiO_2复合颜料已具有了和钛白粉相似、且完全不同于绢云母的颜料性能。另外，绢云母-TiO_2复合颜料的白度也从绢云母本身的 65.0% 提高到 80.3%。这些都说明绢云母-TiO_2复合颜料是由绢云母表面包覆 TiO_2复合颗粒所组成。

另外，绢云母-TiO_2复合颜料的粒度大于钛白粉，但仍可满足作为颜料应用的要求。它的白度明显低于锐钛矿型钛白粉，推断应是绢云母基体自身白度过低和颗粒表面存在 TiO_2未完全包覆区域有关，这可通过对绢云母预先增白等手段加以解决。

7.4.2 结构与组分

1. 微观形貌

图 7-16 是绢云母-TiO_2复合颜料的扫描电镜（SEM）照片，将其与焙烧前（图 7-6(b)）相比，绢云母表面的包覆物更致密，包覆粒子的形状变得更规则，复合颗粒表面粗糙程度降低。这说明，焙烧后，附着在绢云母颗粒表面的 $TiO_2 \cdot nH_2O$ 形态变得更规则，这显然是 TiO_2晶体化的结果。推断焙烧还使 TiO_2与绢云母之间结合得更紧密、更牢固。

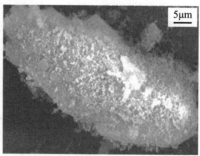

图 7-16　绢云母-TiO_2复合颜料的 SEM 照片

图 7-17 是绢云母-TiO_2复合颜料和复合前绢云母基体的元素能谱分析（EDS）。从中看出，与绢云母相比，复合颜料颗粒表面新增了一定比例的 Ti 元素，而 O、Al、Si 和 K 的浓度显著降低，显然，这是 TiO_2在绢云母表面包覆并掩盖解理面上原子（端面：Al；层面：Si 和 K）的结果，与 SEM 的观测一致。

2. 物相成分

通过绢云母-TiO_2复合颜料的 XRD 谱可确定其物相组成。从图 7-14 可知最优条件下（加入 KH_2PO_4用量 0.2%）所得复合颜料由绢云母、锐钛矿和金红石三种物相组成，根据文献 [46] 对 $TiO_2 \cdot nH_2O$ 转化为锐钛矿和金红石型 TiO_2比例的计算方法，由 XRD 数据计算出其中的 TiO_2物相组成为：锐钛矿 92.55%，金红石 7.45%。再结合绢云母与 TiO_2的复合比例（1:2），可得出复合颗粒各组成物相的含量（绢云母 33.34%，锐钛矿 61.69%，金红石 4.97%），即绢云母-TiO_2复合颜料使 TiO_2减量

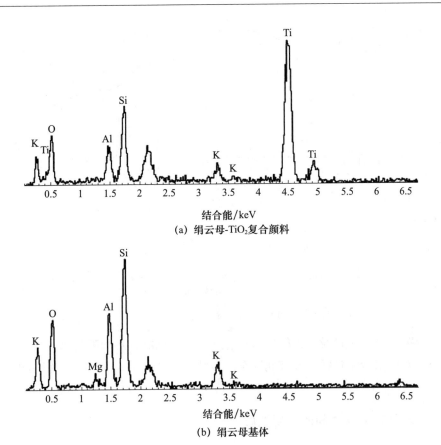

图 7-17　绢云母-TiO₂复合颜料和绢云母基体的元素能谱分析

33.34%，节约 TiO₂和降低成本的作用明显，也证实了绢云母具有提升 TiO₂功能的协同作用。

7.5　绢云母-TiO₂复合颜料制备过程机理

7.5.1　绢云母-TiO₂·nH₂O 形成机理

为分析 TiOSO₄水解包覆过程 TiO₂·nH₂O 与绢云母间的作用机理，对绢云母、TiO₂·nH₂O 和绢云母-TiO₂·nH₂O 作了红外吸收光谱测试，其结果示于图 7-18。

图 7-18 中绢云母的红外谱较好地反映了绢云母矿物的组成、结构和解理特征。由于未出现反映 Al—OH 的吸收峰（约 830cm⁻¹），故认为 3622cm⁻¹处的—OH 特征吸收峰应是绢云母层间解理面上 Si—O—键羟基化所形成的 Si—OH 所导致。3424cm⁻¹处吸收峰为自由水分子所致，反映了绢云母层间含有吸附水，并使层间离子水化的现象。在 TiO₂·nH₂O 谱中，3509cm⁻¹位置应是 Ti⁴⁺水化形成的羟基及与 TiO₂·nH₂O 中 H₂O 相互作用所致。绢云母-TiO₂·nH₂O 谱图中 3354cm⁻¹处出现了吸收峰，并呈显著宽泛形态，这显示了多羟基和水分子之间缔合的特征。因而推断，在 TiOSO₄水解包覆过程

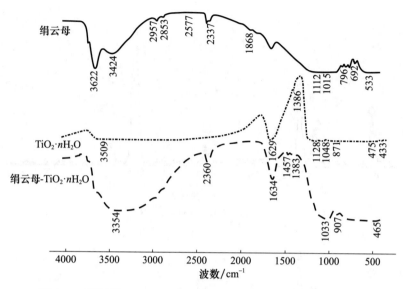

图 7-18　绢云母、$TiO_2 \cdot nH_2O$ 和绢云母-$TiO_2 \cdot nH_2O$ 的红外谱

中，$TiO_2 \cdot nH_2O$ 通过自身大量的外部羟基（Ti^{4+} 水化所致）和吸附水，与绢云母解离面上的 Si—OH 形成了氢键，并彼此缔合。显然，$TiO_2 \cdot nH_2O$ 与绢云母间的结合较为牢固。

7.5.2　绢云母与 TiO_2 之间的作用性质

为分析绢云母-$TiO_2 \cdot nH_2O$ 焙烧后 $TiO_2 \cdot nH_2O$ 的形态及与绢云母间作用性质的变化，对绢云母-TiO_2 复合颜料的红外吸收光谱、表面 X 光电子能谱（XPS）和绢云母的 XPS 进行了测试，分别示于图 7-19 和图 7-20。

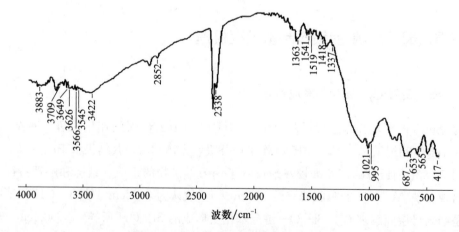

图 7-19　绢云母-TiO_2 复合颜料的红外谱

图 7-19 显示，在绢云母-TiO_2 复合颜料的红外谱中，$3545cm^{-1}$ 至 $3883cm^{-1}$ 范围的多个吸收峰应来自绢云母表面外部羟基、TiO_2 表面羟基化基团及它们之间的结合。与绢云母的红外谱（图 7-18）对比，这些羟基吸收峰呈现向高波数和低波数的双向位移，可

认为是绢云母通过其层表面—OH（Si—OH）和 TiO₂ 的表面—OH 发生化学键合形成新化学键 Si—O—Ti 的结果。另外，反映绢云母层间水的吸收峰在复合颜料的红外谱图中大大弱化，说明焙烧过程中的高温晶化处理使绢云母的层间水被大部分脱除。

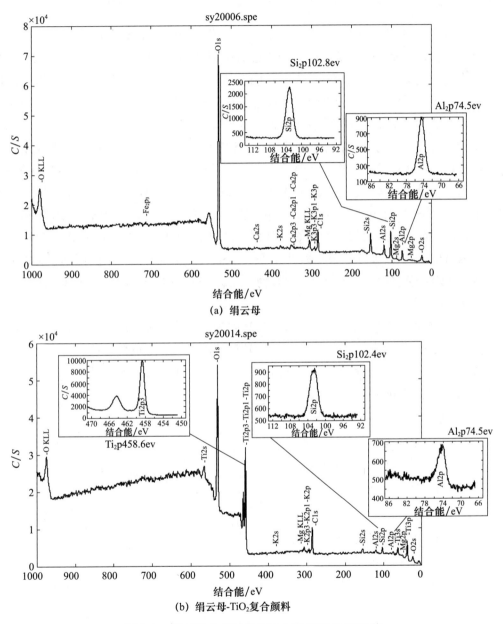

图 7-20　绢云母和绢云母-TiO₂复合颜料的 XPS 谱

对比图 7-20（a）绢云母和图 7-20（b）绢云母-TiO₂复合颜料的表面 XPS 谱可以看出，后者的 XPS 谱在 458.6eV 处出现了 Ti_{2P} 的结合能谱峰，而在绢云母 XPS 谱的相同位置并未出现，说明 TiO₂ 已在绢云母表面附着。另外，绢云母-TiO₂复合颜料的 XPS 谱中 Si_{2P} 结合能为 102.4eV，与作用前 Si_{2P} 的结合能（102.8eV）相比，向低能方向位移 0.4eV。而绢云母-TiO₂复合颜料和绢云母的 Al_{2P} 结合能均为 74.5eV，没有发生变化。

这表明，绢云母表面复合 TiO_2 后，其 Si 原子的化学环境发生了变化，即在 Si 和 Ti 之间发生了化学键合，而 Al 没有化学反应，这与红外光谱的分析一致。

7.5.3　绢云母与 TiO_2 复合作用模型

绢云母-TiO_2 复合颜料是 $TiOSO_4$ 水解产物 $TiO_2 \cdot nH_2O$ 在绢云母表面包覆后，再通过高温晶化处理使 $TiO_2 \cdot nH_2O$ 转变为锐钛矿型 TiO_2 所形成。由于 $TiO_2 \cdot nH_2O$ 在绢云母表面的包覆结合由二者各自表面官能团的相互作用所致，所以 TiO_2 在绢云母颗粒表面的作用方式取决于绢云母的表面官能团形态与性质、$TiO_2 \cdot nH_2O$ 颗粒表面形态和绢云母与 $TiO_2 \cdot nH_2O$ 作用产物在高温下的反应。

矿物等无机颗粒的表面形态取决于以下因素：元素组成、晶体结构、解理或断裂行为。绢云母为层状硅酸盐矿物，其单元片体由两层硅氧四面体中间夹一层铝氧（氢氧）八面体组成，单元片体之间通过 K^+ 连接。硅氧四面体中主要为 Si—O 化学键，铝氧（氢氧）八面体中主要为 Al—O 和 Al—OH 键。绢云母经粉碎后主要沿单元片体间的层面解理，少量沿垂直层面的端面断裂，分别暴露出 Si—O^-、Al—O^- 和 Al—OH 化学键。绢云母颗粒在 $TiOSO_4$ 水解的酸性介质中，Si—O^- 和 Al—O^- 与水作用，形成 Al—OH 活性基团及通过 Si—OH 产生的水合物[48]。水介质中绢云母颗粒表面官能团形态如图 7-21 所示。

$TiOSO_4$ 水解生成 $TiO_2 \cdot nH_2O$ 的过程可理解为 Ti^{4+} 在溶液中以六配位的水合络离子 $[Ti(H_2O)_6]^{4+}$ 形式的成长和彼此缩聚（H^+ 转移至液相）而形成多核钛离子的过程，最终形成的 $TiO_2 \cdot nH_2O$ 其表面形成具有强烈反应活性的 Ti—OH 基团[49]。$TiO_2 \cdot nH_2O$ 的生成和缩聚过程如图 7-22 所示。

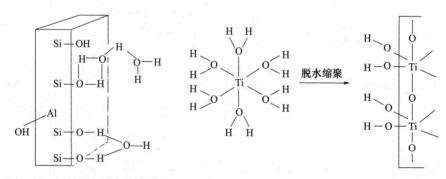

图 7-21　绢云母表面官能团形态　　图 7-22　$TiO_2 \cdot nH_2O$ 的生成和缩聚过程

图 7-23 为测得的绢云母和二氧化钛（锐钛矿）在不同 pH 水悬浮液中的表面电动电位（Zeta 电位），显示的二者的零电点（PZC）分别为 pH＝0.95 和 pH＝5.5（与文献[50]报道一致）。所以，在 $TiOSO_4$ 水解体系（pH＝1～2）中，绢云母和 $TiO_2 \cdot nH_2O$ 颗粒表面应分别荷负电和正电，所以两者能在库仑引力作用下彼此接近，并通过各自的表面 OH^- 基团通过氢键实现进一步的结合。绢云母和 $TiO_2 \cdot nH_2O$ 间的这种结合使得 $[Ti(H_2O)_6]^{4+}$ 及其后形成的钛的多核络离子首先沿着云母表面生长，直至在绢云母表

面形成完整覆盖。其后再经焙烧进一步脱水而实现致密包覆。以绢云母为基体,通过 $TiOSO_4$ 水解包覆形成绢云母-$TiO_2 \cdot nH_2O$、绢云母-$TiO_2 \cdot nH_2O$ 晶化焙烧方式制备绢云母-TiO_2 复合颜料的过程如图 7-24 所示。

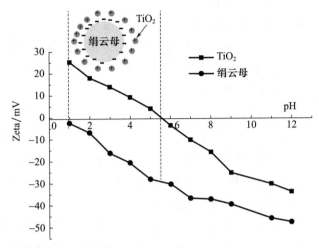

图 7-23　在不同 pH 水悬浮液中绢云母和 TiO_2 的表面电动电位(Zeta 电位)

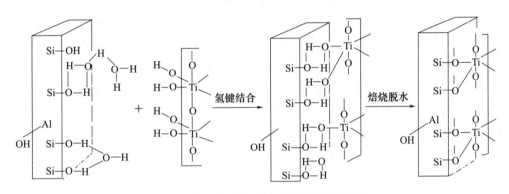

图 7-24　绢云母-TiO_2复合颜料制备过程示意

7.5.4　TiOSO₄水解产物在绢云母表面的形核机制

上述研究表明,在 $TiOSO_4$ 溶液中加入绢云母基体,通过搅拌使其混合均匀和加热引发 $TiOSO_4$ 水解,所生成的水解产物($TiO_2 \cdot nH_2O$)即可在绢云母颗粒表面形核、长大得到绢云母表面包覆 $TiO_2 \cdot nH_2O$ 复合物(绢云母-$TiO_2 \cdot nH_2O$)。绢云母-$TiO_2 \cdot nH_2O$ 经洗涤、干燥和焙烧后即获得绢云母表面包覆晶相 TiO_2 为特征的复合颜料。其中,$TiOSO_4$ 在绢云母基体的体系中水解及水解物形核无疑是关键环节,可采用非均匀形核机理和均匀形核机理对 $TiO_2 \cdot nH_2O$ 的形核、与绢云母表面的作用及其外观形貌进行解释。

非均匀形核的机理是将被包覆的无机颗粒作为成核基体,控制反应物浓度和生成物浓度在一定范围,则生成物即可在基体上成核、长大,最后得到包覆物。根据相变热力学可知,形成新相,并能稳定存在和长大的条件是形成临界核时系统吉布斯自由焓变化要大于形核势垒值。对于非均匀形核，形核势垒为[51,52]：

$$\Delta G_h^* = \frac{16\pi\gamma_{LS}^3}{3(\Delta G_V)^2}\frac{(2+\cos\theta)(1-\cos\theta)^2}{4}=\Delta G_r^* f(\theta) \qquad (7\text{-}5)$$

式中　$f(\theta)=(2+\cos\theta)(1-\cos\theta)^2/4$；

　　　　ΔG_h^* 和ΔG_r^*——非均匀形核和均匀形核时的形核势垒；

　　　　　ΔG_V——液固相变时除去界面能时单位体积自由焓的变化；

　　　　　γ_{LS}——液固相界面自由能；

　　　　　θ——新相核与基体间的接触角。

从式（7-5）看出，由于接触角 θ 值在 0～180°，$f(\theta)$ 在 0～1，所以$\Delta G_h^*<\Delta G_r^*$，即生成物优先在基体表面非均匀形核，并且 θ 越小，ΔG_h^* 就越小，就越有利于非均匀形核。对于 $TiOSO_4$ 水解产物 $TiO_2\cdot nH_2O$，其表面组分特征与绢云母基体相当，所以可视 $TiO_2\cdot nH_2O$ 与绢云母之间的 θ 为 0°，因而ΔG_h^* 为 0。由此，溶液中生成物首先就会在绢云母颗粒表面形核，并依托绢云母生长和长大。

当溶液中反应条件适当时，与非均匀形核同时还可能存在均匀形核。图 7-25 是形核区域的 Lamer 曲线，从中看出，当溶液中物质浓度超过自身溶解度（浓度$\geqslant C*_{ht}$），非均匀形核即可发生，由于 $TiO_2\cdot nH_2O$ 的溶解度较小，所以很容易满足该条件。这样，$TiO_2\cdot nH_2O$ 就可在绢云母颗粒表面生长，这与通过式（7-5）的分析一致。随着 $TiOSO_4$ 水解反应不断进行，反应物 $TiO_2\cdot nH_2O$ 的浓度变高，当浓度高至超过 $C*_{hm}$（均匀形核临界浓度）时，体系中除发生非均匀形核外，还将发生均匀形核。均匀形核是指不通过外界载体，如基体、杂质或者器壁形核，而是直接通过液体本身的相起伏产生形核并生长的过程。由此，水解体系中将出现两种颗粒，即 $TiO_2\cdot nH_2O$ 在绢云母表面非均匀形核形成的包覆复合颗粒和均匀形核形成的 $TiO_2\cdot nH_2O$ 自身及其聚集颗粒。其中，后者也将吸附到前者或未包覆的绢云母颗粒表面，并与其生长为一体。

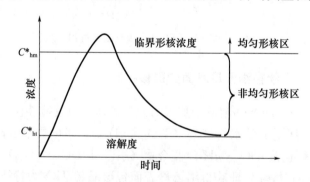

图 7-25　形核区域的 Lamer 图

（$C*_{hm}$ 为均匀形核临界浓度，$C*_{ht}$ 为非均匀形核临界浓度）

因此，形成绢云母-$TiO_2\cdot nH_2O$ 可能存在两种机制：其一，$TiOSO_4$ 水解生成的 $TiO_2\cdot nH_2O$ 含量不能达到均匀形核所需的临界浓度（$C*_{hm}$），或者刚达到 $C*_{hm}$ 就因为在绢云母表面非均匀形核而被消耗到 $C*_{hm}$ 以下，所以只存在 $TiO_2\cdot nH_2O$ 非均匀形核导致的包覆，其特征是绢云母表面呈现膜包覆或部分包覆现象，难以形成理想的颗粒包覆现象。这一般发生在反应物浓度很低、基体颗粒加量过大或表面积过大的条件下。其二，若体系中反应物浓度较高，或矿物基体量少、表面积小而对 $TiO_2 \cdot nH_2O$ 的消耗低，则当 $TiO_2 \cdot nH_2O$ 浓度超过 C_{hm}^* 时，体系中将出现因均匀形核而生成的 $TiO_2 \cdot nH_2O$ 粒子，这些粒子在矿物表面或非均匀形核的不完整包覆物表面吸附，就会形成表面包覆颗粒状粒子的包覆物，经焙烧后则形成包覆完整、表面 TiO_2 呈颗粒状的复合颗粒。从图 7-6（b）绢云母-$TiO_2 \cdot nH_2O$ 颗粒表面特征可推断其含有均匀形核和非均匀形核两种形态的 $TiO_2 \cdot nH_2O$ 粒子，并将这种形态保留在焙烧后绢云母-TiO_2复合颜料颗粒上（图 7-16）。

7.6 小结

通过将绢云母置于硫酸氧钛（$TiOSO_4$）溶液中水解及水解沉积物（绢云母-$TiO_2 \cdot nH_2O$）高温焙烧制备了绢云母-TiO_2复合颜料。绢云母基体粒度、绢云母存在时 $TiOSO_4$ 水解条件和绢云母-$TiO_2 \cdot nH_2O$ 焙烧条件（温度、时间、盐处理剂）对制备过程具有重要影响。其中，$TiOSO_4$ 水解条件各因素影响的显著顺序（以遮盖力评价）为：$TiOSO_4$ 用量 > 水解温度 > $TiOSO_4$ 溶液滴加方式 > 基体悬浮液浓度 > 水解时间。

优化条件下制备的绢云母-TiO_2复合颜料具有和钛白粉相似、且完全不同于绢云母的颜料性能。绢云母-TiO_2复合颜料遮盖力为 $16.58 g/m^2$，约达到锐钛矿型钛白粉（遮盖力 $14.06 g/m^2$）的约 85%，吸油量二者接近（分别为 25.03g/100g 和 22.90g/100g）。绢云母-TiO_2复合颜料的白度从绢云母的 65.0% 提高到 80.3%。

绢云母-TiO_2复合颜料以绢云母表面均匀包覆 TiO_2、绢云母和 TiO_2 之间形成牢固化学结合为特征，它由绢云母-$TiO_2 \cdot nH_2O$ 焙烧后原位形成。绢云母具有协同提升 TiO_2 功能的作用，绢云母-TiO_2复合颜料的物相成分为绢云母 33.34%，锐钛矿 61.69%，金红石 4.97%，具有明显的节约 TiO_2 和降低成本的作用。

参考文献

［1］丁浩，邓雁希，阎伟. 绢云母质功能材料的研究现状与发展趋势［J］. 中国非金属矿工业导刊，2006（增刊）：171-175.

［2］丁浩，邹蔚蔚. 中国绢云母资源综合利用的现状与前景［J］. 中国矿业，1996（4）：14-17.

［3］KIM M N，YANG J K，Y. J. Park，et al. Application of a novel electrochemical sensor containing organo-modified sericite for the detection of low-level arsenic［J］. Environmental Science & Pollution Research International，2015，23（2）：1044-1049.

［4］TIAN C. Calcination intensity on rutile white pigment production via short sulfate process［J］. Dyes & Pigments，2016，133：60-64.

［5］M. Sgraja，J. Blömer，J. Bertling，et al. Experimental and theoretical investigations of the coating of capsules with titanium dioxide［J］. Chemical Engineering Journal，2010，160（1）：351-362.

［6］Y. WEI，R. WU，Y. ZHANG. Preparation of monodispersed spherical TiO_2 Powder by forced hydrolysis of Ti（SO₄）₂ solution［J］. Materials Letters，1999，41（3）：101-103.

［7］ Y. LI，Y. FAN，Y. CHEN. A novel method for preparation of nanocrystalline rutile TiO₂ powders by liquid hydrolysis of TiCl₄［J］. Journal of Materials Chemistry，2002，12（5）：1387-1390.

［8］ H. BAZRAFSHAN，Z. A. TESIEH，S. DABIRNIA，et al. Low Temperature Synthesis of TiO₂ Nanoparticles with High Photocatalytic Activity and Photoelectrochemical Properties through Sol-Gel Method［J］. Advanced Manufacturing Processes，2016，31（2）：119-125.

［9］ 王建雄，王秋林. 绢云母的特性及其对紫外线的屏蔽作用［J］. 湖南有色金属，2002，18（6）：6-7＋22.

［10］ 丁浩，林海，邓雁希，等. 矿物-TiO₂微纳米颗粒复合与功能化［M］. 北京：清华大学出版社，2016.

［11］ 蔡燎原，沈发奎. 绢云母的偏光屏蔽效应在聚丙烯（PP）复合材料中的应用［J］. 中国非金属矿工业导刊，1999（05）：45-50.

［12］ 韩利雄，严春杰，陈洁渝，等. 白色绢云母珠光颜料制备及表征［J］. 非金属矿，2007，30（2）：27-29.

［13］ 任敏，殷恒波，王爱丽，等. 纳米金红石型 TiO₂沉积制备云母钛纳米复合材料及其光学性质［J］. 中国有色金属学报，2007，17（6）：945-950.

［14］ YOUNG HOON YUN，SANG PIL HAN，SANG HOON LEE，et al. Surface modification of sericite using TiO₂ powders prepared by alkoxide hydrolysis：whiteness and SPF indices of TiO₂-adsorbed sericite［J］. Journal of Materials Synthesis and Processing，2002，10（6）：359-365.

［15］ OKUBO M，YAMADA A，MATSUMOTO T. Estimation of morphology of composite polymer emulsion particles by soap titration method［J］. Journal of Polymer Science：Polymer Chemistry Ed，1980，18：3219-3228.

［16］ OKUBO M，AUDO M，YAMADA A. Studies on suspension and emulsion：Anomalous composite polymer emulsion particles with voids produced by seeded emulsion polymerization［J］. Journal of Polymer Science：Polymer Letters Ed，1981，19：143-147.

［17］ OKUBO M，KATSUTA Y，MATSUMOTO T. Studies on suspension and emulsion：Peculiar morphology of composite polymer latex particles produced by emulsion polymerization［J］. Journal of Polymer Science：Polymer Letters Ed，1982，20：45-51.

［18］ 李凤生，杨毅. 纳米/微米复合技术及应用［M］. 北京：国防工业出版社，2002：1-43.

［19］ 盖国胜. 粉体工程［M］. 北京：清华大学出版社，2009.

［20］ 毋伟，陈建峰，卢寿慈. 超细粉体表面修饰［M］. 北京：化学工业出版社，2004.

［21］ 盖国胜. 微纳米颗粒复合与功能化设计［M］. 北京：清华大学出版社，2008.

［22］ 盖国胜，等. 超微粉体技术［M］. 北京：化学工业出版社，2004.

［23］ YUFEN YANG，GUOSHENG GAI，SHIMIN FAN. Surface nono-structured particles and characterization［J］. International Journal of Mineral Processing，2006，133（1-3）：276-282.

［24］ YUFEN YANG，GUOSHENG GAI，QINGRU CHEN. Preparation and characteristics of composite micro-bead particles［J］. Powder Handling and Processing，2005，17（1）：123-128.

［25］ YUFEN YANG，GUOSHENG GAI，SHIMIN FAN. Nonostructured modification of mineral particle surface in Ca（OH）₂-H₂O-CO₂ system［J］. International Journal of Mineral Processing，2005，170（1-2）：58-63.

［26］ GUOSHENG GAI, YUFEN YANG, SHIMIN FAN. Preparation and properties of composite mineral powders ［J］. Powder Technology, 2005, 153 (3): 153-158.

［27］ 郑水林. 粉体表面改性（第二版）［M］. 北京：中国建材工业出版社，2003.

［28］ Q. GAO, X. WU, Y. FAN. The effect of iron ions on the anatase-rutile phase transformation of titania (TiO₂) in mica-titania pigments ［J］. Dyes & Pigments, 2012, 95 (1): 96-101.

［29］ Q. GAO, X. WU, Y. FAN. Solar spectral optical properties of rutile TiO₂ coated mica-titania pigments ［J］. Dyes and Pigments, 2014, 109: 90-95.

［30］ Q. GAO, X. WU, Y. FAN, et al. Low temperature synthesis and characterization of rutile TiO₂-coated mica-titania pigments ［J］. Dyes & Pigments, 2012, 95 (3): 534-539.

［31］ BAIKUN WANG, HAO DING, YANXI DENG. Characterization of calcined kaolin/TiO₂ composite particle material prepared by mechano-chemical method ［J］. Journal of Wuhan University of Technology-material science Ed. 2010, 25 (5): 765-769.

［32］ 王柏昆，丁浩. 煅烧高岭土-TiO₂复合材料的制备及表征 ［J］. 中国粉体技术，2010，16（2）：22-26.

［33］ Q. X. YAN, Y. LEI, J. Z. YUAN. Preparation of titanium dioxide compound pigments based on kaolin substrates ［J］. Journal of Coatings Technology and Research, 2010, 7 (2): 229-237.

［34］ XIFENG HOU, YIHE ZHANG, HAO DING, et al. Environmentally friendly wollastonite@ TiO₂ composite particles prepared by a mechano-chemical method ［J］. Particuology, 2018, 40: 105-112.

［35］ WANTING CHEN, YU LIANG, XIFENG HOU, et al. Mechanical Grinding Preparation and Characterization of TiO₂-Coated Wollastonite Composite Pigments ［J］. Materials, 2018, 11 (04), 0593: 1-11.

［36］ SIJIA SUN, HAO DING, JIE WANG, et al. Preparation of microsphere SiO₂/TiO₂ composite pigment: The mechanism of improving pigment properties by SiO₂ ［J］. Ceramics International, 2020, 46: 22944-22953.

［37］ S. SUN, H. DING, Q. LUO, et al. The preparation of silica-TiO₂ composite by mechanochemistry method and its properties as a pigment ［J］. Materials Research Innovations, 2015, 19: 269-272.

［38］ NING LIANG, HAO DING, YANPENG ZHA. Preparation and characterization of tourmaline/TiO₂ composite particles material ［J］. Advanced Materials Research, 2010, 96: 145-150.

［39］ 丁浩，查炎鹏，任瑞晨. 电气石/TiO₂复合材料的组成与微观形态 ［J］. 辽宁工程技术大学学报，2007，26（S2）：188-190.

［40］ YU LIANG, WANTING CHEN, GUANG YANG, et al. Preparation and characterization of TiO₂/sericite composite material with favorable pigments properties ［J］. Surface Review and Letters, 2019, 26 (8): 1950039: 1-12.

［41］ 裴润. 硫酸法钛白生产 ［M］. 北京：化学工业出版社，1982.

［42］ 唐振宁. 钛白粉的生产与环境治理 ［M］. 北京：化学工业出版社，2000.

［43］ 唐建军，邹原，张伟，等. Fe/TiO₂光催化降解水溶液中的4-氯苯酚 ［J］. 环境污染与防治，2008，30（1）：21-24.

［44］ 中华人民共和国国家质量监督检验检疫总局，中国国家标准化管理委员会. 颜料和体质颜料通用试验方法 第15部分：吸油量的测定：GB/T 5211.15—2014 ［S］. 北京：中国标准出版社，

2014：1.

[45] 中华人民共和国国家发展与改革委员会. 颜料遮盖力测定法：HG/T 3851—2006 [S]. 北京：化学工业出版社，2006：1.

[46] J. M. CRIADO，C. REAL，J. SORIA. Study on mechanochemical phase transformation of TiO₂ by EPR. Effect of phosphate [J]. Solid state Ionics，1989，32-33：461-465.

[47] 王萍，李国昌，张秀英. MC 系列绢云母粉优化处理实验研究 [J]. 非金属矿，2002，25 (5)：8-10.

[48] 丁希楼. 云母钛珠光颜料制备工艺的研究 [J]. 金属矿山，2004，337 (7)：51-53.

[49] 雷芸. 绢云母表面改性及机理研究 [D]. 武汉：武汉理工大学，2003：3-12.

[50] R. M. MANER. 硅酸盐浮选手册 [M]. 刘国民译. 北京：中国建筑工业出版社，1980.

[51] 潘金生. 材料科学基础 [M]. 北京：清华大学出版社，1998.

[52] WILLIAM A TILIER. The science of crystallization：Microscopic interfacial phenomena [M]. Cambridge：Cambridge University Press，1991.

第8章　机械研磨制备绢云母-TiO$_2$复合颜料及其表征

8.1 引言

绢云母是一种具有优异光学、力学、热学、电学和药学性质的、结构稳定的层状硅酸盐矿物，将其应用于涂料、塑料、橡胶、造纸、化妆品、建筑、钻井和电焊条等领域可提升制品的功能与可加工性，并降低成本[1,2]。不过，绢云母也存在白度低、消光作用强、片层结构稳定、难以进行插层和剥离等不足[3,4]，这对其提升应用力度和拓展应用领域形成制约。将绢云母颗粒表面包覆 TiO$_2$，不仅能显著提高绢云母的白度，改善其光吸收性能，而且可使绢云母附加与 TiO$_2$ 相关的功能特性[5]。

以绢云母为基体，通过在绢云母颗粒表面包覆 TiO$_2$ 可制备复合颗粒及复合功能粉体材料[6,7]。当所包覆的 TiO$_2$ 为亚微米级大小时，这一工作从改进绢云母性能的角度分析，其意义在于[8]：（1）绢云母表面包覆 TiO$_2$ 后，可大幅度提高外观白度。这是因为高白度和高遮盖力的 TiO$_2$ 覆盖于绢云母表面能遮挡绢云母本身的暗色；（2）绢云母表面包覆金红石型 TiO$_2$ 后，其抗紫外线耐老化的能力增强，因金红石型 TiO$_2$ 具有更强的吸收及屏蔽紫外线性能，并且在其所吸收紫外线的波长区段上与绢云母形成互补；（3）绢云母-TiO$_2$ 复合颗粒因表面呈 TiO$_2$ 性质而形成与颜料 TiO$_2$ 相似的性能，绢云母因从中发挥协同效应而使 TiO$_2$ 的颜料性能得以提升。

绢云母的颜料协同效应主要表现在两方面：其一，因高纵横比的片理特性、良好的自然分散性和上下重叠的取向特点而具有对可见光的吸收、散射与遮盖作用[8]；其二，因晶体偏光效应、片体单元的高度定向性、结构层间水分子对光的干涉效应和类质同象元素的吸收效应而表现出对紫外线的强烈吸收屏蔽功能[9]。绢云母的上述协同效应是其自身矿物学特性和对其进行片层剥离加工程度的反映，因此，绢云母与 TiO$_2$ 形成复合颜料应以保持最大程度的片层剥离为前提。显然，对绢云母表面包覆 TiO$_2$ 及其应用技术的研究既具有实用价值，又具有理论意义。

在绢云母颗粒表面包覆 TiO$_2$ 构建复合颗粒及功能粉体是制备绢云母功能材料的重要内容。在 20 世纪后期，对表面负载 TiO$_2$ 的绢云母复合材料主要以赋予材料珠光效应为目标进行研究，如韩利雄等对绢云母制备具有良好光学屏蔽性的新型珠光颜料的工艺条件和产品性能进行了研究[10]。任敏等对片状绢云母表面直接沉积金红石型纳米 TiO$_2$ 制备云母钛纳米复合材料的性能进行了分析，认为复合材料白度、亮度和反射系数与 TiO$_2$ 含量和结晶性密切相关[11]。韩国 Yun Young Hoon 等人采用醇盐水解法制备了由锐钛矿和金红石混合相 TiO$_2$ 包覆的绢云母基体复合功能材料，改善了绢云母的外观白度，提高了 SPF 指数[12]。但这些研究没有利用绢云母矿物重要的颜料协同效应。

本书第 7 章介绍了本团队采用化学沉积法制备绢云母-TiO_2复合颜料的研究[13]，在此基础上，基于进一步简化制备流程、降低成本和使生产过程绿色化的要求，又采用机械力研磨方法，具体包括绢云母-亚微米级 TiO_2共研磨[5,7]和绢云母-偏钛酸（$TiO_2 \cdot nH_2O$）共研磨及产物煅烧[14]两种手段制备绢云母表面包覆 TiO_2复合颜料，对所制备的绢云母-TiO_2复合颜料的形貌、微观结构、性能及其应用进行了研究。

8.2 试验研究方法

8.2.1 绢云母-TiO_2复合颜料及填充建筑涂料的制备

1. 绢云母-TiO_2共研磨制备复合颜料

首先，将绢云母剪切剥离，剥离产物作为复合 TiO_2基体。然后，将绢云母基体与预先分散的 TiO_2悬浮液混超均匀，再将二者置于超细搅拌磨（GSDM-S3 型）中研磨制得复合物浆料。最后，将复合物浆料脱水、干燥、打散制得绢云母-TiO_2复合颜料。绢云母-TiO_2共研磨的主要作用为：（1）使绢云母和 TiO_2颗粒分散和表面活化，由此促进二者在水介质中的水化及羟基化等反应；（2）通过研磨过程输入的较高能量，提高绢云母与 TiO_2颗粒之间的碰撞概率，克服二者排斥作用的能垒以接近颗粒表面官能团相互作用的范围。在此基础上，实现绢云母与 TiO_2颗粒间的牢固结合。

绢云母-TiO_2共研磨制备复合颜料试验流程如图 8-1 所示。

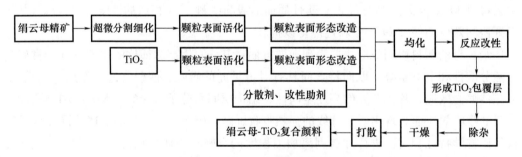

图 8-1　绢云母-TiO_2共研磨制备复合颜料试验流程

2. 绢云母-偏钛酸共研磨和研磨产物煅烧制备复合颜料

首先，将偏钛酸（$TiO_2 \cdot nH_2O$）加水和研磨球置于 GSDM-S3 型超细搅拌磨中研磨制得分散悬浮液。然后，将绢云母基体加入到该偏钛酸悬浮液中，搅拌、混匀和调 pH 后置于搅拌磨中研磨得到绢云母-$TiO_2 \cdot nH_2O$复合物浆料。最后，将该复合物浆料脱水、干燥和置于箱式电阻炉（SX-4-10 型）中煅烧，最终再打散，即制得绢云母-TiO_2复合颜料。

绢云母-偏钛酸共研磨和研磨产物煅烧制备复合颜料试验流程如图 8-2 所示。

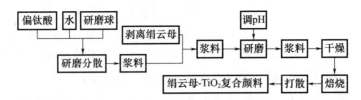

图 8-2 绢云母-偏钛酸共研磨和研磨产物煅烧制备复合颜料试验流程

3. 绢云母-TiO₂复合颜料添加制备建筑涂料

将绢云母-TiO₂复合颜料（共混研磨方法制备）和钛白粉按一定比例复配，并将其作为颜料填充制备建筑内墙和外墙涂料。涂料的制备过程为：（1）浆料制备。将颜料、体质颜料（填料）和水混合，并高速搅拌一定时间，使固体粉料分散在水中形成悬浮液，用 80 目筛网筛除杂质得到浆料。（2）涂料调制。将乳液和其他助剂分批次加入到固体浆料中，搅拌一定时间，即得到涂料。

8.2.2 原料和试剂

绢云母原料为湖北孝感某企业绢云母选矿精矿，经 XRD 分析仅由绢云母一种晶相组成，主要化学成分及含量（%）为：SiO_2 47.30、Al_2O_3 30.00、K_2O10.37、Na_2O 0.45、CaO 0.22、Fe_2O_3 2.02、FeO 0.41、TiO_2 0.64、MgO1.53、MnO0.04、H_2O0.26、烧失 4.19。样品白度 65.0%，吸油量 27.3g/100g，遮盖力 193g/m²。样品粒度（沉降粒度仪测试）为：中位径（d_{50}）1.59μm，90%分布粒径（d_{90}）6.88μm。所用金红石型、锐钛矿型 TiO_2（TiO_2-R 和 TiO_2-A）和偏钛酸（$TiO_2 \cdot nH_2O$，TiO_2 主要为无定形相）样品均为河南焦作某企业产品和中间产物，TiO_2 含量分别为 94%、98%和 87.50%。TiO_2-R 白度 97.3%，d_{50}0.9μm，d_{90}8.5μm，遮盖力 10.55g/m²，吸油量 28.32g/100g；TiO_2-A 白度 97.3%，遮盖力 14.44g/m²，吸油量 27.24g/100g；偏钛酸 d_{50} 和 d_{90} 分别为 0.853μm 和 2.017μm。

填充绢云母-TiO₂复合颜料制备建筑涂料，除颜料外，所用原料还包括体质颜料（滑石粉、高岭土、优创和重质碳酸钙）、溶剂（水）、乳液（苯丙乳液 BC-02，制备内墙涂料；纯丙乳液 AC-261，制备外墙涂料）及润湿剂、分散剂、成膜助剂、抑泡剂、pH 调节剂、消泡剂、增稠剂和流平剂等助剂。其中，各组分占涂料总重的比例（%）分别为：填料 35~37，颜料 5~20，乳液 17~21，溶剂 20，其余为各类助剂。

8.2.3 性能与结构表征

可通过测试吸油量、遮盖力、样品与调墨油形成色浆的涂膜对比率和紫外-可见光漫反射吸收光谱对绢云母-TiO₂复合颜料的性能进行表征。其中，吸油量按国家标准《颜料和体质颜料通用试验方法 第 15 部分：吸油量的测定》（GB/T 5211.15—2014）[15]进行测定；遮盖力按国家行业标准《颜料遮盖力测定法》（HG/T 3851—2006）[16]进行测定；紫外-可见光吸收光谱使用 U-3900 型 UV-VIS 分光光度计（凯奇高科技公司）测量。根据绢云母-TiO₂复合颜料和纯钛白粉的遮盖力（分别为 H_{CT} 和 H_T），计算前者相当于后者的比例（E，$E=100\%\times H_T/H_{CT}$），同时以 E 值超出复合颜料中 TiO_2 比例（X）的部分（ΔE，$\Delta E=E-X$）表示绢云母复合所导致的对 TiO_2 遮盖能力的提升[17-18]。

对绢云母-TiO_2 复合颜料填充制备的涂料，测试其涂膜的对比率和白度表征性能。对比率指标准黑白格板上涂刷一定厚度涂料涂膜后，涂膜覆盖"黑板"部分的反射率与"白板"部分反射率的比值，可反映颜料的遮盖性及对涂料性能的影响。按国家标准《色漆和清漆　遮盖力的测定　第 1 部分：白色和浅色漆对比率的测定》（GB/T 23981.1—2019）[19]的规定，测得涂膜在黑白格板黑格和白格位置的反射率（分别为 $RB\%$ 和 $RW\%$），再计算得到涂膜对比率 $C=RB/RW$。所用设备分别为 BB-1 型线棒涂布器（80μm）、C84-Ⅲ型反射率测定仪。涂膜白度采用白度仪直接测定。

绢云母-TiO_2 复合颜料形貌通过扫描电子显微镜（SEM）进行研究，结构与成分通过 X 射线粉晶衍射（XRD）进行分析、表征，颗粒间复合行为采用红外光谱分析进行研究。所用仪器分别为 S-4300 型扫描电子显微镜（日本日立电子显微镜公司）、D/MAX2000 型 X 射线粉晶衍射仪（日本理学株式会社）和 Spectrum 100 型红外光谱仪（中国上海珀金埃尔默仪器有限公司）。其他仪器还有 BT-1500 型离心沉降式粒度分布仪（丹东市百特仪器有限公司）和 SBDY-1 型数显白度仪（上海悦丰仪器仪表有限公司）。

8.3　绢云母-TiO_2共研磨制备复合颜料研究

8.3.1　绢云母湿法研磨所制备基体的性能

图 8-3 为将绢云母原料进行湿法超细磨剥产物的扫描电镜（SEM）照片。从中可以看出，绢云母磨剥前呈片状，片层较厚（1～3μm），径厚比小。在绢云母片上可清晰看见不完整的剥离状态，说明绢云母沿平行于片层方向的剥离性较差。湿法超细磨剥后，绢云母仍呈较规则的片体状形态，但片体厚度显著减小，径厚比明显增大，说明绢云母沿平行于片层方向的剥离性大大增强。从图 8-3（b）～图 8-3（d）大致量出，绢云母磨剥 1 次产物的片体厚度约为 200～300nm；磨剥 2 次和 3 次，片体厚度分别为 80～200nm 和 20～80nm。这表明，湿法超细磨剥已将绢云母剥离成亚微米级或纳米级的片体，即绢云母呈现了层状矿物的纳米化特征。另外，测得绢云母磨剥 3 次产物小于 2μm 含量 79.48%，比表面积 3296m²/kg，松散密度 0.218g/cm³，相比绢云母原料（55.13%，2393m²/kg 和 0.294g/cm³），前两项显著增大，后一项减小，也反映了绢云母被有效剥离。鉴于提高绢云母片层剥离性的重要作用，可认为所制备的绢云母基体应具有良好的颜料协同效应。所以，将上述绢云母磨剥 3 次产物作为与 TiO_2 复合的基体。

将磨剥后得到的绢云母基体和绢云母原料（磨剥前）分别与溴化钾共混制成压片，测试压片对不同波长光的透过率，结果如图 8-4 所示。可以看出，由绢云母基体制成的压片对波长 190～220nm 强紫外光的透过率很小，仅为入射光的 0.1%～1%[lg（入射光强度/透射光强度）=3～2]，而绢云母原料制成的压片为入射光的 1%～10%，说明绢云母基体具有强烈的抗紫外线性能，而绢云母原料的抗紫外线性能较弱。绢云母基体的这一抗紫外线能力可为提高所制备矿物-TiO₂复合颜料的耐候性做出贡献。

(a) 绢云母原料　　　　　　(b) 绢云母磨剥1次产物

(c) 绢云母磨剥2次产物　　　(d) 绢云母磨剥3次产物

图 8-3　绢云母湿法超细磨剥产物的 SEM 照片

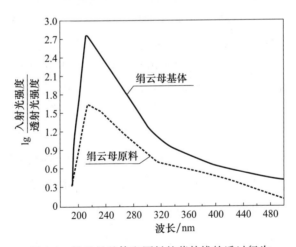

图 8-4　绢云母基体和原料的紫外线的透过行为

8.3.2　绢云母与金红石型 TiO₂ 的复合

1. 绢云母-TiO₂共研磨过程球料比和研磨时间的影响

以 8.3.1 节试验制备的绢云母剥离产物为基体，将其与金红石型 TiO₂ 共研磨制备绢云母-TiO₂复合颜料，探讨了改变球料比和研磨时间的影响，结果如图 8-5 所示。试验中 TiO₂复合比例 25%，绢云母-TiO₂固含量 40%，分散剂加量 0.3%，搅拌磨转速 1200r/min。

从结果可见，球料比对绢云母-TiO₂复合产物的颜料性能影响显著。当球料比由3:1上升至4:1时，相同研磨时间复合产物的遮盖力明显增强，表明遮盖性降低。球料比再升至5:1，除研磨时间30min产物遮盖力提高外，其他研磨时间产物遮盖力仍弱于球料比3:1产物。球料比对复合产物吸油量也存在较大影响，随着球料比增加，吸油量先降低、后显著增大，其中以球料比4:1产物较小，球料比3:1产物略高于4:1产物。

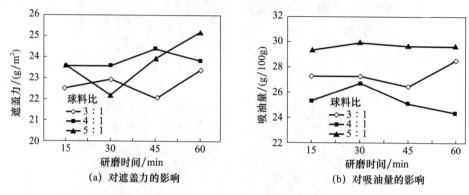

图8-5　绢云母-TiO₂共研磨过程球料比和研磨时间对产物性能的影响

绢云母-TiO₂研磨时间对复合产物的颜料性能也存在明显影响。当球料比为3:1和5:1时，产物遮盖性随研磨时间增加呈现先增强、后减弱的现象。球料比为4:1，产物遮盖力则先减弱后提高，但幅度不大。总体而言，研磨时间对产物吸油量的影响较小。

综合绢云母-TiO₂复合产物遮盖力和吸油量的变化，选择球料比3:1、共研磨时间45min为优化条件，所制备的绢云母-TiO₂复合颜料（TiO₂复合比例25%）遮盖力为22.08g/m²，吸油量26.5g/100g，遮盖力相当于所用纯钛白（遮盖力10.25g/m²）的46.4%，高出自身TiO₂比例21.4个百分点（46.4%～25%），说明TiO₂通过与绢云母的复合使其颜料性能得到显著提升，即绢云母发挥了协同效应。

2. TiO₂复合比例的影响

图8-6是绢云母与不同比例金红石型TiO₂复合产物的遮盖力、白度和吸油量随TiO₂复合比例的变化。试验条件为：绢云母-TiO₂悬浮液固含量40%，分散剂加量0.03%，搅拌磨转速1200r/min，球料比3:1，共研磨时间45min。

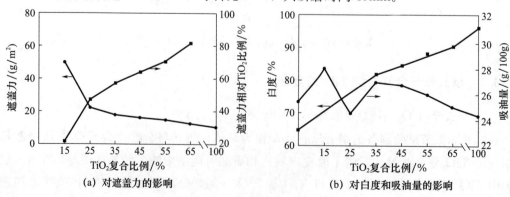

图8-6　TiO₂比例对复合颜料性能的影响

结果表明，随 TiO₂ 复合比例的增加，所得绢云母-TiO₂ 复合颜料的遮盖力降低，表明遮盖力能逐渐提高。其中，TiO₂ 比例 35％时，复合颜料遮盖力为 $17.84g/m^2$，相当于所用钛白粉（遮盖力 $10.25g/m^2$）的 57.46％；当 TiO₂ 比例增加到 55％时，遮盖力为 $14.61g/m^2$，相当于纯钛白的 70.2％；TiO₂ 比例再增至 65％，复合颜料遮盖力为 $12.55g/m^2$，已接近纯 TiO₂ 的指标。绢云母-TiO₂ 复合颜料的白度随 TiO₂ 比例增加而提高。在 TiO₂ 比例为 65％时最高，达 90.2％；吸油量除在 TiO₂ 比例 25％时偏低外，其余条件的变化不大。显然，绢云母-TiO₂ 复合颜料已具有和钛白粉相当的性能指标。

3. 绢云母-TiO₂ 复合颜料的紫外线吸收特性

图 8-7 是绢云母-TiO₂ 复合颜料（TiO₂ 为金红石型，复合比例 35％）低固含量（＜0.5％）水悬浮液的光透过性及与金红石型钛白粉的对比，据此可初步评判绢云母-TiO₂ 复合颜料的光性能，特别是紫外线屏蔽和抗紫外线老化性能。

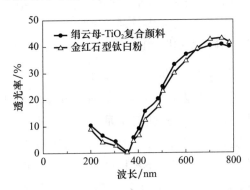

图 8-7　绢云母-TiO₂复合颜料和金红石型钛白粉水悬浮液的光透过率

从图 8-7 看出，绢云母-TiO₂ 复合颜料水悬浮液对波长小于 400nm 紫外光的透过率很低，最低仅 0.2％～0.1％，表明其对紫外线具有强烈的吸收屏蔽作用，而绢云母-TiO₂ 复合颜料对可见光的透过率较大。将绢云母-TiO₂ 复合颜料与金红石型钛白粉对比表明，二者的光吸收行为基本一致，说明绢云母-TiO₂ 复合颜料具有和钛白粉相当的紫外线吸收屏蔽作用和抗紫外线老化性能。

8.3.3　绢云母与锐钛矿型 TiO₂ 的复合

1. 绢云母-TiO₂ 共研磨过程搅拌磨转速的影响

按图 8-1 流程，将绢云母和 TiO₂（质量比 65∶35）混合，按固含量 45％、介质物料比 4∶1、分散剂用量 0.3％和研磨时间 30min 的试验条件，通过改变搅拌磨转速进行了制备绢云母-TiO₂ 复合颜料的试验，所得绢云母-TiO₂ 复合颜料的遮盖力和吸油量的变化示于图 8-8。

从图 8-8 看出，随搅拌磨转速增大，绢云母-TiO₂ 复合颜料的遮盖力先降低后提高，其中在转速 1000～1400r/min 时，遮盖力降低至 $21g/m^2$ 以下，达到所用 TiO₂ 的 68％以上，表明绢云母与锐钛矿型 TiO₂ 复合效果显著。当搅拌磨转速大于 1400r/min 时，绢云母-TiO₂ 复合颜料的遮盖力值较大幅度提高，即遮盖力变差。图 8-8 还显示，绢云母-

TiO_2复合颜料的吸油量随转速的提高变化较小。综合试验结果，认为搅拌磨转速 1000r/min 可作为优化条件，所得绢云母-TiO_2复合颜料遮盖力和吸油量分别为 20.67g/m² 和 34.2g/100g，遮盖性约达到所用 TiO_2 的 70%，说明已初步形成了类似 TiO_2 的颜料性能。

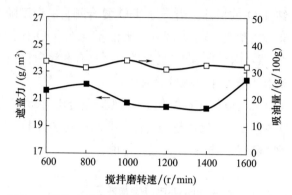

图 8-8　搅拌磨转速对绢云母-TiO_2复合颜料性能的影响

2. 绢云母-TiO_2共研磨过程介质物料比的影响

绢云母与锐钛矿型 TiO_2（质量比 65 : 35）共研磨过程介质物料比的影响示于图 8-9，试验其他条件为料浆固含量 45%，分散剂用量 0.3%，研磨时间 30min，搅拌磨转速 1000r/min。结果显示，随介质物料比从 2.6 到 6 之间逐渐增加，复合产物遮盖力呈先增加、后减小、再增大的现象，并在介质物料比 4.5 时达到最小，说明该条件下绢云母-TiO_2复合颜料的遮盖力最佳。绢云母-TiO_2复合颜料的吸油量随介质物料比增加呈先增大、后减小现象，但影响幅度不大。显然，应保持介质物料比为 4.5。

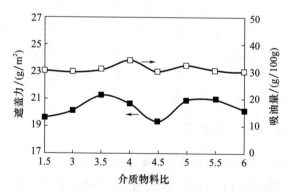

图 8-9　介质物料比对绢云母-TiO_2复合颜料性能的影响

3. 绢云母-TiO_2共研磨时间的影响

在绢云母与 TiO_2共研磨体系中，进行了研磨时间对所制备复合产物颜料性能的影响试验，结果示于图 8-10。试验时介质物料比为 4.5，其他条件与 8.3.3.2 相同。

结果表明，随研磨时间增加，绢云母与 TiO_2复合产物的遮盖力值先降低，而后又提高，吸油量则逐渐升高。当研磨时间为 45min 时，遮盖力和吸油量值均最小，故得到优化的研磨时间为 45min。

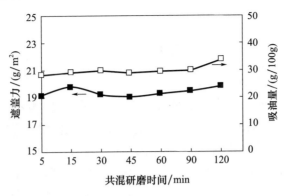

图 8-10　研磨时间对颜料性能的影响

4. TiO₂复合比例的影响

图 8-11 为改变 TiO₂复合比例对绢云母-TiO₂复合颜料性能影响的结果。除 TiO₂比例为变量外，试验其他条件与 8.3.3.3 相同。从图 8-11（a）看出，随 TiO₂复合比例的增加，所得绢云母-TiO₂复合颜料的遮盖力逐渐增强，其中 TiO₂复合比例 40％复合颜料遮盖力为 16.98g/m²，达到纯钛白（遮盖力 14.44g/m²）的 85％；TiO₂复合比例 50％复合颜料遮盖力为 15.29g/m²，达到纯钛白的 94％。TiO₂比例再增加，绢云母-TiO₂复合颜料与纯锐钛矿型 TiO₂的遮盖力趋同。图 8-11（a）还显示，随 TiO₂复合比例增加，绢云母-TiO₂复合颜料遮盖力提升比例先大幅增加，然后减小，其中 TiO₂比例 35％时，复合颜料遮盖力为纯 TiO₂的 83.95％，在 TiO₂比例 35％基础上提升了 48.95％，达最高值。TiO₂比例在 45％～50％范围时，提升比例为 43％～45％，也保持了较高值。上述结果说明，绢云母具有显著提升 TiO₂颜料性能的作用，并在减少 TiO₂用量的前提下使绢云母-TiO₂复合颜料具有了和锐钛矿型 TiO₂相当的颜料性能。

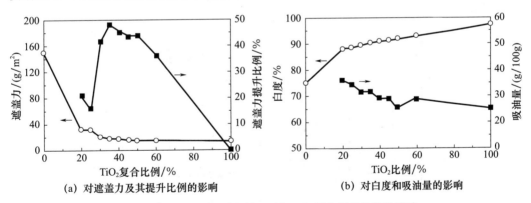

(a) 对遮盖力及其提升比例的影响　　(b) 对白度和吸油量的影响

图 8-11　TiO₂复合比例对绢云母-TiO₂复合颜料性能的影响

绢云母-TiO₂复合颜料与绢云母原料相比，其白度也显著提高。从图 8-11（b）可见，TiO₂复合比例 20％复合颜料的白度为 87.8％，比绢云母原料（白度 74.9％）提高 12.9 个百分点；随 TiO₂比例从 20％再提高，复合颜料白度小幅增加；TiO₂比例提升至 35％，白度增加到 90.1％；TiO₂比例 50％和 60％，白度分别为 91.6％和 92.7％。图 8-11（b）还显示，绢云母-TiO₂复合颜料的吸油量随 TiO₂复合比例的增加而逐渐减小，并逐渐

接近纯 TiO_2 的水平。

8.3.4 绢云母-TiO_2复合颜料结构与形貌表征

1. 物相和化学成分分析

图 8-12（a）和图 8-12（b）分别是绢云母和绢云母-TiO_2复合颜料（TiO_2为金红石型，复合比例 35%）的 XRD 谱。可看出，绢云母-TiO_2复合颜料的 XRD 谱中除绢云母外，还出现了金红石的特征衍射峰，包括金红石（110），（101），（111），（211）和（220）各晶面［对应的 d 值（$\times 10^{-1}$ nm）分别为 3.248，2.489，2.187，1.687 和 1.624］的衍射峰，且强度大。由于绢云母和 TiO_2 的复合未导致新的物相出现，所以认为二者的有效复合作用产生于界面区域。

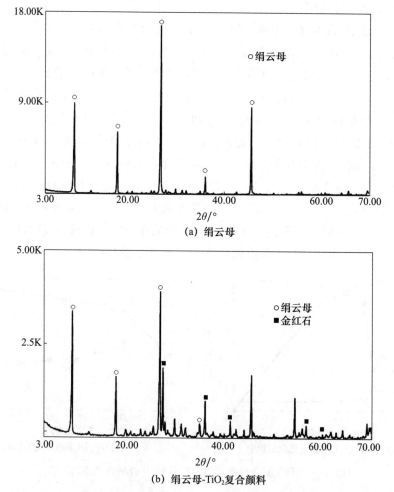

(a) 绢云母

(b) 绢云母-TiO_2复合颜料

图 8-12　绢云母和绢云母-TiO_2复合颜料的 XRD 谱

采用化学分析方法，对绢云母和绢云母-TiO_2复合颜料进行了主要组成元素的化学分析，结果列于表 8-1。其中，绢云母未检出 TiO_2，而绢云母-TiO_2复合颜料中 TiO_2 含量为 32.25%，与制备时加入比例（35%）相吻合。

表 8-1　绢云母和绢云母-TiO₂复合颜料主要化学成分（%）

产物名称	SiO_2	K_2O	Fe_2O_3	TiO_2
绢云母	49.72	9.28	2.22	—
绢云母-TiO₂复合颜料	38.24	7.07	0.83	32.25

2. 微观形貌

图 8-13 是绢云母及绢云母-TiO₂复合颜料的 SEM 照片。可以发现，绢云母基体呈片状，解理完整，外形较规则，表面光滑洁净，基本没有覆盖物。而将绢云母分别与金红石型和锐钛矿型 TiO₂复合后，所得绢云母-TiO₂复合颜料颗粒表面出现了形状规则、分布均匀的细小颗粒物，这使绢云母表面由光滑变成粗糙（图 8-13（b）～图 8-13（e））。显然，这是由 TiO₂颗粒在绢云母表面覆盖而导致。另外，未见大量单独存在的 TiO₂颗粒及团聚体。以上结果证实了 TiO₂对绢云母的良好包覆效果。

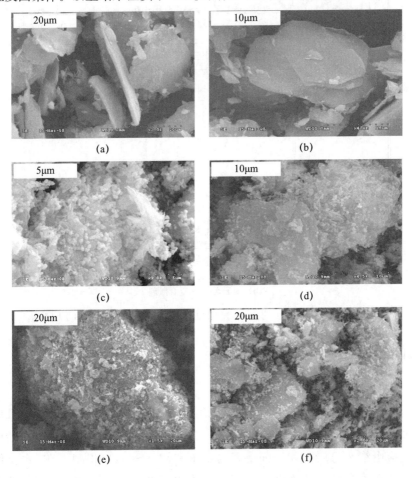

图 8-13　绢云母和绢云母-TiO₂复合颜料的 SEM 照片

（a）、（b）绢云母基体；（c）、（d）分别为 TiO₂复合比例 35% 和 45% 的绢云母-TiO₂复合颜料（TiO₂为金红石型）；

（e）、（f）分别为 TiO₂复合比例 35% 和 45% 的绢云母-TiO₂复合颜料（TiO₂为锐钛矿型）

图 8-14 为绢云母-TiO_2复合颜料（TiO_2为锐钛矿型，复合比例 35％）和绢云母基体的 EDS 谱。可以发现，绢云母基体表面主要由其矿物组成元素 Al、Si、K 和 O 等组成，而绢云母-TiO_2复合颜料的 EDS 谱图中除出现上述元素外，还出现了强度较大的 Ti 元素谱峰，同时 K 的谱峰强度显著降低。显然这是 TiO_2在绢云母表面覆盖并遮掩表面组分 K 所致，说明 TiO_2对绢云母实现了有效包覆。

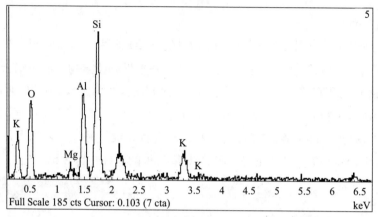

(a) 绢云母

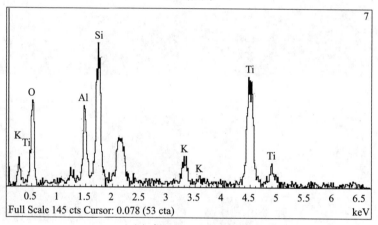

(b) 绢云母-TiO_2复合颜料

图 8-14 绢云母与绢云母-TiO_2复合颜料（TiO_2为锐钛矿型）的 EDS 谱

8.3.5 绢云母与 TiO_2颗粒间的复合机理

1. 红外光谱分析

绢云母基体和绢云母-TiO_2复合颜料（TiO_2为锐钛矿型）的红外光谱（FTIR）示于图 8-15。从中可以看出，绢云母基体谱图上 3625.51cm^{-1}位置出现了 OH^-的伸缩振动吸收峰，它应由绢云母层面和端面暴露的不饱和键（Si—O 和 Al—O）水化作用而形成[4]。由于八面体中与 Al 配位的结构羟基（约在 3700cm^{-1}处）并未出现，说明八面体组分未显著暴露。由此推断，绢云母的表面应主要沿结构层方向的解理所形成（与 SEM 的观察相同），因而 3625.51cm^{-1}位置的峰应主要源于层解理面上的 Si—O 键水化羟基，而非端面不饱和键 Al—O 的水化羟基。绢云母谱图 987.37cm⁻¹ 和 811.88cm⁻¹ 位置还出现了 Si—O—Si 键的不对称伸缩振动吸收峰[20]。绢云母-TiO₂复合颜料谱图中在 3623.59cm⁻¹ 和低于 3500cm⁻¹ 处出现两个峰，且后者显著宽化。经与 TiO₂谱图对比认为，这应是绢云母表面 Si—OH（3625.51cm⁻¹ 位置）和 TiO₂表面 Ti 水化羟基（Ti—OH，3438cm⁻¹）之间发生缩合反应并形成 Si—O—Ti 新化学键的结果[21]。Si—O—Ti 键的形成还使绢云母结构中 Si—O—Si 的吸收峰由 987.37cm⁻¹ 和 811.88cm⁻¹ 分别移至 1031.73cm⁻¹ 和 711.60cm⁻¹。红外光谱结果表明绢云母与 TiO₂之间形成了具有化学性质的结合。

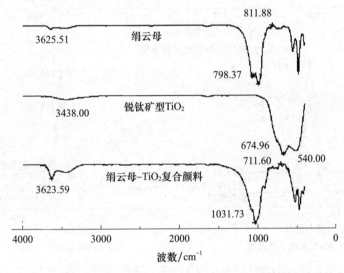

图 8-15　绢云母与 TiO₂复合前后产物的红外光谱

2. X 射线光电子能谱（XPS）分析

图 8-16 是绢云母、锐钛矿型 TiO₂和二者复合颜料反映其主要组成元素（O、Si、Ti）特征的 X 射线光电子能谱（XPS）。从图 8-16（a）可见，绢云母-TiO₂复合颜料的 XPS 谱中，表面 O_{1s} 的电子结合能为 532.11eV，与绢云母和 TiO₂表面 O_{1s} 结合能 532.30eV 和 529.94eV 相比，位移值分别为 -0.19eV 和 2.17eV。图 8-16（b）和图 8-16（c）显示，绢云母-TiO₂复合颜料的 XPS 谱中 Si_{2p} 和 Ti_{2p} 的结合能分别为 102.70eV 和 458.80eV，与绢云母的 Si_{2p}（结合能 102.81eV）和 TiO₂的 Ti_{2p}（结合能 458.65eV）相比，分别位移 -0.11eV 和 0.15eV。可以发现，XPS 谱中源自 TiO₂的 Ti_{2p} 和 O_{1s} 的电子结合能在绢云母与 TiO₂颗粒复合后发生了较大位移，源自绢云母的 Si_{2p} 和 O_{1s} 的电子结合能在复合后也发生了一定程度的位移。这说明绢云母与 TiO₂二者复合前后，这些表面元素的化学环境发生了显著变化，即在它们之间存在化学性质的结合。该结果与红外光谱的分析一致。

由此得到在机械力研磨制备复合颜料过程中，绢云母与 TiO₂在颗粒界面间作用机制的示意（图 8-17）。

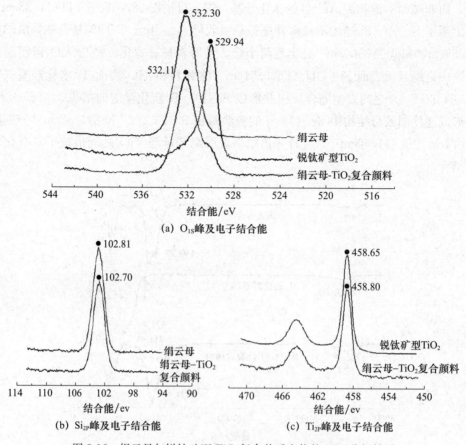

图 8-16　绢云母与锐钛矿型 TiO_2 复合前后产物的 XPS 分析结果

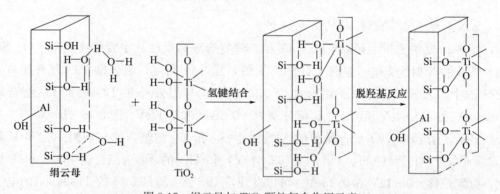

图 8-17　绢云母与 TiO_2 颗粒复合作用示意

8.4　绢云母-偏钛酸研磨和煅烧制备复合颜料研究

8.4.1　制备过程工艺条件的影响

按图 8-2 流程，开展了以绢云母-偏钛酸共研磨和研磨产物煅烧手段制备绢云母-

TiO$_2$复合颜料的研究，对制备过程绢云母-偏钛酸研磨时球料比、TiO$_2$复合比例和研磨产物煅烧温度的影响进行了试验考察。

1. 绢云母-偏钛酸共研磨时球料比的影响

通过改变绢云母-偏钛酸研磨时球料比制备了绢云母-TiO$_2$复合颜料。试验过程其他条件为：TiO$_2$复合比例（由偏钛酸换算）50%，湿法研磨体系 pH 为 3，研磨时间 30min，研磨产物煅烧温度 900℃，保温时间 2h。图 8-18 给出了球料比分别为 0，1，2 和 3 时所制备的绢云母-TiO$_2$复合颜料的涂膜对比率和吸油量值。

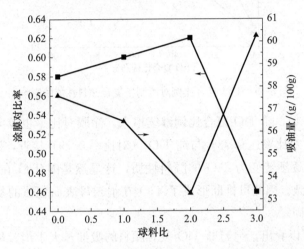

图 8-18　绢云母-偏钛酸共研磨时球料比对所制备复合颜料性能的影响

从图 8-18 中可看出，随着球料比从 0 到 2 逐渐增大，所制备的绢云母-TiO$_2$复合颜料的涂膜对比率逐渐增大，吸油量逐渐降低，说明颜料性能逐渐提高。当球料比增至 3 时，对比率和吸油量分别出现较大幅度降低和提高，说明颜料性能变差。显然，绢云母-偏钛酸研磨时球料比对复合颜料性能的影响更加明显，但它应保持合理值，而不宜过小或过大。这是因为球料比较小（甚至是不加研磨球）则难以驱动绢云母和偏钛酸形成有序的复合结构、促进二者在界面间形成牢固结合；而球料比过大，往往又使绢云母和偏钛酸已形成的复合粒子被剥离，进而导致二者间的有序复合结构被破坏，界面结合作用减弱甚至消失。

根据试验结果，选择料球比为 2 作为优化条件。此条件下，所制备的绢云母-TiO$_2$复合颜料的涂膜对比率为 0.62，吸油量为 53.28g/100g。

2. TiO$_2$复合比例的影响

图 8-19 是通过改变 TiO$_2$复合比例（40%，50%，60% 和 70%）制备的绢云母-TiO$_2$复合颜料的涂膜对比率、吸油量及与绢云母（TiO$_2$复合比例 0）和纯 TiO$_2$（TiO$_2$比例 100%，偏钛酸 900℃煅烧）的对比。绢云母-偏钛酸共研磨时球料比为 2，体系 pH 为 3，研磨时间 30min，研磨产物煅烧温度 900℃，保温时间 2h。

图 8-19 显示，绢云母的涂膜对比率仅为 0.11，说明遮盖力很弱，这是因绢云母本身低折射率所致。将 TiO$_2$以复合比例 40% 与绢云母复合，所得绢云母-TiO$_2$复合颜料涂

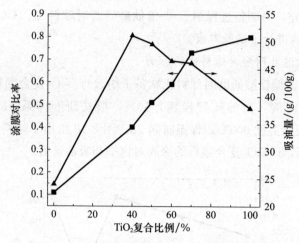

图 8-19　TiO₂复合比例对所制备复合颜料性能的影响

膜对比率增加至 0.40。随 TiO₂复合比例继续增大，涂膜对比率也较大幅度提高。当复合比例为 70％时，对比率达 0.73，与纯 TiO₂（对比率 0.79）接近，说明绢云母通过与 TiO₂的复合使自身逐渐转变为 TiO₂的颜料性质，这显然是因 TiO₂在绢云母-TiO₂复合颜料中外向展示所致。因此可推断形成了 TiO₂在绢云母表面包覆的复合结构，并且该复合结构稳定、牢固。

从图 8-19 还可以看出，绢云母-TiO₂复合颜料的吸油量大于绢云母的吸油量，且呈现出随 TiO₂复合比例增大、吸油量不断减小的现象。当 TiO₂比例为 70％时，复合颜料的吸油量为 42.12g/100g。

3. 绢云母-偏钛酸研磨产物煅烧温度的影响

偏钛酸为含水的非晶相 TiO₂，结构式为 $TiO_2 \cdot nH_2O$，将绢云母-偏钛酸研磨产物在高温下煅烧一方面可使其中的 TiO₂由非晶相转化为晶相（该煅烧温度下绢云母不发生相变），另一方面也对绢云母与 TiO₂形成具有化学性质的界面结合起促进作用（发生脱羟基反应）。图 8-20 是绢云母-偏钛酸和和偏钛酸（TiO₂比例 70％）分别在温度 800℃和 900℃下煅烧所得复合颜料的涂膜对比率、吸油量及与偏钛酸煅烧产物的对比。

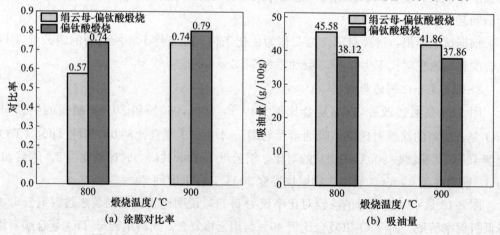

（a）涂膜对比率　　　　　　　　　　（b）吸油量

图 8-20　绢云母-偏钛酸和偏钛酸不同温度煅烧产物的颜料性能

从图 8-20（a）可以看出，温度 800℃煅烧所得绢云母-TiO₂复合颜料的涂膜对比率为 0.57，遮盖能力较弱，这应是较低的煅烧温度致使 TiO₂转化为晶相的程度也较低所致。将煅烧温度提高至 900℃，产物对比率增至 0.74，表明遮盖力大幅度增强，这显然是提高煅烧温度使 TiO₂晶相转化程度也随之提高的结果。

图 8-20（a）还显示，虽然绢云母-TiO₂复合颜料的涂膜对比率比相同温度偏钛酸煅烧产物低，但差别随煅烧温度不同而不同。其中温度 800℃时二者对比率相差较大，前者比后者低 0.17（0.57～0.74），这不仅是二者 TiO₂的含量存在差别，而且是煅烧温度低导致 TiO₂与绢云母间结合程度弱，从而没能发挥复合结构的优势所致。而煅烧温度提高至 900℃，所得绢云母-TiO₂复合颜料与偏钛酸煅烧产物涂膜对比率仅相差 0.05（0.74～0.79），这显然是煅烧温度升高使 TiO₂晶化程度提高、与绢云母复合程度提高，并由此使绢云母-TiO₂复合颜料性质更趋向 TiO₂所致。

从图 8-20（b）看出，绢云母-TiO₂复合颜料的吸油量小于相同温度偏钛酸煅烧产物，但煅烧温度 900℃时二者的差异较小（分别为 41.89g/100g 和 37.86g/100g），表明绢云母-TiO₂复合颜料更趋近于 TiO₂的性质。显然，与煅烧温度 800℃相比，选择煅烧温度 900℃的效果更好。

8.4.2　绢云母-TiO₂复合颜料性能及其对比

图 8-21 是优化条件下（TiO₂复合比例 70%，煅烧温度 900℃）所制备的绢云母-TiO₂复合颜料主要性能（涂膜对比率、吸油量）与绢云母、纯 TiO₂（偏钛酸 900℃煅烧产物）和工业金红石型钛白粉的对比。结果显示，绢云母-TiO₂复合颜料的涂膜对比率为 0.74，远大于绢云母（0.11），分别达到纯 TiO₂ 和钛白粉（对比率为 0.79 和 0.82）的 93.67% 和 90.24%，表明已接近颜料级 TiO₂的性能。再考虑到绢云母-TiO₂复合颜料中 TiO₂占比为 70%，比纯 TiO₂和钛白粉节约 30% 这一因素，所以认为绢云母-TiO₂复合颜料显著提升了 TiO₂的性能，即绢云母通过复合产生了对 TiO₂颜料性能的协同效应。

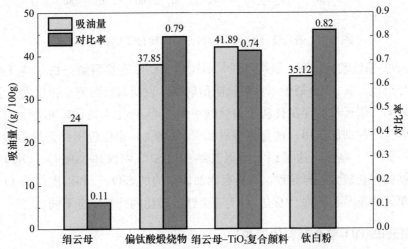

图 8-21　绢云母-TiO₂复合颜料主要性能与纯 TiO₂（偏钛酸煅烧物）和钛白粉的对比

从图 8-21 还看出，绢云母-TiO_2 复合颜料的吸油量为 41.89g/100g，比纯 TiO_2 和钛白粉的吸油量（分别为 37.85 和 35.12g/100g）略高，与绢云母（吸油量 24g/100g）差异较大，也说明绢云母-TiO_2 复合颜料已具有了和 TiO_2 相当的性能。

8.4.3 绢云母-TiO_2 复合颜料的物相

图 8-22 是绢云母、纯 TiO_2（偏钛酸 900℃ 煅烧产物）和采用绢云母-偏钛酸共研磨、煅烧手段制备的绢云母-TiO_2 复合颜料的 X 射线粉晶衍射谱（XRD）。从中可以看出，绢云母 XRD 谱中峰强度高的衍射峰均来自绢云母矿物，说明其纯度很高。这些强衍射峰也都出现在绢云母-TiO_2 复合颜料的 XRD 谱中，但强度降低，这是绢云母在复合颜料中比例降低及被 TiO_2 覆盖所致。除绢云母外，绢云母-TiO_2 复合颜料的 XRD 谱中还出现了锐钛矿和金红石的衍射峰，其中锐钛矿的峰较强，表明复合颜料中的 TiO_2 主要为锐钛矿型。即其绢云母-偏钛酸中的 TiO_2 主要转化成了锐钛矿相，而转化成金红石相的较少。

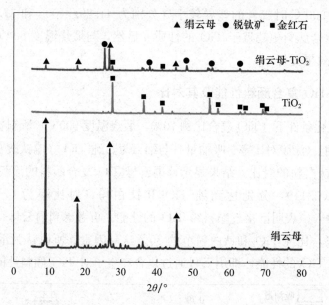

图 8-22　绢云母-TiO_2 复合颜料、绢云母和 TiO_2 的 XRD 谱

与绢云母-偏钛酸共研磨、煅烧不同，偏钛酸 900℃ 直接煅烧产物（纯 TiO_2）由单一金红石相组成，其 XRD 谱中未见锐钛矿衍射峰，说明偏钛酸完全转化成了金红石相。二者对比表明，绢云母的存在有利于偏钛酸中的 TiO_2 转化为锐钛矿相，而对其转化成金红石相有强烈的抑制作用，这与硫酸氧钛（$TiOSO_4$）原位包覆绢云母后煅烧产物的转化行为一致[13]。显然，这是绢云母因其结构（Si-O 四面体、Al-O（OH）八面体）与金红石结构存在较大差异导致，与具有四面体结构的 SiO_2[22] 和以配位 Si-O 四面体为基本结构单元的重晶石矿物[23] 促进 TiO_2 向金红石转化的行为完全不同。

8.4.4 绢云母-TiO_2 复合颜料的形貌

图 8-23 是绢云母原料、TiO_2（偏钛酸 900℃ 煅烧产物）及按 TiO_2 复合比例 40%、

50%、60%和70%制备的绢云母-TiO₂复合颜料的 SEM 照片。其中，绢云母原料（图 8-23（a））为片状集合体颗粒，大小 2～10μm，表面光滑、平整，无覆盖物。TiO₂（图 8-23（b））为大小 0.3～0.5μm 单元粒子构成的团聚体，团聚体尺度 5～20μm。绢云母-TiO₂复合颜料颗粒（图 8-23（c）～图 8-23（f））主要由绢云母表面均匀包覆细小颗粒物的复合颗粒组成，这些细小颗粒物显然是 TiO₂，并因其包覆使绢云母光滑的表面变得粗糙。

图 8-23　绢云母-TiO₂复合颜料、绢云母和 TiO₂的 SEM 照片

（a）绢云母原料；（b）TiO₂（偏钛酸 900℃煅烧产物）；（c）、（d）、（e）、（f）
分别对应 TiO₂复合比例 40%、50%、60%和70%绢云母-TiO₂复合颜料

从图 8-23（c）～图 8-23（f）还看出，TiO₂复合比例 40%时，绢云母表面约一半的区域被 TiO₂颗粒较完整覆盖，另一半则零散附着 TiO₂粒子。TiO₂复合比例提高至50%，绢云母表面被 TiO₂覆盖的区域显著增大（目测约占总面积的 70%～80%）。当TiO₂复合比例再提高至 60%和70%时，绢云母表面几乎完全被 TiO₂颗粒覆盖，并且分布均匀。由于 TiO₂包覆程度越高，其复合颗粒就越趋向于 TiO₂的性质，即颜料性能就

越好，因此 SEM 的结果与图 8-19 所反映的 TiO_2 复合比例对所制备复合颜料遮盖力的影响行为一致。

另外，将图 8-23（c）～图 8-23（f）和图 8-23（b）对比还发现，绢云母-TiO_2 复合颜料中附着在绢云母表面的 TiO_2 单元颗粒粒度与偏钛酸直接煅烧所得 TiO_2 的单元粒度基本一致，不同的是，前者 TiO_2 颗粒间呈良好分散状态，而后者团聚严重。这显然是绢云母-偏钛酸研磨导致二者形成有序分布和界面结合而对 $TiO_2 \cdot nH_2O$ 脱水、晶转和粒子聚集行为产生影响的结果，与无定形 SiO_2 负载微纳米 TiO_2 使后者粒子尺度降低和颗粒间分散性提高[22,24]的结果一致。对偏钛酸直接进行煅烧时，由于缺乏基体的影响作用，所以生成的晶相 TiO_2 形成了较大尺度的聚集体。

图 8-24 是绢云母-偏钛酸研磨产物（TiO_2 比例 40%～70%）和偏钛酸的 SEM 照片。从中可以看出，在绢云母-偏钛酸研磨产物中，已形成了偏钛酸粒子对绢云母的包覆，包覆程度随偏钛酸比例的增加而提高，且偏钛酸粒子分散性也较好，这与所对应的绢云母-TiO_2 复合颜料中绢云母被覆盖的行为一致。显然，绢云母-TiO_2 复合颜料是绢云母-偏钛酸研磨产物经煅烧而在原位形成。从图 8-24（e）可见，煅烧前偏钛酸的分散性明显好于煅烧后产物［图 8-23（b）］，即在无绢云母存在时，偏钛酸直接煅烧会导致产物颗粒团聚。这也证实了绢云母作为基体具有降低 TiO_2 聚集和提高其分散性的作用。

对比图 8-24 和图 8-23 还看出，绢云母-偏钛酸研磨产物中绢云母与表面附着的偏钛酸及偏钛酸粒子彼此之间的结合较为松散，而其煅烧后绢云母与 TiO_2 颗粒、TiO_2 颗粒彼此间的结合明显变得紧密，这显然是煅烧导致 $TiO_2 \cdot nH_2O$ 脱水缩聚和形成绢云母-TiO_2 颗粒间紧密结合所导致，无疑对提升绢云母-TiO_2 复合颜料性能具有十分关键的作用。

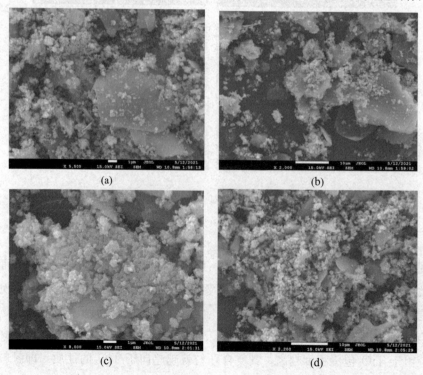

(a)　　　　　　　　　　　　　　(b)

(c)　　　　　　　　　　　　　　(d)

(e)

图 8-24 绢云母-偏钛酸研磨产物和偏钛酸的 SEM 照片

(a)、(b)、(c)、(d) 分别对应 TiO₂比例 40％、50％、60％和 70％绢云母-偏钛酸研磨产物；(e) 偏钛酸

8.4.5 绢云母与 TiO_2 间的复合作用机理

图 8-25 为绢云母、偏钛酸及其研磨产物和绢云母-TiO₂复合颜料的红外光谱，据此可对绢云母-TiO₂复合颜料制备过程中绢云母与偏钛酸、绢云母与 TiO₂ 之间的复合作用机理进行分析讨论。在绢云母的红外光谱图中，波数 $3625cm^{-1}$ 处的吸收峰由绢云母层解理面上 Si—O—键羟基化所形成的 Si—OH 所致，$3519cm^{-1}$、$3436cm^{-1}$ 和 $3287cm^{-1}$ 位置吸收峰应为绢云母层间所含吸附水的 O—H 所产生，$1011cm^{-1}$、$543cm^{-1}$ 及 $464cm^{-1}$ 位置吸收峰是由绢云母结构中 Si—O—Si 基团[25,26]所引起。这些吸收峰反映了绢云母矿物的组成与结构特征。在偏钛酸（$TiO_2 \cdot nH_2O$）的红外光谱中，$3619cm^{-1}$、$3523cm^{-1}$ 和 $3445cm^{-1}$ 处出现了 H_2O 的 O—H 键伸缩振动产生的吸收峰，$740cm^{-1}$、$517cm^{-1}$ 和 $425cm^{-1}$ 处出现了 Ti—O 键振动吸收峰，这显示了多羟基和水分子之间缔合的特征。上述绢云母和偏钛酸的吸收峰大多均在绢云母-偏钛酸谱图出现，其中反映 O—H 键的吸收峰发生了明显位移，说明在绢云母表面的 Si—OH 和偏钛酸的结构 O—H 之间形成了氢键，并牢固结合。

绢云母-TiO₂复合颜料的红外图谱显示，与绢云母-偏钛酸相比，绢云母-TiO₂谱中反映 O—H 键的吸收峰进一步发生偏移，且峰强度增大，这是绢云母通过其表面—OH（Si—OH）和 TiO₂的表面—OH 发生化学键合形成新化学键 Si—O—Ti 的结果。上述结果与 SEM 图所反映的绢云母-偏钛酸煅烧导致绢云母和 TiO₂之间结合程度增大的结果一致。

由此可得到反映绢云母-偏钛酸共研磨和研磨产物煅烧手段制备绢云母-TiO₂复合颜料过程和机理示意，如图 8-26 所示。

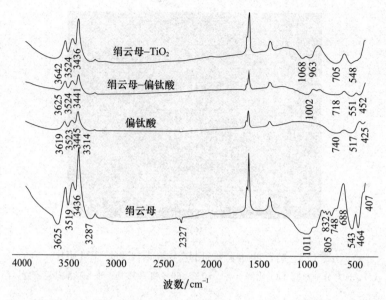

图 8-25　绢云母、偏钛酸及其研磨产物和绢云母-TiO_2复合颜料的红外光谱

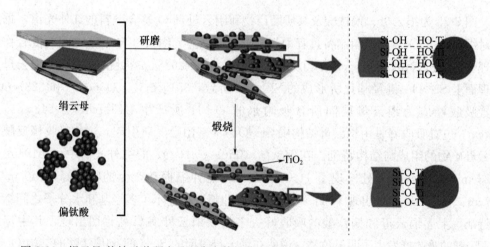

图 8-26　绢云母-偏钛酸共研磨及研磨产物煅烧制备绢云母-TiO_2复合颜料过程和机理示意

8.5　绢云母-TiO_2复合颜料在涂料中的应用研究

8.5.1　所用绢云母-TiO_2复合颜料的性能

所用绢云母-TiO_2复合颜料为液相机械力研磨方法制备，根据复合用 TiO_2 的晶型，它包括锐钛矿型和金红石型两种（代号分别为 TSP-A 和 TSP-R）。TSP-A 和 TSP-R 及对比用锐钛矿和金红石型钛白粉（TiO_2-A 和 TiO_2-R，商品代码分别为 BA101 和 R818）的性能列于表 8-2。

表 8-2　TSP-A 和 TSP-R 及对比用钛白粉性能指标

原料名称	<2μm含量（%）	白度（%）	遮盖力（g/m²）	吸油量（g/100g）	悬浮液pH	密度（g/m³）	105℃挥发物（%）	45μm筛余物（%）
TSP－A	96.73	84	18.68	26.79	6.8～8.5	3.1	0.05	0.05
TSP-R	97.10	85	15.16	27.9	6.8～8.5	3.2	0.05	0
TiO₂-A	93.58	95	15.48	23.3	6～8	3.9	0.05	0.05
TiO₂-R	96.89	94	12.16	21.4	6～8	4.1	0.05	0

从表 8-2 可见，除白度和密度外，TSP-A 和 TSP-R 的各项指标均分别与 TiO₂-A 和 TiO₂-R 相当，白度比钛白粉低是因为绢云母本身白度较低（<70%），其密度低则有利于所制备涂料的悬浮稳定和不分层。

8.5.2　绢云母-TiO₂复合颜料填充制备内墙涂料的性能

分别以 TSP-A、TiO₂-A 和 TSP-A：TiO₂-A＝4：1（质量比）混合物为颜料，将它们在涂料中分别按比例 8%、12% 和 15% 填充制备了内墙涂料。表 8-3 给出了所制备涂料的性能。

表 8-3　填充绢云母-TiO₂复合颜料和钛白粉制备内墙涂料的性能

颜料名称	代号	涂膜性能	颜料在涂料中所占比例（%）		
			8	12	15
绢云母-TiO₂复合颜料	TSP-A	对比率	0.89	0.92	0.93
		白度（%）	74.6	74.1	73.7
钛白粉（BA101）	TiO₂-A	对比率	0.89	0.93	0.94
		白度（%）	89.8	90.2	88.8
混合颜料	TSP-A：TiO₂-A＝4：1	对比率	0.90	0.93	0.95
		白度（%）	76.6	76.3	76.2

结果显示，当 TSP-A 添加量为 8% 时，所制备的涂料对比率为 0.89，与添加同比例 TiO₂-A 的涂料对比率（0.89）相同。TSP-A 填充量增至 12% 和 15% 时，涂料对比率提高至 0.92 和 0.93，二者分别达到内墙涂料国标《合成树脂乳液内墙涂料》（GB/T 9756—2018）[27] 对合格品和优等品的对比率要求（分别为≥0.90 和≥0.95），与填充同比例 TiO₂-A 的涂料对比率（0.93 和 0.94）相当。将 TSP-A 和 TiO₂-A 按质量比 4：1 制成混合颜料再填充制备涂料，填充比例 8%、12% 和 15% 涂料的对比率分别为 0.90、0.93 和 0.95，分别满足《合成树脂乳液内墙涂料》（GB/T 9756—2018）对合格品、一级品和优等品的要求（对比率分别≥0.90、≥0.93 和≥0.95）。这一指标不仅高于填充同比例 TSP-A 的指标，而且高于填充 TiO₂-A 的指标。

上述结果表明，以 TSP-A 为颜料制备内墙涂料，其遮盖性能可达到使用相同比例 TiO₂-A 的水平；若将 TSP-A：TiO₂-A＝4：1 形成混合颜料使用，则效果更佳，这是

TSP-A 具有和 TiO_2-A 相当的颜料性能的体现。从表 8-3 还发现，填充 TSP-A 及与 TiO_2-A 混合颜料所制备涂料的白度低于填充 TiO_2-A 的涂料，这可通过对绢云母预先增白等措施加以解决。

8.5.3 绢云母-TiO_2复合颜料填充制备外墙涂料的性能

分别以绢云母-TiO_2复合颜料（TSP-R，含 TiO_2 40%）、金红石型钛白粉（TiO_2-R，商品名 R818）和二者按不同比例组成的混合物为颜料制备了建筑外墙涂料，涂料对比率和白度测试结果列于表 8-4[8]。

表 8-4　TSP-R 和金红石型钛白粉填充制备外墙涂料的性能

颜料名称	代号	涂料性能	颜料在涂料中所占比例（%）					
			5	10	12	15	18	20
绢云母-TiO_2 复合颜料	TSP-R	对比率	0.62	0.79	0.82	0.88	0.89	0.90
		白度（%）	70.3	70.4	71.0	71.1	71.1	71.6
金红石型钛白粉（R818）	TiO_2-R	对比率	0.72	0.88	0.88	0.89	0.91	0.94
		白度（%）	88.5	90.0	90.4	90.5	91.0	91.1
TSP-R+TiO_2-R 混合颜料	TSP-R：TiO_2-R＝1：19（含 TSP-R 5%）	对比率			0.88	0.93	0.91	
		白度（%）			88.9	89.8	88.3	
	TSP-R：TiO_2-R＝1：3（含 TSP-R 25%）	对比率			0.89	0.94	0.93	
		白度（%）			84.6	87.0	83.6	
	TSP-R：TiO_2-R＝1：1（含 TSP-R 50%）	对比率			0.94	0.98	0.95	
		白度（%）			80.2	85.8	80.6	
	TSP-R：TiO_2-R＝4：1（含 TSP-R 80%）	对比率			0.91	0.94	0.97	
		白度（%）			76.3	78.5	78.2	

从表 8-4 中可以看出，填充相同比例 TSP-R 和 TiO_2-R 的涂料，前者的对比率低于后者，特别是填充比例较低（5%～12%）和较高（20%）时，差别更大。这与 TSP-R 的遮盖力弱于 TiO_2-R 有关，也说明单独使用 TSP-R 制备外墙涂料不是理想的应用方式。

从表 8-4 还可以发现，将 TSP-R 和 TiO_2-R 混合物作为颜料制备外墙涂料，可使涂料的对比率显著提高。结果显示，当固定混合颜料填充量时，随其中 TSP-R 比例的增加，涂料对比率呈先提高后降低的现象。当混合颜料在涂料中填充量为 12% 和 15% 时，涂料对比率在 TSP-R 比例 50% 时分别达到最大值 0.94 和 0.98，均满足外墙涂料国标《合成树脂乳液外墙涂料》（GB/T 9755—2014）[28]对优等品的对比率要求（≥0.93）。混合颜料填充量 18% 的涂料对比率在 TSP-R 比例 80% 时达到最大值 0.97。在 TSP-R 所占比例 5%～80% 范围内，涂料对比率不仅显著高于单独用 TSP-R 的对比率（比例 100%），而且也比单一使用 TiO_2-R（TSP-R 比例 0%）显著提高。上述结果证实了 TSP-R 的颜料功能及其在涂料中发挥的协同效应，同时也表明与钛白粉混合共用是

TSP-R 最理想的应用方式。

与填充 TSP-A 制备内墙涂料相似，填充 TSP-R 和填充 TSP-R 与 TiO$_2$-R 混合颜料外墙涂料的白度比添加 TiO$_2$-R 时降低，并随 TSP-R 填充量的增加而与 TiO$_2$-R 涂料的差距变大。这一问题可通过提高与 TiO$_2$复合前绢云母的白度来解决。

8.6　小结

将绢云母进行湿法超细剥磨制得与 TiO$_2$复合的基体材料，基体中绢云母片体厚度约 20～80nm，对波长 190～220nm 强紫外光具有强烈的吸收、屏蔽作用，具有通过复合作用协同提升 TiO$_2$颜料性能的基础。

采用绢云母基体和晶相 TiO$_2$（金红石和锐钛矿型）湿法研磨方法，制备了具有与钛白粉性能相当的绢云母-TiO$_2$复合颜料。其中，金红石型 TiO$_2$占比 65％复合颜料遮盖力为 12.55g/m^2，锐钛矿型 TiO$_2$占比 50％复合颜料遮盖力为 16.71g/m^2，与所用同类型钛白粉（分别为 10.25g/m^2 和 14.44g/m^2）接近。绢云母-TiO$_2$复合颜料吸油量与钛白粉相当，白度最高为 92.7％。绢云母-金红石型 TiO$_2$复合颜料具有和金红石型钛白粉相当的强烈吸收紫外线作用。

采用绢云母-偏钛酸共研磨和研磨产物煅烧方法制备了绢云母-TiO$_2$复合颜料，它具有和 TiO$_2$相当的颜料性能，其涂膜对比率 0.74，吸油量 41.89g/100g，与纯 TiO$_2$（偏钛酸煅烧产物，涂膜对比率 0.79，吸油量 37.85g/100g）和钛白粉（涂膜对比率 0.82，吸油量 35.12g/100g）接近。

采用绢云母-TiO$_2$共研磨和绢云母-偏钛酸共研磨及研磨产物煅烧方法制备的绢云母-TiO$_2$复合颜料均以绢云母表面均匀包覆 TiO$_2$、绢云母和 TiO$_2$之间形成牢固化学结合为特征。

绢云母-TiO$_2$复合颜料（TSP-A，TiO$_2$为锐钛矿型；TSP-R，TiO$_2$为金红石型）与钛白粉复配使用是其在涂料中理想的应用方式。其中，使用 TSP-A 的内墙涂料涂膜对比率与使用锐钛矿型钛白粉一致；使用 TSP-A 占比 80％、钛白粉占比 20％混合颜料的涂料对比率高于单独使用 TSP-A 和钛白粉的涂料；使用 TSP-R 和金红石型钛白粉各占比 50％混合颜料的涂料对比率高于单独使用 TSP-R 和金红石型钛白粉的涂料。

参考文献

[1] 丁浩，邹蔚蔚. 中国绢云母资源综合利用的现状与前景 [J]. 中国矿业，1996（4）：14-17.

[2] 丁浩，邓雁希，阎伟. 绢云母质功能材料的研究现状与发展趋势 [J]. 中国非金属矿工业导刊，2006（增刊）：171-175.

[3] YU LIANG, HAO DING, FEN CHEN. Preparation of nano-scale piece of sericite by using mechanical exfoliation method and ultrasonic method [J]. Applied Mechanics and Materials，2013，268-270：184-188.

［4］ YU LIANG, HAO DING, YUEBO WANG, et al. Intercalation of cetyl trimethylammonium ion into sericite in the solvent of dimethyl sulfoxide ［J］. Applied Clay Science, 2013, 74: 109-114.

［5］ 侯喜锋, 丁浩, 杜高翔, 等. 机械力化学法制备绢云母/TiO_2复合颗粒材料的机理研究及表征［J］. 北京工业大学学报, 2013, 39 (9): 1413-1419.

［6］ 许霞, 丁浩, 王柏昆, 等. 绢云母-TiO_2复合颗粒的制备与应用［J］. 中国粉体技术, 2010, 16 (6): 29-32.

［7］ 丁浩, 许霞, 杜高翔, 等. 机械力化学包覆制备绢云母/TiO_2复合颗粒材料及其性能研究［J］. 功能材料, 2008, 39 (增刊): 442-445.

［8］ 丁浩, 林海, 邓雁希, 等. 矿物-TiO_2微纳米颗粒复合与功能化［M］. 北京: 清华大学出版社, 2016.

［9］ 蔡燎原, 沈发奎. 绢云母的偏光屏蔽效应在聚丙烯 (PP) 复合材料中的应用［J］. 中国非金属矿工业导刊, 1999 (05): 45-50.

［10］ 韩利雄, 严春杰, 陈洁渝, 等. 白色绢云母珠光颜料制备及表征［J］. 非金属矿, 2007, 30 (2): 27-29.

［11］ 任敏, 殷恒波, 王爱丽, 等. 纳米金红石型 TiO_2 沉积制备云母钛纳米复合材料及其光学性质［J］. 中国有色金属学报, 2007, 17 (6): 945-950.

［12］ YUN Y H, HAN S P, LEE S H, et al. Surface modification of sericite using TiO_2 powders prepared by alkoxide hydrolysis: Whiteness and SPF indices of TiO_2-adsorbed sericite ［J］. Journal of Materials Synthesis and Processing, 2002, 10: 359-365.

［13］ YU L, WANT C, GUANG Y, et al. Preparation and characterization of TiO_2/sericite composite material with favorable pigments properties ［J］. Surface Review and Letters, 2019, 26 (8): 1950039: 1-12.

［14］ 陈华富. 偏钛酸与绢云母颗粒复合及其颜料性能研究［D］. 北京: 中国地质大学 (北京), 2021: 3-9.

［15］ 中华人民共和国国家质量监督检验检疫总局, 中国国家标准化管理委员会. 颜料和体质颜料通用试验方法 第 15 部分: 吸油量的测定: GB/T 5211.15—2014 ［S］. 北京: 中国标准出版社, 2014: 1.

［16］ 中华人民共和国国家发展与改革委员会. 颜料遮盖力测定法: HG/T3851—2006 ［S］. 北京: 化学工业出版社, 2006: 1.

［17］ WANT C, YU L, XIF H, et al. Mechanical Grinding Preparation and Characterization of TiO_2-Coated Wollastonite Composite Pigments ［J］. Materials, 2018, 11 (04), 0593: 1-11.

［18］ SIJIA S, HAO D, XIF H, et al. Effects of organic modifiers on the properties of TiO_2-coated $CaCO_3$ composite pigments prepared by the hydrophobic aggregation of particles ［J］. Applied Surface Science, 2018, 456: 923-931.

［19］ 国家市场监督管理总局, 国家标准化管理委员会. 色漆和清漆 遮盖力的测定 第 1 部分 白色和浅色漆对比率的测定: GB/T 23981.1—2019 ［S］. 北京. 中国标准出版社, 2019: 3.

［20］ GAO H, YUAN J, WANG X, et al. Mechanism of Surface Modification for Sericite ［J］. Wuhan University of Technology-Materials Science Edition, 2007, 22: 470-472.

［21］ NINNESS B J, BOUSFIELD D W, TRIPP C P. Formation of a thin TiO_2 layer on the surfaces of silica and kaolin pigments through atomic layer deposition ［J］. Colloids and Surfaces A, 2003,

214：195-204.

[22] SUN S，DING H，WANG J，et al. Preparation of microsphere SiO₂/TiO₂ composite pigment：The mechanism of improving pigment properties by SiO₂ [J]. Ceramics International，2020，46：22944-22953.

[23] HONG ZHOU，MENGMENG WANG，HAO DING，et al. Preparation and Characterization of Barite/TiO₂ Composite Particles [J]. Advances in Materials Science and Engineering，2015，2015：878594：1-8.

[24] 孙思佳. 微纳米 TiO₂复合 SiO₂和 CaCO₃功能材料制备及应用性能研究 [D]. 北京：中国地质大学（北京），2021：3-12.

[25] KLOPROGGE J. T.，FROST R. L.，HICKEY L. Infrared absorption and emission study of synthetic mica-montmorillonite in comparison to rectorite，beidellite and paragonite [J]. Journal of Materials Science Letters，1999，8：1921-1923.

[26] WENG-LIP L，SALLEH NM，RAHMAN NAA，et al. Enhanced intercalation of organo-muscovite prepared via hydrothermal reaction at low temperature [J]. Bulletin of Materials Science，2019，42 (5)：1-11.

[27] 中华人民共和国国家质量监督检验检疫总局，中国国家标准化管理委员会. 合成树脂乳液内墙涂料：GB/T 9756—2018 [S]. 北京. 中国标准出版社，2018：1.

[28] 中华人民共和国国家质量监督检验检疫总局，中国国家标准化管理委员会. 合成树脂乳液外墙涂料：GB/T 9755—2014 [S]. 北京. 中国标准出版社，2014：1.

第9章 绢云母负载纳米 TiO_2 复合光催化剂制备及其性能

9.1 引言

随着人类社会的发展，能源短缺和环境污染问题变得越来越严重，合理应对和解决这些问题多年来被世界所关注。光催化作为一种环境友好和易于实现的能源转化与环境治理技术，发展潜力广，据此而展开了大量的研究。纳米 TiO_2 作为最具代表性的光催化材料之一[1-5]，因具有无毒、催化活性高、氧化能力强、稳定性好、耐腐蚀、方便制备等特点而具有广阔的应用前景。直接使用纳米 TiO_2 粉体进行悬浮光催化氧化虽能形成有效降解污染物的作用[6]，但却因 TiO_2 颗粒微细而难以回收和再生利用，从而导致使用纳米 TiO_2 成本的增高。另外，纳米 TiO_2 往往存在较严重的团聚现象，这使其活性位点减少，光催化活性不能得到有效发挥。上述问题严重制约了纳米 TiO_2 的实际应用。采用一定的技术手段，将纳米 TiO_2 与其他载体材料复合，通过使 TiO_2 固定化和提高分散作用是解决上述问题的重要举措。

将 TiO_2 等光催化剂固定化的关键是选择适合的载体材料和相应的固载方法，以达到使载体既能与 TiO_2 牢固结合又能协同提高 TiO_2 光催化活性的目的。一般认为，良好的载体材料应具备以下条件：良好的透光性；在不影响 TiO_2 光催化活性的前提下与之牢固结合；比表面积大；对被降解物有较强的吸附性；易于固液分离；化学性质稳定。目前常用于负载 TiO_2 的载体材料主要有玻璃类[7]、金属类[8]、碳材料类[9,10]、聚合物类[11,12]、陶瓷类[13]以及矿物类材料[14-16]等。

在层状硅酸盐矿物作为载体方面，Zhou[17]等人通过水解-沉淀法制备出纳米 TiO_2/云母复合材料，大大降低了纳米 TiO_2 的团聚效应，提高了材料可回收性。Mahshid Pourmand[18]等通过液相沉积法在云母表面制备 TiO_2 纳米薄膜，薄膜饱和厚度为 500nm。姚志强[19]等以蒙脱石（MMT）为载体，$TiCl_4$ 为钛源，采用水解沉淀法制备出 TiO_2/MMT 复合材料，并对制品进行结构和形貌表征，发现 MMT 层间区域发生柱撑反应。其中纳米 TiO_2 的晶粒尺寸为 7.8nm，TiO_2 柱撑 MMT 复合光催剂的光催化活性显著提高。王丽娟等[20]通过将 $TiCl_4$ 与盐酸（HCl）混合制备钛柱化剂、钛柱化剂再与蒙脱石水悬浮液反应及产物焙烧手段制备了在蒙脱石层间柱撑纳米 TiO_2 复合颗粒，表明其对苯酚具有良好的紫外光催化降解性能。Daimei Chen 等分别以十六烷基三甲基溴化铵（CTMAB）和聚甲级环氧乙烷（POP-D2000）插层改性的蒙脱石为载体，通过在其层间柱撑纳米 TiO_2 制备了复合光催化剂[21]，显示其具有 P25 商用纳米 TiO_2 的降解亚甲基蓝性能。但上述报道的研究工作中仍然存在制备方法复杂、过程不易控制等问题。

绢云母属于层状硅酸盐矿物，其化学组成、结构类似于蒙脱石、高岭石和白云母等矿物[22]，并且具有黏土矿物在水介质和有机溶剂中分散性好的特点。绢云母颗粒微细，拥有较大的比表面积，可望成为一种合适的、负载纳米尺度光催化剂的载体。另外，天然绢云母在我国储量丰富，具有供应和成本方面的优势。基于上述背景，本章以绢云母为载体，分别采用流程简单、清洁化和绿色化特征的机械研磨法工艺和溶胶-凝胶法工艺制备复合纳米 TiO_2 光催化剂，对制备过程主要影响因素进行试验考察，对产物结构、形貌、组分及性能进行表征，对绢云母和 TiO_2 间的复合作用机理进行分析。

9.2 试验研究方法

9.2.1 原理和技术路线

机械研磨法制备绢云母表面负载纳米 TiO_2 复合光催化剂：将纳米 TiO_2 原料、绢云母和蒸馏水按一定比例混合、搅拌得到悬浮液，再将该悬浮液置于超细搅拌磨中，加入陶瓷研磨球进行湿法研磨，然后将研磨浆料固液分离、干燥、打散，得到绢云母-TiO_2 复合光催化剂。制备流程如图 9-1 所示。

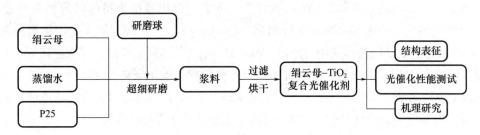

图 9-1 机械研磨制备绢云母-TiO_2 复合光催化剂流程

溶胶-凝胶法制备绢云母复合纳米 TiO_2 光催化剂：以钛酸正丁酯（$C_{16}H_{36}O_4Ti$）为 Ti^{4+} 源，采用溶胶-凝胶法，将插层改性绢云母和乙醇混合、搅拌制成分散悬浮液，向该悬浮液中滴加 $C_{16}H_{36}O_4Ti$，搅拌一段时间后，再逐滴加入由乙酰丙酮、乙醇、水按一定比例配成的混合溶液，搅拌一定时间得到绢云母复合纳米 TiO_2 的前驱体。将前驱体置于马弗炉中高温焙烧得到绢云母复合纳米 TiO_2 光催化剂。制备流程如图 9-2 所示。

9.2.2 原料和试剂

机械力研磨法制备绢云母负载 TiO_2 光催化剂所用绢云母原料为其原矿选矿提纯产物，纯度大于 90%；纳米 TiO_2 为商用产品（P25，德固赛公司产品）。溶胶-凝胶法制备绢云母-TiO_2 复合光催化剂原料为经结构改造和十六烷基三甲基溴化铵插层后的绢云母，其他试剂还有无水乙醇、乙酰丙酮、钛酸正丁酯、蒸馏水。

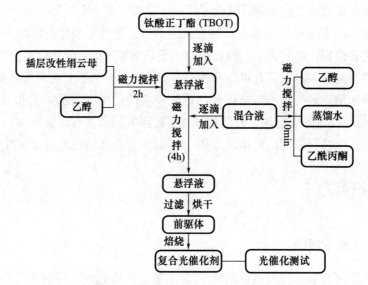

图 9-2 纳米 TiO_2 柱撑绢云母复合光催化剂制备流程

9.2.3 测试和表征方法

以主波长 254nm、功率 300W 的汞灯作为光源，以甲基橙为目标降解物对绢云母-TiO_2 复合光催化剂的光催化性能进行测试。将 50mg 绢云母-TiO_2 复合光催化剂加入到 50mL 配制好的甲基橙稀释液中［浓度（C_0）10 mg/L］得到悬浮液。将悬浮液置于光催化反应仪中，经暗反应 1h 后，开启灯源对甲基橙进行光催化降解。降解后，对悬浮液离心，取上清液测量吸光度（Cary 5000，美国 Varian 公司），再通过吸光度与浓度的关系得到溶液中甲基橙剩余浓度（C）。以 C/C_0 的变化和据此计算出的降解率［（$1-C/C_0$）$\times$ 100％］评价降解效果，对$-\ln$（C/C_0）与 t（光照时间）关系作线性回归，以其直线斜率表征光催化降解速率。

将光催化降解至终点的甲基橙悬浮液离心和固液分离后，所得沉积物低温干燥、打散，再测试光催化降解性能，视为循环 1 次。将上述过程重复，得到绢云母－TiO_2 复合光催化剂多次循环使用的降解性能。

用测试样品的 X 射线粉晶衍射（XRD）分析表征其物相组成，所用设备为德国 Bruker D8 Advance 型 X 射线粉末衍射仪，测试条件为：CuKa 靶（$\lambda=1.5418$Å），扫描范围 $10°\sim80°$，步长 $0.02°$。

通过扫描电子显微分析（SEM）对样品的形貌、复合状态、颗粒分散行为进行观察，同时结合 X 射线能谱对样品的元素组成进行分析，所用设备为日立 S-4800 型和日本电子 7001 型场发射扫描电子显微镜。

通过透射电子显微镜（TEM）对样品形貌和晶体结构进行观察，制样时将样品在乙醇溶液中充分分散，然后滴于镀有碳膜的铜网上，自然风干后进行测试。所用设备为 FEI Tecnai G2-F30 型高分辨电子显微镜。

采用德国耐驰 STA449 F3 型同步热分析仪测试样品的热失重并绘制差热曲线，通过热失重计算样品中有机物的含量。

采用 X 射线光电子能谱（XPS）手段测试样品中各元素原子的电子结合能，以此分析各元素的价态变化和复合材料的界面结合机理。所用设备为美国赛默飞世尔公司的 Escalab 250xi 型 X 射线光电子能谱仪，以单色 Al Kα 为 X 射线源，以 C 1s（248.8eV）作为标准进行数据校正，通过 XPS peak 软件对高分辨 XPS 图谱进行分峰处理。

通过测试样品的红外光谱对表面官能团进行分析。测试时以 120℃ 烘干的 KBr 作为背景，将待测样品粉末与 KBr 研磨均匀、压片后进行测试，测试范围为 4000～400cm⁻¹。所用设备为上海 PerkinElmer 红外光谱仪。

9.3　湿法研磨制备绢云母负载纳米 TiO₂ 复合光催化剂的研究

9.3.1　制备过程各因素的影响

对绢云母-纳米 TiO₂ 复合光催化剂制备中主要因素，包括 TiO₂ 复合比例、固含量、球料比、搅拌磨研磨速度和研磨时间的影响进行了试验考察和优化。

1. 纳米 TiO₂ 复合比例的影响

固定研磨过程悬浮液固含量为 35%、球料比 3∶1、搅拌磨研磨速度 1000r/min、研磨时间 60min。调节悬浮液中 TiO₂ 复合比例 [100%×P25/（P25＋绢云母）] 制备了绢云母-TiO₂ 复合光催化剂。图 9-3 为不同 TiO₂ 复合比例下，所得复合光催化剂在紫外光照射下降解甲基橙行为及与绢云母和 P25 的对比。

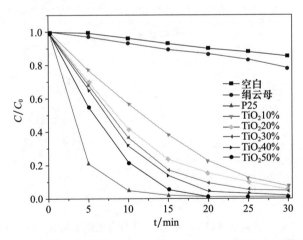

图 9-3　绢云母负载不同比例 TiO₂ 复合光催化剂的降解甲基橙性能

从图 9-3 看出，随光照时间的延长，加入绢云母的甲基橙溶液的 C/C_0 降幅很小，与空白（仅光照）条件基本一致，说明绢云母对甲基橙几乎无降解作用。而绢云母-TiO₂ 复合光催化剂则表现出较强的光催化降解效果，且 TiO₂ 复合比例的影响显著。随纳米 TiO₂ 复合比例从 10% 至 50% 逐渐增加，绢云母-TiO₂ 的降解作用逐渐增强，TiO₂ 比例 40% 和 50% 复合光催化剂光照 20min 时，甲基橙溶液的 C/C_0 分别为 0.04 和 0.01，相当于降解率 96％和 99％，而光照 30min 时两比例产物的降解率均大于 99％，显示出了强烈的光催化降解性能。相比之下，虽然 P25 的降解效率（紫外光照 10min 和 15min 降解率分别为 95％和约 99％）略高，但最终的降解效果一致。所以认为绢云母-TiO₂ 达到了与纯纳米 TiO₂ 相当的光催化降解效果，说明 TiO₂ 通过与绢云母的复合使其光催化效率显著提高，这应是纳米 TiO₂ 在绢云母表面负载而使分散性提高和二者形成界面结合作用所致。

从图 9-3 还看出，纳米 TiO₂ 比例 40％复合光催化剂在光照小于 25min 时，其对甲基橙的降解率低于 TiO₂ 比例 50％产物，但光照 30min 二者相同，均达到 99％。因此，选择纳米 TiO₂ 的负载比例为 40％。由于复合光催化剂中纳米 TiO₂ 用量被大大缩减，所以在实际应用时可明显降低成本。

2. 体系固含量的影响

通过改变研磨体系中绢云母-P25 混合悬浮液中的固含量（分别为 15％、25％、35％和 40％）制备了绢云母-TiO₂ 复合光催化剂，其他试验条件为研磨球料比 3:1，搅拌磨速度 1000r/min，研磨时间 60min，TiO₂ 复合比例 40％。图 9-4 为不同固含量条件下所制备复合光催化剂对甲基橙的降解行为及与 P25 的对比。

从图 9-4 可见，随体系固含量从 10％提高至 40％，所得绢云母-TiO₂ 复合光催化剂各产物的降解曲线基本重合在一起，且均呈现对甲基橙的强烈降解作用，紫外光照 20min 和 25min 降解率分别约为 95％和 99％，说明固含量对复合的影响作用较小。虽然绢云母-TiO₂ 的降解速率比 P25 小，但最终降解效果相同（光照 30min 基本完全降解）。综合考虑光催化效果和复合光催化剂制备效率，选择固含量 35％为优化条件。

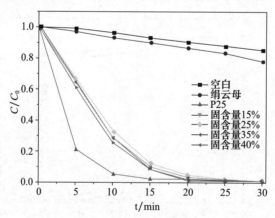

图 9-4　不同固含量下所制备绢云母-TiO₂ 复合光催化剂的降解甲基橙性能

3. 球料比的影响

图 9-5 为改变复合时球料比所制备的绢云母-TiO₂ 复合光催化剂的降解甲基橙性能。试验时悬浮液固含量为 35％，其他条件与 9.3.1.2 相同。从图 9-5 看出，球料比为 1:1 时，所得绢云母-TiO₂ 复合光催化剂紫外光照 25min 和 30min，甲基橙降解率分别达 91％和 96％，表明具有较强的光催化降解作用。随球料比从 2:1 逐渐增大至 5:1，复合光催化剂降解率比球料比为 1:1 时显著提高，但彼此间差别不大。其中球料比为

3∶1时，复合光催化剂光催化降解性能最优，紫外光照 20min 和 25min，甲基橙降解率分别达 99％和 100％，与 P25 的效果相当。所以选择球料比 3∶1 为优化条件。

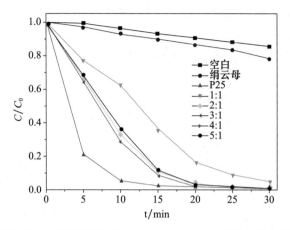

图 9-5　不同球料比条件下所制备绢云母-TiO_2复合光催化剂降解甲基橙性能

4. 研磨速度的影响

在绢云母-TiO_2悬浮液固含量 35％、搅拌磨中球料比 3∶1、研磨时间 60min、TiO_2复合比例 40％的固定条件下，通过调节搅拌磨研磨速度制备了绢云母-TiO_2复合光催化剂，其在紫外光照射下降解甲基橙性能及与 P25 的对比如图 9-6 所示。

图 9-6 显示，将搅拌磨研磨速度在 600～1200r/min 范围变化，其对绢云母-TiO_2复合光催化剂性能的影响不大，各产物降解甲基橙曲线基本重合在一起，说明降解效果和效率相当。相比之下，研磨速度为 1000r/min 时，复合光催化剂降解性能最优，且容易实现，所以选择研磨速度 1000r/min 为优化条件。

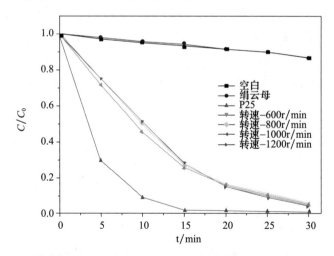

图 9-6　不同研磨速度下所制备绢云母-TiO_2复合光催化剂的降解甲基橙性能

5. 研磨时间的影响

图 9-7 为改变搅拌磨研磨时间所制备的绢云母-TiO_2复合光催化剂对甲基橙溶液的光催化降解性能及与 P25 的对比，其他固定条件为：悬浮液固含量 35％、球料比 3∶1、

研磨速度 1000r/min，TiO_2 复合比例 40%。

从图 9-7 看出，研磨时间对绢云母-TiO_2 复合光催化剂性能的影响较小，将搅拌磨研磨时间在 20~80min 范围逐渐增加，其产物降解甲基橙曲线基本重合在一起，相比之下，研磨时间为 60min 时性能最好，且容易稳定控制，故选择研磨时间 60min 为优化条件，其产物紫外光照射 30min 时甲基橙降解率接近 100%，与 P25 一致。

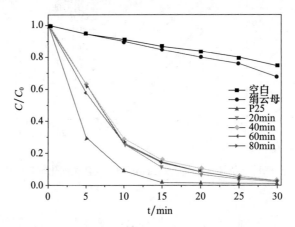

图 9-7　改变研磨时间所制备绢云母-TiO_2 复合光催化剂的降解甲基橙性能

9.3.2　绢云母-TiO_2 复合光催化剂的循环利用性能

催化剂的循环使用性能可反映其稳定性和影响实际应用成本，为此，考察了绢云母-TiO_2 复合光催化剂（优化条件下）循环降解甲基橙的使用性能，结果如图 9-8 所示。

图 9-8 显示，绢云母-TiO_2 复合光催化剂重复使用 2~5 次后，对甲基橙的降解效果与第 1 次使用效果基本一致，依然保持高的光催化降解效率，说明其光催化性能稳定和具有优异的循环使用性能。这显然是绢云母负载导致纳米 TiO_2 被牢牢固着在其表面和由此防止了 TiO_2 的流失所致，并且所形成的绢云母-TiO_2 复合光催化剂易于从水中分离。由于绢云母-TiO_2 复合光催化剂能够多次回收再利用，所以可显著节约成本。

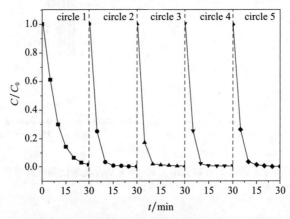

图 9-8　绢云母-TiO_2 复合光催化剂循环使用效果

9.3.3　绢云母-TiO_2复合光催化剂组分和形貌

1. XRD 分析

图 9-9 为机械研磨法制备的绢云母-TiO_2复合光催化剂（绢云母-TiO_2）及所用绢云母和 P25 原料的 XRD 谱。从中看出，绢云母-TiO_2复合光催化剂的 XRD 谱中出现了绢云母、锐钛矿和金红石的特征衍射峰，与原料对比发现，其中绢云母特征峰来自绢云母原料，锐钛矿和金红石来自 P25，说明绢云母和 TiO_2 之间的复合没有产生新物相，推断二者的结合作用发生在彼此界面区域，结合物料性质分析应为二者在界面区域内的化学或物理作用。

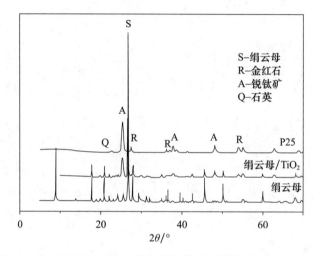

图 9-9　绢云母-TiO_2复合光催化剂及绢云母原料和 P25 的 XRD 谱

2. SEM 分析

图 9-10 为绢云母复合不同比例纳米 TiO_2 所得复合光催化剂的 SEM 照片。可以发现，绢云母原料为片状，表面光滑，无覆盖物。随 TiO_2（P25）复合比例由 10％增加到 50％，TiO_2 在绢云母上的负载程度逐渐增加，其中在 TiO_2 比例 40％ 和 50％ 时，绢云母表面几乎完全被 TiO_2 粒子覆盖。从图 9-10 还看出，负载在绢云母表面的纳米 TiO_2 粒子的分散程度也存在差别，其中在 TiO_2 比例 20％、30％ 和 40％ 产物上的分散程度较好，颗粒间团聚程度较弱，而在比例 10％ 和 50％ 产物上颗粒团聚现象严重。由于纳米 TiO_2 负载量和分散程度是决定复合光催化剂性能的关键因素，因而认为 TiO_2 比例 40％ 产物性能最优，与光催化降解性能的试验一致。

图 9-11 为绢云母分别复合 10％、20％ 和 50％ 比例纳米 TiO_2 复合光催化剂的元素面扫分布。可发现 O、Al 和 K 元素分布在扫描区内颗粒轮廓范围，反映了绢云母的属性，而 Ti 元素也均匀分布在与颗粒所处位置对应的区域，并随其产物 TiO_2 比例增加而分布密度也增加，证明 TiO_2 颗粒已在绢云母表面均匀分布和负载量随复合比例增大而增加。这与图 9-10 的结果一致。

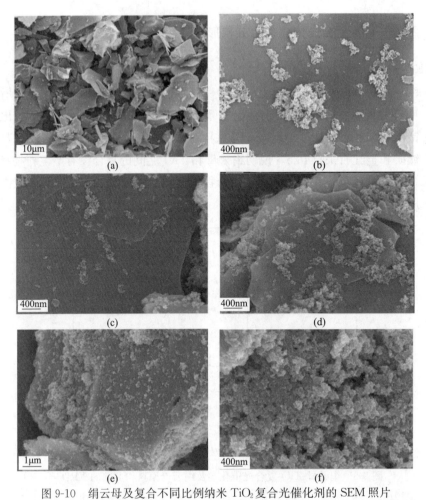

图 9-10　绢云母及复合不同比例纳米 TiO$_2$ 复合光催化剂的 SEM 照片

（a）绢云母；（b）、（c）、（d）、（e）、（f）分别对应 TiO$_2$ 比例 10％、20％、30％、40％、50％复合光催化剂

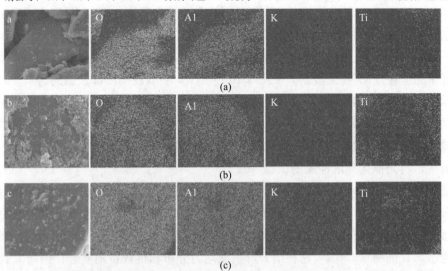

图 9-11　绢云母与不同比例纳米 TiO$_2$ 复合光催化剂的元素面扫分布

（a）10％；（b）20％；（c）50％

9.3.4 绢云母与纳米 TiO₂ 间的复合作用机理

图 9-12 为绢云母-纳米 TiO_2 复合光催化剂（绢云母-TiO_2）及所用原料的 XPS 谱图。其中，绢云母的 O 1s 高分辨谱中位于结合能 532eV 处的峰对应于 Si—O 键中的 O 原子；绢云母-TiO_2 的 O 1s 高分辨谱中位于 529.82eV 和 531.56eV 处的特征峰分别归属于 TiO_2 晶格 O 原子和绢云母 Si—O 键中的 O 原子，Ti 2p 高分辨谱中出现了位于 458.56eV 和 464.35eV 处的典型四价钛离子（Ti^{4+}）特征峰，证实 Ti 原子在 P25 及绢云母-TiO_2 中以 TiO_2 的形式存在。此外，在绢云母-TiO_2 的 Si 2p 高分辨谱中出现了对应于绢云母 Si—O 键中 Si 原子的特征峰（103.16eV）。上述结果表明绢云母与 TiO_2 已成功实现复合。然而，与绢云母原料相比，绢云母-TiO_2 中各元素的特征峰发生了如下变化：一方面，其结构中 Si—O 键中 O 原子的结合能由 532eV 显著减小至 531.56eV，另一方面，Si—O 键中 Si 原子的结合能则由 102.92eV 增大至 103.16eV，这表明绢云母中的 Si 和 O 原子的化学环境在与 TiO_2 结合后发生了变化，分析应是绢云母与 TiO_2 通过彼此表面羟基脱水缩合形成 Si—O—Ti 键所致。根据以上分析可以推断，绢云母-TiO_2 中绢云母与 TiO_2 在界面处形成了牢固的化学结合。

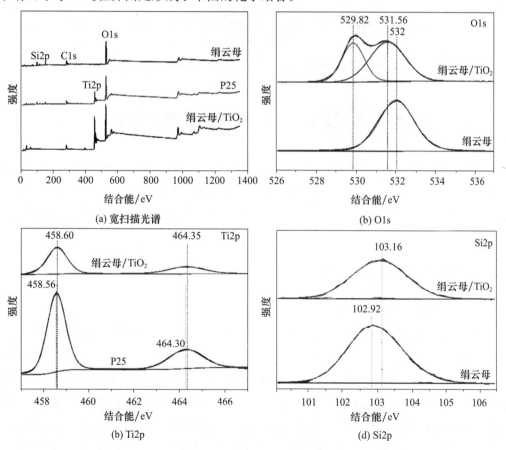

图 9-12　绢云母-纳米 TiO₂ 复合光催化剂及所用原料的 XPS 谱

图 9-13 为绢云母和绢云母-纳米 TiO_2 复合光催化剂的红外光谱（FTIR）。从中可以看出，绢云母谱图上波数 $1028cm^{-1}$、$808cm^{-1}$ 和 $473cm^{-1}$ 处反映 Si—O 键特征的吸收带在绢云母-纳米 TiO_2 复合光催化剂谱上依然存在，但强度降低和发生了明显位移，推断应是绢云母与 TiO_2 复合使 Si 的化学环境发生变化所致。另外，绢云母谱图上 $3622cm^{-1}$ 位置反映 Si—OH 的吸收峰在复合光催化剂上强度降低，并出现位移和增宽现象，推测 Si—OH 与 TiO_2 中 Ti—OH 之间形成氢键或进一步发生脱羟基反应。显然，在绢云母-TiO_2 复合光催化剂中应有稳定的—Si—O—Ti—化学键形成，即绢云母和 TiO_2 间形成了具有化学性质的牢固结合，与 XPS 的结果一致。

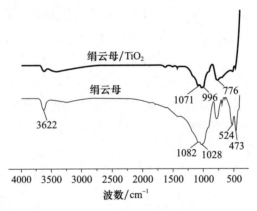

图 9-13　绢云母和绢云母-纳米 TiO_2 复合光催化剂的 FTIR 图

9.4　溶胶-凝胶法制备绢云母-TiO_2 复合光催化剂的研究

按图 9-2 流程，以获得纳米 TiO_2 在绢云母层间柱撑为目标，对采用溶胶-凝胶法制备绢云母-纳米 TiO_2 复合光催化剂进行了研究，包括制备过程主要因素的影响、绢云母-纳米 TiO_2 复合光催化剂的结构与性能、绢云母-TiO_2 之间的复合作用及提升 TiO_2 性能的机制等。

9.4.1　制备过程各因素的影响

1. 绢云母添加量的影响

图 9-14 为插层绢云母添加量分别为 0.2％、0.5％和 1％条件下制备的复合 TiO_2 光催化剂（前驱体焙烧温度 500℃）及用作对比的绢云母原料（选矿提纯精矿）的 XRD 谱。从图 9-14 可以看出，所制备的绢云母-TiO_2 复合光催化剂的物相为绢云母和锐钛矿，说明其中的 TiO_2 以锐钛矿为存在形式，这为其形成光催化性能奠定了基础。对比各产物的 XRD 谱还看出，虽然绢云母-TiO_2 复合光催化剂的 XRD 谱中绢云母的峰强度随其添加量增加而增大，但锐钛矿的峰强变化不大。相比之下，绢云母添加量 0.2％产物的锐钛矿峰强最大，推断该产物应具有相对最强的光催化性能。

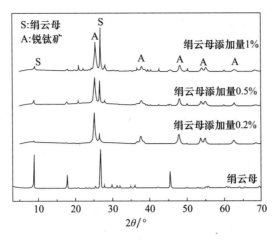

图 9-14　绢云母不同添加量下复合 TiO₂ 光催化剂的 XRD 谱

图 9-15 是各绢云母-TiO₂ 复合光催化剂产物在紫外光照射下对甲基橙的降解性能，可以发现，各产物对甲基橙均表现出强烈的降解作用，随紫外光照射时间的增长，甲基橙溶液的 C/C_0 值逐渐减小，其中光照 60min 小于 0.1，光照 80min 约为 0，换算为降解率分别为 90% 和 100%。其中，绢云母加量 0.2% 条件制备的复合光催化剂降解作用最强，其在紫外光照 60min 时，对甲基橙降解率即达到 100%，降解速率（图 9-15（b））为 $0.0646min^{-1}$，约为绢云母加量 0.5% 和 1% 产物的 2 倍，是等量 TiO₂ 的 10 倍以上。光催化降解效果与按 XRD 结果的推断一致。因而，选择绢云母添加量 0.2% 为优化条件。

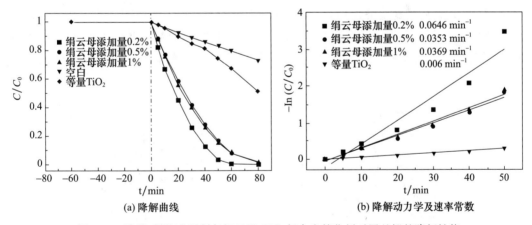

图 9-15　溶胶-凝胶法所制备绢云母-TiO₂ 复合光催化剂对甲基橙的降解性能

2. 前驱体焙烧温度的影响

在绢云母添加量 0.2% 和改变前驱体焙烧温度条件下制备了绢云母-TiO₂ 复合光催化剂。图 9-16 为各焙烧温度下复合光催化剂产物的 XRD 谱，图 9-17 为各产物降解甲基橙性能。

图 9-16 显示，前驱体焙烧温度 300℃ 产物仅含有绢云母一种物相，说明因焙烧温度

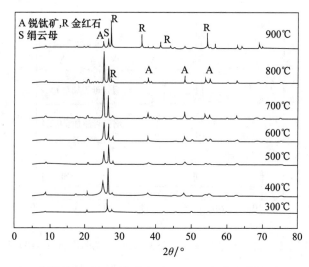

图 9-16　不同焙烧温度下制备的绢云母-TiO₂复合光催化剂的 XRD 谱

低而未能将前驱体中的钛水化产物转化为晶相 TiO₂。焙烧温度提高至 400℃，其产物 XRD 中除绢云母外，开始出现明显的锐钛矿特征峰（$2\theta = 25.3°$、$37.8°$、$47.7°$ 和 $54.9°$ 处），说明已有 TiO₂转变成锐钛矿相。随焙烧温度从 400℃ 至 800℃ 逐渐升高，锐钛矿衍射峰强度随之不断增大，说明锐钛矿在产物中的含量逐渐提高，所以提高焙烧温度有利于锐钛矿的生成。从图 9-16 还发现，焙烧温度 800℃产物除绢云母和锐钛矿外，在其 XRD 中 $2\theta = 27.5°$、$36.1°$、$41.2°$ 和 $54.3°$处还出现金红石的衍射峰，但强度远低于锐钛矿。一般而言，锐钛矿开始向金红石转变的温度约为 600℃，所以将 TiO₂与绢云母复合起到了保持锐钛矿相稳定的作用，与绢云母-TiO₂复合颜料中的影响一致[23,24]。这或因绢云母本身，或因 TiO₂柱撑结构产生了抑制作用所致。焙烧温度再升高至 900℃，产物 XRD 谱中金红石衍射峰强度大幅度提高，锐钛矿峰强度显著降低，说明焙烧温度 900℃时已导致锐钛矿几乎完全转变成了金红石。

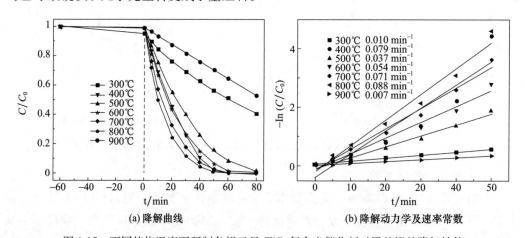

(a) 降解曲线　　　　　　　　　　　　　(b) 降解动力学及速率常数

图 9-17　不同焙烧温度下所制备绢云母-TiO₂复合光催化剂对甲基橙的降解性能

从图 9-17 看出，前驱体焙烧温度 300℃产物的光催化降解作用较弱，其紫外光照

80min，甲基橙溶液的 C/C_0 值为 0.4，即降解率为 60%，降解速率为 0.010min⁻¹。随温度从 400℃逐渐提高至 800℃，所得绢云母-TiO₂复合光催化剂除 500℃产物降解效果差于 400℃产物外，其余均随温度的升高而降解作用逐渐增强，其中温度 800℃产物对甲基橙的光催化降解作用最强，光照 30min 甲基橙降解率接近 90%，光照 60min 达到约 100%，降解速率为 0.088min⁻¹。相比之下，焙烧温度 900℃产物的光催化降解效果最差，光照 80min 甲基橙降解率仅为 47%，降解速率为 0.007min⁻¹。对比图 9-17 和图 9-16可发现，绢云母-TiO₂复合光催化剂的光催化剂降解性能与其中锐钛矿的含量存在正相关关系，说明锐钛矿是导致 TiO₂具有光催化活性的重要因素。

9.4.2　绢云母-TiO₂复合光催化剂的结构与性能

图 9-18 为插层绢云母和以其为载体，采用溶胶-凝胶法制备的绢云母-TiO₂复合光催化剂（前驱体焙烧温度 500℃）的热重曲线。可以看出，插层绢云母在 200℃以下的失重率为 1.815%，主要是由吸附水和层间水的脱附所致。而在 207~329℃，出现了幅度非常大的失重，失重率达 11.23%，这主要是插层绢云母中有机物质的分解所造成。随着加热温度的不断升高，其质量不断减少，最终趋于平缓。绢云母-TiO₂复合光催化剂在整个过程中的失重现象不明显，仅为 3.109%，这是因为其制备中已将前驱体在 500℃下焙烧，所以绢云母所吸附的水、插层过程残余有机物和溶胶-凝胶反应的 Ti 化合物含水均大部分被脱除，少量的热失重应是绢云母-TiO₂复合光催化剂再加热至 800℃时，在原 500℃处理基础上进一步脱除所含水和有机物所导致。

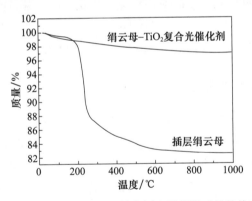

图 9-18　绢云母-TiO₂复合光催化剂和插层绢云母的热重曲线

图 9-19 为绢云母-TiO₂复合光催化剂、插层绢云母和绢云母原料的扫描电镜（SEM）图像。可以发现，绢云母随其插层改性处理和与 TiO₂复合，使产物的形貌发生了变化。其中，绢云母原料表面光滑，颗粒边缘有棱角，并呈聚集态。而相比之下，插层绢云母颗粒边缘圆滑，表面形貌变得更粗糙且分散性变好。在绢云母-TiO₂复合光催化剂颗粒表面，可见有细小的粒子均匀负载，这显然是纳米 TiO₂粒子。由于这些 TiO₂粒子数量较少，所以还应有在绢云母层间柱撑的 TiO₂，但它们在 SEM 上不可见。

图 9-20 为绢云母-TiO₂复合光催化剂、插层绢云母和绢云母原料的透射电镜（TEM）图像。可以发现，绢云母原料显示由多层片体构成的结构特征，片层较厚，这

与绢云母原料的特性一致。而插层绢云母的结构变得松散，片层厚度变薄而呈透明态，这是因为结构改造和插层使绢云母层间距扩张，层片间作用弱化，进而出现剥离的结果。而对于绢云母-TiO$_2$复合光催化剂，可以发现尺寸约 15nm 的 TiO$_2$粒子附着在绢云母上，由于绢云母片体薄而透明，所以推断纳米 TiO$_2$粒子既存在于绢云母片的表面，也存在于绢云母的层间形成柱撑复合结构，并且柱撑还导致部分绢云母片被剥离。

(a) 绢云母原料　　　　　　(b) 插层绢云母　　　　　　(c) 绢云母–TiO$_2$复合光催化剂

图 9-19　绢云母原料、插层绢云母和绢云母-TiO$_2$复合光催化剂的 SEM

(a) 绢云母原料　　　　　　(b) 插层绢云母　　　　　　(c) 绢云母–TiO$_2$复合光催化剂

图 9-20　绢云母原料、插层绢云母和绢云母-TiO$_2$复合光催化剂的 TEM

9.4.3　绢云母与 TiO$_2$ 的作用机理

图 9-21 为绢云母-TiO$_2$复合光催化剂、插层绢云母和绢云母原料的红外光谱图。可以发现，插层绢云母在 1383cm^{-1}处有烷基链－CH$_3$的 C－H 弯曲振动峰，在 2919cm^{-1}和 2849cm^{-1}处有 CH$_2$伸缩振动峰，这些是插层剂十六烷基三甲基溴化铵（CTAB）在绢云母表面吸附或 CTA$^+$（CTAB 的离子形式）替代 Na$^+$和 K$^+$进入到绢云母层间的反映。它在 3385cm^{-1}处出现的宽峰是由于羟基的伸缩振动和层间水分子的作用所致，在与 TiO$_2$复合后，该峰向高波数移动，说明绢云母-TiO$_2$复合光催化剂相比于插层绢云母，其表面性质发生了一定变化，应为由疏水性转变为亲水性。绢云母原料谱图在 3623cm^{-1}处有一个振动峰，是由于其中的 Al－OH 伸缩振动导致；而在复合 TiO$_2$后，该峰消失，是由柱撑于层间的 TiO$_2$所导致；在 1026cm^{-1}处的 Si（Al）\ O 或 Si \ O \ Si（Al）的平面伸缩振动峰在插层绢云母和复合光催化剂中仍然有所保留，这意味着绢云母的基本结构自始至终都没有发生改变。但是该峰的强度不断降低，并移向了高波数，这是由结构改造和 TiO$_2$柱撑导致的。

基于上述研究和分析，得到反映溶胶-凝胶法制备 TiO$_2$柱撑绢云母复合光催化剂过程和原理的示意图，如图 9-22 所示。

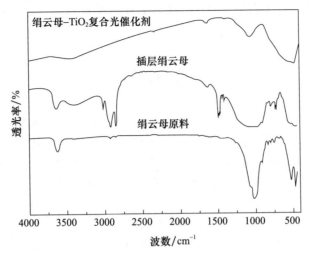

图 9-21　绢云母原料、插层绢云母和绢云母-TiO₂复合光催化剂的红外光谱

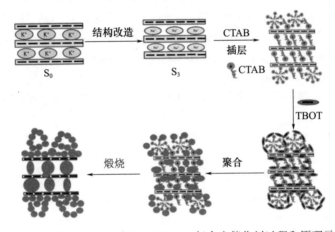

图 9-22　溶胶-凝胶法制备绢云母-TiO₂复合光催化剂过程和原理示意

9.5　小结

（1）以绢云母选矿精矿和 P25（商用纳米 TiO₂）为原料，通过将二者混合和搅拌磨湿法研磨方式制备了绢云母-TiO₂复合光催化剂。它以纳米 TiO₂粒子在绢云母片层表面均匀负载，且二者在界面处形成化学性质的牢固结合为特征。绢云母-TiO₂复合光催化剂具有强烈的光催化降解和循环使用性能，TiO₂复合比例40％产物紫外光照30min，对浓度 10 mg/L 甲基橙溶液降解率为99％，与 P25 相当。绢云母-TiO₂复合光催化剂循环5次后降解性能保持不变。

（2）采用溶胶-凝胶法，以插层绢云母为原料，通过将其置于钛酸正丁酯溶液反应和前驱体焙烧等制备了绢云母-TiO₂复合光催化剂。它以纳米 TiO₂在绢云母层片表面负载和在其层间柱撑为特征，其中的 TiO_2 为锐钛矿型。优化条件下制备的绢云母-TiO_2 复合光催化剂（前驱体焙烧温度 800℃）对甲基橙降解效果显著，其紫外光照 30min 和 60min 降解率分别为约 90％和 100％。

参考文献

[1] LOW J，CHENG B，YU J. Surface modification and enhanced photocatalytic CO_2 reduction performance of TiO_2：a review [J]. Applied Surface Science，2017，392：658-686.

[2] MA L，WANG G，JIANG C，et al. Synthesis of core-shell TiO_2@g-C_3N_4 hollow microspheres for efficient photocatalytic degradation of rhodamine B under visible light [J]. Applied Surface Science，2018，430：263-272.

[3] MENG A，ZHANG J，XU D，et al. Enhanced photocatalytic H_2-production activity of anatase TiO_2 nanosheet by selectively depositing dual-cocatalysts on {101} and {001} facets [J]. Applied Catalysis B-Environmental，2016，198：286-294.

[4] PAPAILIAS I，TODOROVA N，GIANNAKOPOULOU T.，et al. Photocatalytic activity of modified g-C_3N_4/TiO_2 nanocomposites for NOx removal [J]. Catalysis Today，2017，280：37-44.

[5] HAO R，WANG G，Tang H. Template-free preparation of macro/mesoporous g-C_3N_4/TiO_2 heterojunction photocatalysts with enhanced visible light photocatalytic activity [J]. Applied Catalysis B-Environmental，2016，187：47-58.

[6] 李翠珍，邓慧宇，邹丽霞. 负载型改性 TiO_2 光降解亚甲基蓝研究进展 [J]. 化工新型材料，2019，47（04）：49-52.

[7] AMINIAN M K，TAGHAVINIA N，IRAJIZAD A，et al. Adsorption of TiO_2 nanoparticles on glass fibers [J]. Journal of Physical Chemistry C，2007，111（27）：9794-9798.

[8] KEMELL M，PORE V，TUPALA J，et al. Atomic layer deposition of nanostructured TiO_2 photocatalysts via template approach [J]. Chemistry of Materials，2007，19（7）：1816-1820.

[9] KIM H I，MOON G H，MONLLOR-S D，et al. Solar Photoconversion Using Graphene/TiO_2 Composites：Nanographene Shell on TiO_2 Core versus TiO_2 Nanoparticles on Graphene Sheet [J]. Journal of Physical Chemistry C，2012，116（1）：1535-1543.

[10] MARTINS P M，FERREIRA C G，SILVA A R，et al. TiO_2/graphene and TiO_2/graphene oxide nanocomposites for photocatalytic applications：A computer modeling and experimental study [J]. Composites Part B-Engineering，2018，145：39-46.

[11] WANG Y，ZHONG M，CHEN F.，et al. Visible light photocatalytic activity of TiO_2/D-PVA for MO degradation [J]. Applied Catalysis B-Environmental，2009，90（1-2）：249-254.

[12] YAN W，CHEN Q，DU M，et al. Highly Transparent Poly（vinyl alcohol）（PVA）/TiO_2 Nanocomposite Films with Remarkable Photocatalytic Performance and Recyclability [J]. Journal of Nanoscience and Nanotechnology，2018，18（8）：5660-5667.

[13] MAGNONE E，KIM M K，LEE H. J.，et al. Facile synthesis of TiO_2-supported Al_2O_3 ceramic hollow fiber substrates with extremely high photocatalytic activity and reusability [J]. Ceramics International，2021，47（6）：7764-7775.

[14] SHIMIZU K，MURAYAMA H，NAGAI A.，et al. Degradation of hydrophobic organic pollu-

tants by titania pillared fluorine mica as a substrate specific photocatalyst [J]. Applied Catalysis B-Environmental, 2005, 55 (2): 141-148.

[15] 彭书传, 谢晶晶, 庆承松, 等. 负载 TiO_2 凹凸棒石光催化氧化法处理酸性品红染料废水 [J]. 硅酸盐学报, 2006, 34 (10): 1208-1212.

[16] 王利剑, 郑水林, 田文杰. 载体对 TiO_2/硅藻土中 TiO_2 相变及晶粒生长的影响 [J]. 硅酸盐学报, 2008, 36 (11): 1644-1648.

[17] ZHOU S, WU Y, LV J, et al. Research on photocatalysis properties of nano TiO_2/mica composite material prepared by the method of hydrolysis-precipitation [J]. Materials Science Forum, 2011, 694: 449-455.

[18] POURMAND M, TAGHAVINIA N. TiO_2 nanostructured films on mica using liquid phase deposition [J]. Materials Chemistry and Physics, 2008, 107 (2-3): 449-455.

[19] 姚志强, 李惠娟, 周徐胜. TiO_2/蒙脱土复合材料的制备及光催化降解苯酚性能 [J]. 复合材料学报, 2015 (6): 1581-1589.

[20] 王丽娟, 廖立兵. 干燥方法对钛柱撑蒙脱石结构的影响 [J]. 硅酸盐学报, 2005, 33 (2): 215-219.

[21] CHEN D, ZHU Q, ZHOU F S, et al. Synthesis and photocatalytic performances of the TiO_2 pillared montmorillonite [J]. Journal of Hazardous Materials, 2012, 235-236: 186-193.

[22] 王建雄, 王秋林. 绢云母的特性及其对紫外线的屏蔽作用 [J]. 湖南有色金属, 2002, 18 (6): 6-7+22.

[23] YU L, WANT C, GUANG Y, et al. Preparation and characterization of TiO_2/sericite composite material with favorable pigments properties [J]. Surface Review and Letters, 2019, 26 (8): 1950039: 1-12.

[24] 丁浩, 林海, 邓雁希, 等. 矿物-TiO_2 微纳米颗粒复合与功能化 [M]. 北京: 清华大学出版社, 2016.